高职高专“十一五”规划教材

电子线路板设计项目化教程

（基于 Protel 99 SE）

毕秀梅　周南权　编著

化学工业出版社

·北京·

本书按照任务驱动的项目化教学方式编写，每个项目设计成两个大的教学情境：原理图设计和印刷电路板设计，每个项目都有学习的重点，并且都是完整的电子线路板制作过程。学习者在完成不同项目的过程中，可以由浅入深，由易到难学习 Protel 99 SE 软件，同时也学习了电子线路板设计的思路。

本书介绍了印刷电路板的功能、组成、制作方法及 Protel 99 SE 软件的安装及启动方法，重点介绍了单面板的制作方法，新建原理图文件、PCB 文件的方法，元件库的加载方法及常用的元件库、库中的元件名称，放置元件、编辑元件的方法，元件的封装认识、元件的手工布局及手动布线的方法；元件自动编号及一次性修改元件属性选项、网络表的生成及单面板元件自动布局与线宽设置方法、自动布线的方法以及电路板的检查方法；管脚号不一致的处理、引出端的处理、预布线、补泪滴、包地、放置螺丝孔及填充的方法；元件库的制作方法、复合式元件及总线结构原理图的绘制及双面板自动布线的方法；层次电路图的画法及模拟地与数字地的处理方法。

本书可作为高职高专院校 EDA 技术、PCB 设计等相关课程的教材，也可供从事电路设计的工作人员参考。

图书在版编目（CIP）数据

电子线路板设计项目化教程（基于 Protel 99 SE）/ 毕秀梅，周南权编著. —北京：化学工业出版社，2010.7（2016.8 重印）
高职高专“十一五”规划教材
ISBN 978-7-122-08541-2

Ⅰ. 电… Ⅱ. ①毕… ②周… Ⅲ. 印刷电路-计算机辅助设计-应用软件，Protel 99 SE-高等学校：技术学院-教材 Ⅳ. TN410.2

中国版本图书馆 CIP 数据核字（2010）第 115382 号

责任编辑：王听讲　　文字编辑：吴开亮
责任校对：顾淑云　　装帧设计：韩　飞

出版发行：化学工业出版社（北京市东城区青年湖南街 13 号　邮政编码 100011）
印　　装：三河市延风印装有限公司
787mm×1092mm　1/16　印张 13¼　字数 326 千字　2016 年 8 月北京第 1 版第 4 次印刷

购书咨询：010-64518888（传真：010-64519686）　售后服务：010-64518899
网　　址：http: // www. cip. com. cn
凡购买本书，如有缺损质量问题，本社销售中心负责调换。

定　　价：**26.00** 元

前　　言

EDA（Electronic Design Automation）技术，即电子设计自动化技术，是指以计算机为工作平台，融合了应用电子技术、计算机技术等最新成果，进行电子产品的自动设计。电子产品的设计归根结底就是电子线路板即PCB（Printed-Circuit Board）的设计。

PCB设计软件种类很多，如Protel、OrCAD、Viewlogic、PowerPCB、TANGO、PCBWizard等。目前在我国用得最多的当属Protel软件，它是PCB设计者的首选软件。其最新版本为Protel DXP，现在普遍使用的是Protel 99 SE，在很多大中专、高职院校的电子类专业还专门开设“电子CAD”课程，很多高职院校的电类专业还开设了“电子CAD实训”。CAD（Computer Aided Design）即计算机辅助设计，是利用Protel 99 SE软件进行原理图设计及电子线路板设计，已经成为电类专业学生必须掌握的基本技能。这是本书选用Protel 99 SE软件的原因。

Protel 99 SE主要包括：电路原理图设计、印刷电路板设计及电路仿真等，本书主要介绍原理图设计及印刷电路板设计。

本书按任务驱动的项目化方式编写，每个项目设计成两个教学情境：原理图设计、印刷电路板设计，通过几个子项目来完成每个教学情境。为了完成每个子项目，以任务为载体，将相关的知识、技能融入到任务中，通过完成任务来学习知识、技能。在开始的简单项目中，详细地介绍各种菜单、命令的使用，在后续项目中再用到某个菜单、命令时，就能逐步达到熟练应用。每个教学情境结束后，都有测验题与评估标准，通过测验题的训练复习各个知识点，通过评估标准检查知识点的掌握情况。每位设计者完成了几个项目后，就可以了解电子产品的设计思想了，也会熟悉每个任务需要的菜单、命令。

本书在项目编排上，从易到难，从浅到深，循序渐进，读者可以根据项目边学边练边做，从而形成一个完整的电子产品设计思想，真正做到“教、学、做”一体化。

我们将为使用本书的教师免费提供电子教案，需要者可以到化学工业出版社教学资源网站http://www.cipedu.com.cn免费下载使用。

本书项目一、项目二、项目三及附录由辽宁机电职业技术学院毕秀梅编写，基础部分、项目四、项目五由重庆航天职业技术学院周南权编写，毕秀梅负责统稿。

由于编者水平有限、时间仓促，书中难免会有不当之处，恳请读者批评指正。

编　者

2010年5月

目　录

0　基础部分

学习情境 0.1　PCB 的功能与组成认知

0.1.1　印刷电路板的功能

PCB 是 Printed Circuit Board 的英文缩写，中文名称为印刷电路板，又称电子线路板。通常把在绝缘基材上，按预定设计，制成印制线路、印制元件或两者组合而成的导电图形称为印制电路；而在绝缘基材上提供元器件之间电气连接的导电图形，称为印制线路。这样就把印制电路或印制线路的成品板称为印制线路板，亦称为印制板或印刷电路板。印刷电路板在电子设备中有如下功能。

① 提供各种电子元器件（如集成电路、电阻、电容等）固定、装配的机械支持，如图 0-1 所示。

图 0-1　PCB 固定、装配电子元器件图

② PCB 实现集成电路等各种电子元器件之间的布线和电气连接或电绝缘；提供所要求的电气特性，如特性阻抗、高频微波的信号传输等，如图 0-2 所示。

③ PCB 为自动焊锡提供附焊图形，为元件插装、检查、维修提供识别字符和图形，如图 0-3 所示。

电子设备采用印制板后，由于同类印制板的一致性，避免了人工接线的差错，并可实现电子元器件自动插装或贴装、自动焊锡、自动检测，保证了电子产品的质量，提高了劳动生产率，降低了成本，且便于维修。

0.1.2　印刷电路板的组成

PCB 主要由基板和金属膜构成，基板是由绝缘隔热并不弯曲的材质制作而成，材料多种多样，可以根据需要进行选择，常用的是玻璃纤维材料环氧布板，还可以用纸板、聚四氟乙烯、陶瓷、高分子聚合物等材料，金属膜一般用铜制作。如果是高频板，最好用成本较高的覆铜箔聚四氟乙烯玻璃布层压板。从 PCB 设计的角度来看，它包含板层、PCB 元器件、焊盘、过线盘和铜膜走线等重要部分。PCB 元件、焊盘、过孔以及铜膜走线在板层上的表现形式如图 0-4 和图 0-5 所示。

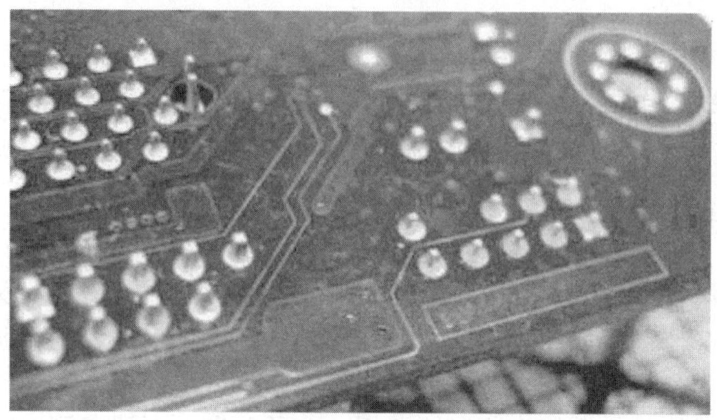

图 0-2 PCB 实现元器件的布线、电气连接、电绝缘

图 0-3 PCB 提供识别字符和图形

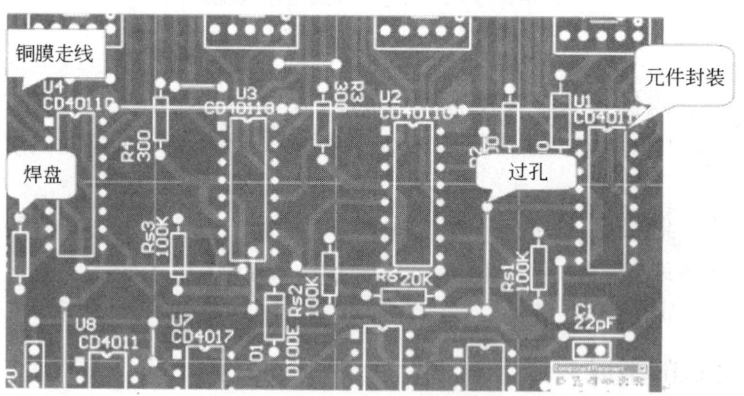

图 0-4 PCB 在板层上的表现形式

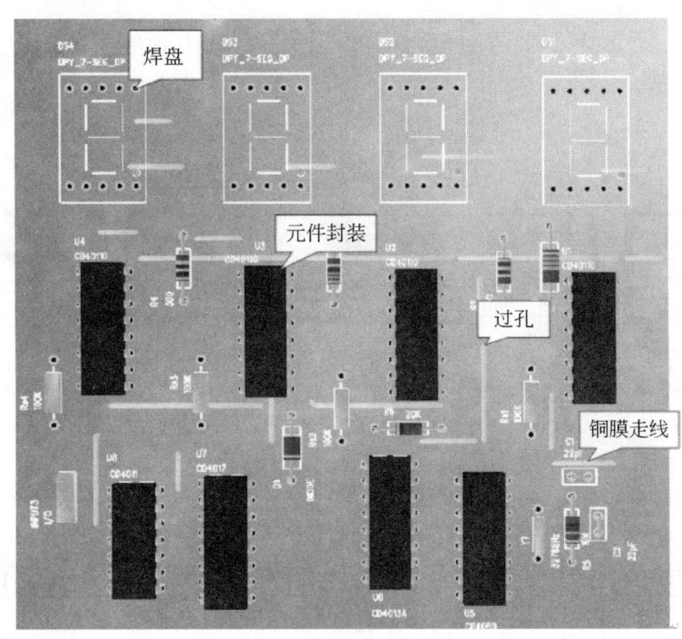

图 0-5　PCB 3D 图

依据电路元器件的实际封装外形与尺寸，用规定好的图形符号和属性加以表达，这就是电路元器件的封装形式（Footprint），也就是所谓的 PCB 元器件。在电路板上用来焊接电路元器件的焊接点称为焊盘（Pad）。在 PCB 表面可以看到的细小线路材料本来是覆盖在整个板子上的铜箔，由于在制造过程中部分被蚀刻处理掉，剩下的部分用于连接各个焊盘，这些线路就是铜膜布线或铜膜导线。通过表面涂有导电层的孔洞，可以将不同层次上的铜膜导线连接起来，这就是过线盘（又称导孔或过孔 Via）。PCB 上的绿色，有少数采用黄色、黑色、蓝色等是阻焊层（solder mask）的颜色，所以在 PCB 行业常把阻焊油叫成绿油。其作用是，防止波焊时产生桥接现象，提高焊接质量和节约焊料等作用。它也是印制板的永久性保护层，能起到防潮、防腐蚀、防霉和防机械擦伤等作用。在阻焊层上有元件符号轮廓或字符（大多是白色）等标示信息，这在 Protel 99 SE 的 PCB 编辑器中称为“Silkscreen”（丝印面），就是在阻焊层上印刷上一层丝网印刷面来标示每个电子元件在 PCB 上的位置，它虽不具有导电特性，但便于元器件插装、检查、维修。

PCB 空板焊接上元器件、组装上外壳，就成为一个电子产品实物。而 PCB 结构，对于简单的电路设计，可以采用单层板结构，即只有一面有铜膜，因而也只能在铜膜面上制作导电图形，主要包括固定、连接元件引脚的焊盘和实现元件引脚互连的印制导线，即称“焊锡面”，在 Protel 99 SE 的 PCB 编辑器中称为“Bottom Layer”（底层）。而另一面上没有铜膜，可用来安装电路元器件，因此该面即“元件面”，在 Protel 99 SE 的 PCB 编辑器中称为“Top Layer”（顶层）。单层板结构简单，没有过孔，生产成本低，但布线设计难度最大，布通率较低，可利用的电磁屏蔽手段也有限，电磁兼容性指标不易达到要求。对于非平面网孔电路，当在单层板上无法通过印制导线连接个别导电图形时，可以用跳线连接，但跳线数量必须严格控制在一定的范围内，否则电路性能指标会下降。

稍复杂些的电路板可采用双层板，即两个板面为铜膜。复杂的电路板设计则采用多层板。所谓多层板是指将电路板中除了可安装元器件的顶层或底层以外，板内还含有多个用来敷设铜膜的夹层。图 0-6 所示为一个四层电路板的剖面图，其中画出了印刷电路板的各个组成部分及其相互关系。

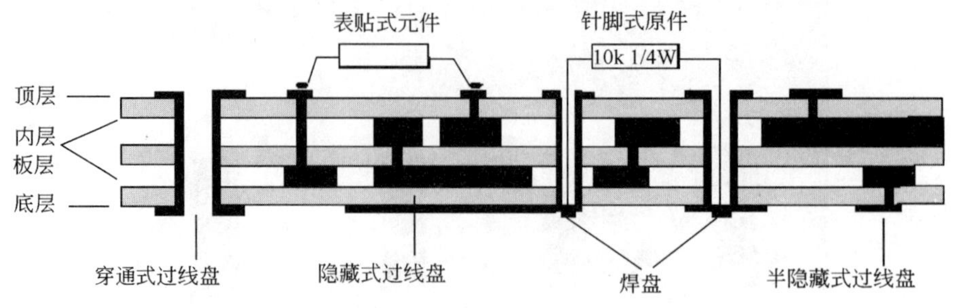

图 0-6　四层电路板的剖面图

学习情境 0.2　PCB 制作工艺流程认知

0.2.1　印刷电路板的制作工艺流程

要想设计出合乎要求的印制板图，电子产品设计人员需要深入了解现代印刷电路板的一般工艺流程。

（1）单面印制板工艺流程　单面基板剪裁（图 0-7）→钻孔→图形转移→蚀刻→半成品检验→网印阻焊油墨→喷锡→外形加工→成品检验→包装运输。

图 0-7　单面基板剪裁

单面刚性印制板工艺流程　单面覆铜板→下料→（刷洗、干燥）→钻孔或冲孔→网印线路抗蚀刻图形或使用干膜→固化检查修板→蚀刻铜→去抗蚀印料、干燥→刷洗、干燥→网印阻焊图形（常用绿油）、UV 固化→网印字符标记图形、UV 固化→预热、冲孔及外形→电气开、短路测试→刷洗、干燥→预涂助焊防氧化剂（干燥）或喷锡热风整平→检验包装→成品出厂。

（2）双面印制电路板工艺流程　单面基板剪裁→钻孔→沉铜→全板电镀→图形转移→蚀刻→半成品检验→丝印阻焊油墨→喷锡→外形加工→成品检验→包装运输。

双面刚性印制板工艺流程　双面覆铜板→下料→叠板→数控钻导通孔→检验、去毛刺刷洗→化学镀（导通孔金属化）→全板电镀薄铜→检验刷洗→网印负性电路图形、固化（干膜或湿膜、曝光、显影）→检验、修板→线路图形电镀→电镀锡（抗蚀镍/金）→去印料（感光膜）→蚀刻铜→（退锡）→清洁刷洗→网印阻焊图形（常用热固化绿油）→贴感光干膜或湿膜、曝光、显影、热固化（常用感光热固化绿油）→清洗、干燥→网印标记字符图形、固化→喷锡或有机保焊膜→外形加工→清洗、干燥→电气通断检测→检验包装→成品出厂。

（3）多层印板的工艺流程　内层材料处理→定位孔加工→表面清洁处理→制内层走线及图形→腐蚀→层压前处理→外内层材料层压→孔加工→孔金属化→制外层图形→镀耐腐蚀可焊金属→去除感光胶→腐蚀→插头镀金→外形加工→热熔→涂助焊剂→成品。

贯通孔金属化法制造多层板工艺流程　内层覆铜板双面开料→刷洗→钻定位孔→贴光致抗蚀干膜或涂覆光致抗蚀剂→曝光→显影→蚀刻与去膜→内层粗化、去氧化→内层检查→外层单面覆铜板线路制作、胫阶黏结片、板材黏结片检查、钻定位孔）→层压→数控钻孔→孔检查→孔前处理与化学镀铜→全板镀薄铜→镀层检查→贴光致耐电镀干膜或涂覆光致耐电镀剂→面层底板曝光→显影、修板→线路图形电镀→电镀锡铅合金或镍/金镀→去膜与蚀刻→检查→网印阻焊图形或光致阻焊图形→印制字符图形→热风整平或有机保焊膜→数控洗外形→清洗、干燥→电气通断检测→成品检查→包装出厂。

从工艺流程图可以看出，多层板工艺是从双面孔金属化工艺基础上发展起来的。它除了继承双面工艺的优点外，还有几个独特内容：金属化孔内层互连、钻孔与去环氧钻污、定位系统、层压、专用材料。

0.2.2　热转印法制单面板基本流程

① 用 Protel 画出所需要的印刷电路板图（PCB 图），如图 0-8 所示。

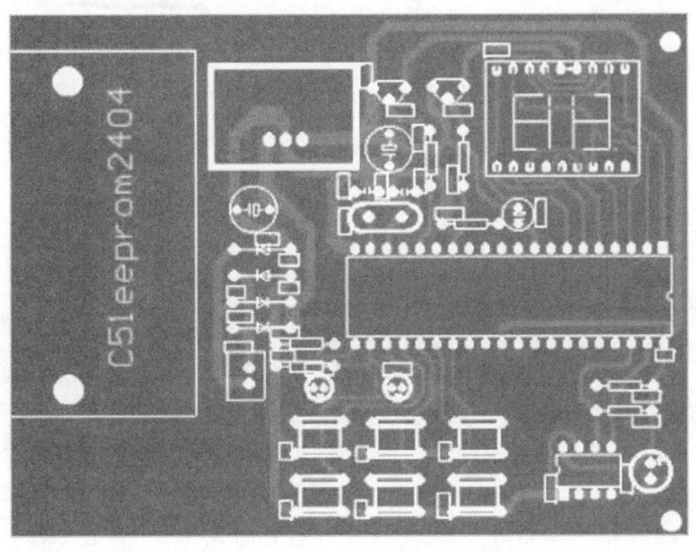

图 0-8　Protel 画出的 PCB 图

② 将图 0-8 用激光打印机（图 0-9）打印到热转印纸（注意不要打印顶层丝印图），如图 0-10 所示。

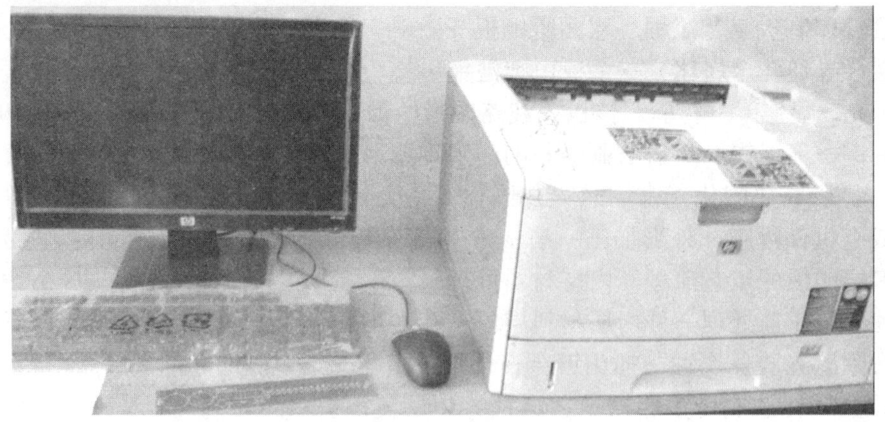

图 0-9　激光打印机

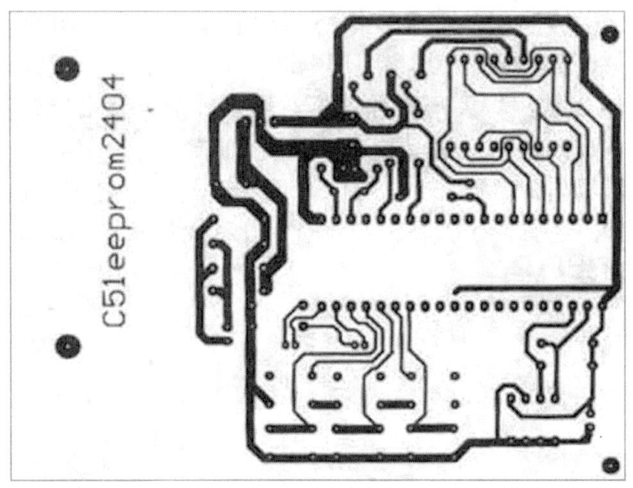

图 0-10　打印到热转印纸上的图形

③ 采用图 0-11 所示的热转印机将热转印纸上的炭粉通过热转印机转印到敷铜板上，如图 0-12 所示。

图 0-11　热转印机

④ 将敷铜板放入如图 0-13 所示喷雾蚀刻机中进行蚀刻，蚀刻后如图 0-14 所示。

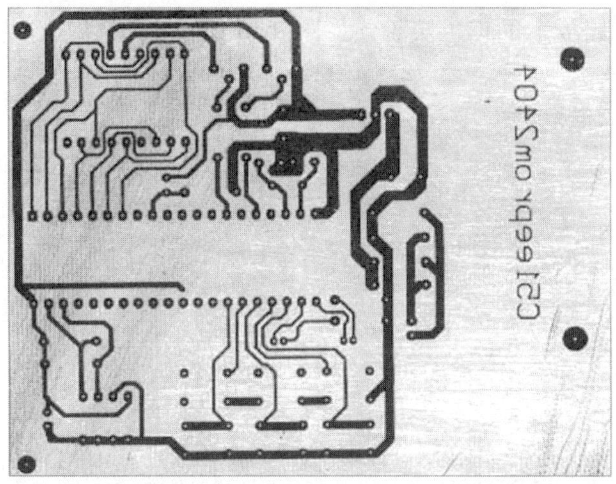

图 0-12　热转印机转印到敷铜板的图形

图 0-13　喷雾蚀刻机

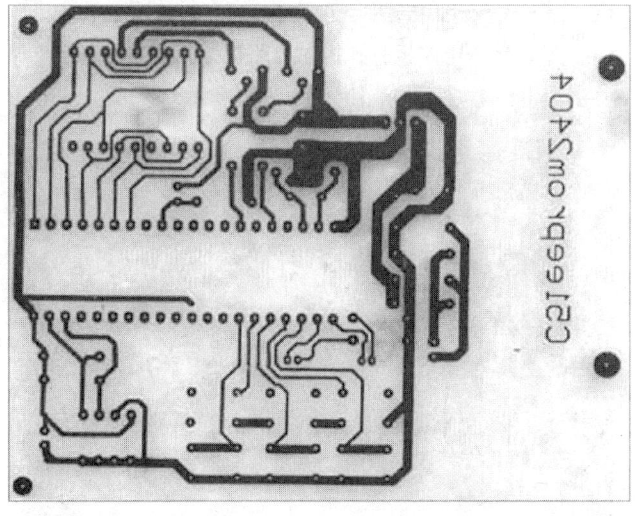

图 0-14　敷铜板被腐蚀后的图形

⑤ 用汽油清洗电路板上的黑色炭粉，如图 0-15 所示。

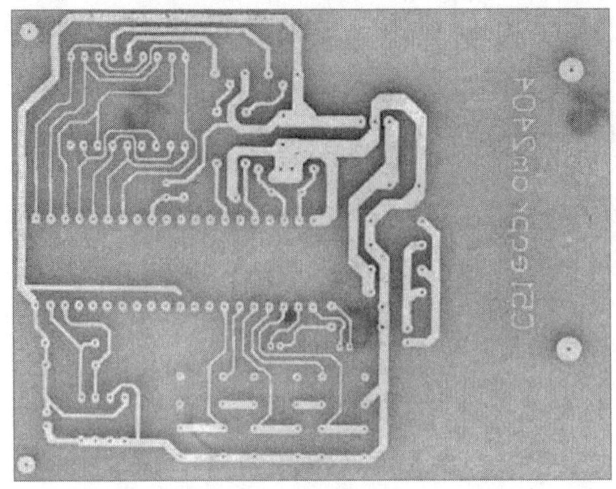

图 0-15 电路板被用汽油清洗后的图形

⑥ 用电路板打孔机进行打孔，如图 0-16 所示。

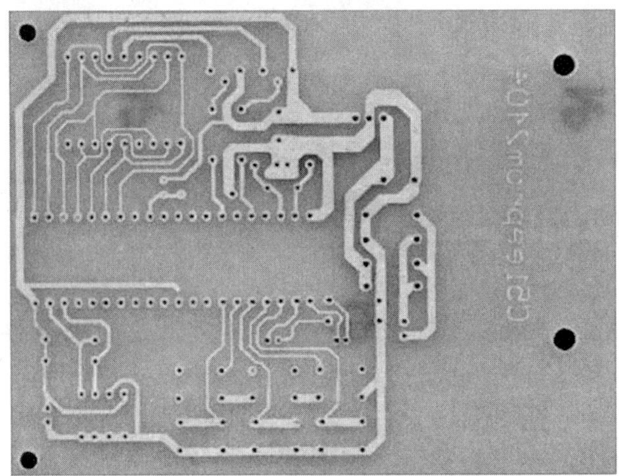

图 0-16 电路板打孔机对电路板打孔后的图形

⑦ 用如图 0-17 所示仪器手工丝印阻焊油墨。

图 0-17 丝印阻焊层仪器

★※温馨提示※★

如果用热转印法制双面板要复杂得多：下料、钻导通孔、检验、去毛刺刷洗，还要化学镀铜（孔化）。镀铜过程中先涂导电胶，微饰、水洗、放入如图 0-18 所示的电镀槽内电镀，再水洗、烘干。

如果用感光法制单面电路板，要用激光打印机打印出如图 0-19 所示的底片，用图 0-20 所示曝光机进行曝光、显影，最后蚀刻。

图 0-18　电镀槽

图 0-19　激光打印底片

图 0-20　曝光机

0.2.3　雕刻法制板

用如图 0-21 所示的线路板刻制机制板，是一种物理雕刻过程。线路板刻制机单面雕刻步骤如下。

（1）雕刻前准备　检查线路板刻制机与电脑数据线是否相连，同时检查线路板刻制机电源是否连接好。打开电脑及线路板刻制机电源，将线路板刻制机控制面板上电源拨到“开”的位置。导出线路板刻制机的 PCB 文件，然后运行线路板刻制机，选择相应参数。升高刻制机的刀架，固定覆铜板，装好雕刻刀。打开雕刻文件进行试雕。

（2）雕刻　按照 PCB 的精度要求调好雕刻速度，按“雕刻”按钮开始雕刻，图 0-22 所示是线路板刻制机雕刻过程中的线路板。雕刻过程无需人工干预，但也要注意在雕刻过程中不得强制停止。

（3）钻孔　按一下雕刻机控制面板中“停止”按键，然后将刀架升高，换上与电路中焊盘孔直径相对应的钻孔刀具，选择相对应数据，按线路板刻制机控制面板上的“启动”按钮，使刀具高速旋转。调整好刀具与覆铜板的距离，按“钻孔”按钮进行钻孔。

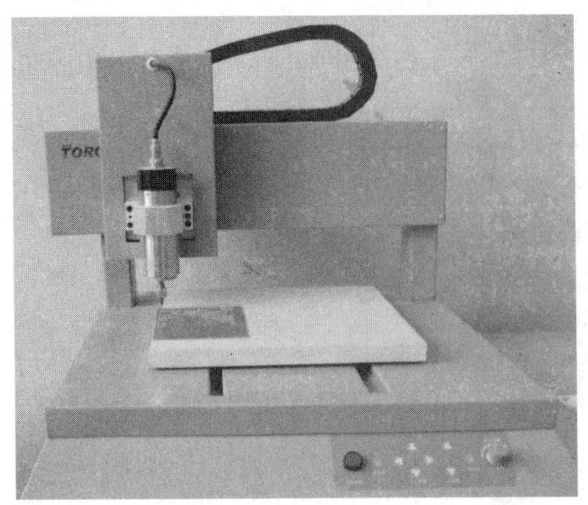

图 0-21　线路板刻制机

图 0-22　刻制中的线路板

学习情境 0.3　Protel 99 SE 软件的安装与初识

Protel 99 SE 是目前用得较多的电路原理图辅助设计与绘制软件。虽然目前发展到最高版本 Altium Designer，但由于 Altium Designer 软件的高额版权费用障碍而难以普及。利用 Protel 99 SE 软件可以方便快捷地实现电路的 PCB 设计，其功能模块主要包括电路原理图设计、印制电路板设计、电路信号仿真、可编程逻辑器件设计等。它集强大的设计能力、复杂工艺的可生产性及设计过程管理于一体，可以完整实现电子产品从电学概念设计到生成物理生产数据的全过程，以及中间的所有分析、仿真和验证，是集成的一体化电路设计与开发环境。

0.3.1　Protel 99 SE 软件的运行环境及安装

（1）Protel 99 SE 的运行环境　Protel 99 SE 对微机硬件要求不高，当前一般使用中的电脑基本都能满足要求。其运行环境包括软件环境和硬件环境。

① 软件环境　要求 Windows 98 或 Windows NT/2000 以上版本。

② 硬件环境　要求最低配置是 Pentium Ⅱ或 Celeron 以上 CPU（CPU 主频越高，运行速度越快），内存容量不小于 32MB，硬盘容量必须大于 1GB，显示器尺寸在 15 英寸或以上，分辨率不能低于 1024×768，当分辨率低于 1024×768（如 800×600 或更低）时，将不能完整显示 Protel 99 SE 窗口的下侧及右侧部分（对于 15 英寸显示器来说，当分辨率为 1024×768 时，字体太小，不便阅读，因此 17 英寸显示器是 Protel 99 SE 的最低要求）。总之，硬件配置档次越高，运行速度越快，效果越好。

（2）Protel 99 SE 的安装　Protel 99 SE 的安装非常简单，按照安装向导逐步操作即可，安装步骤如下所述。

① 在 Protel 99 SE 的安装光盘中找到 Setup.exe 文件，如图 0-23 所示。双击鼠标左键则开始运行安装程序，出现欢迎安装界面，如图 0-24 所示。单击 Next（下一步）按钮，出现用户注册对话框。在如图 0-25 所示的对话框"Name"一栏中输入用户名，"Company"一栏中输入单位名称，"Access Code"一栏中输入序列号，序列号一般可在文件"sn.txt"中或产品外包装上找到。如果在安装时忘记输入序列号，也可以在安装后，启动时输入序列号。输入完成后"Next"按钮将可操作，单击该按钮，进入如图 0-26 所示安装对话框。

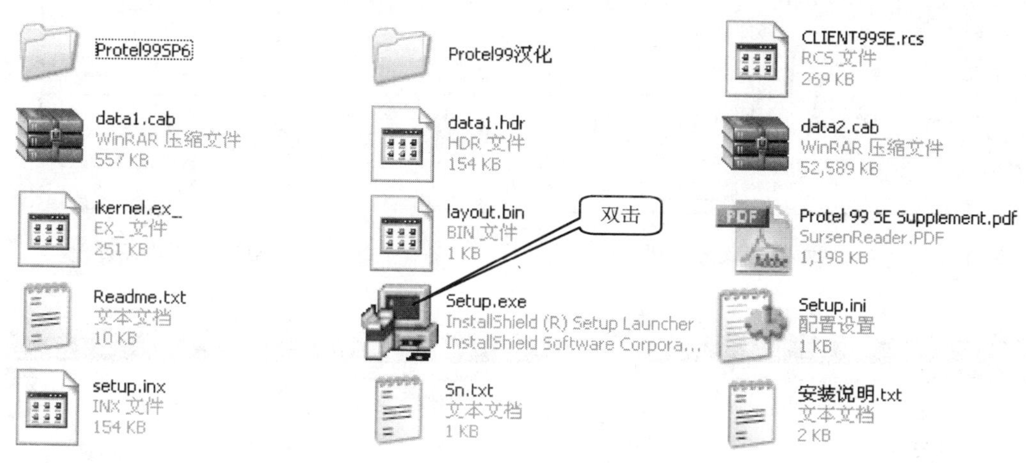

图 0-23　双击 Setup.exe 文件

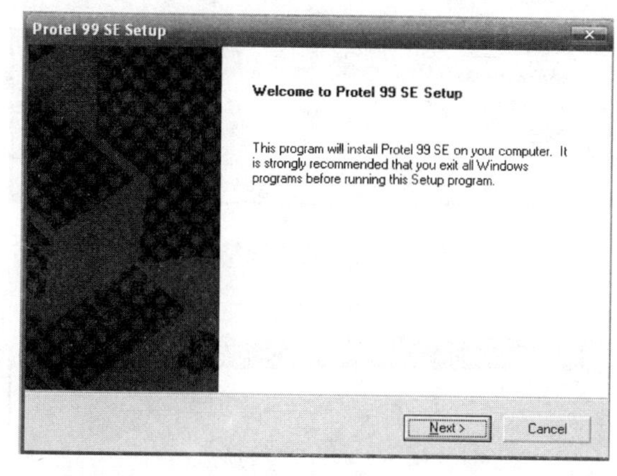

图 0-24　欢迎安装界面

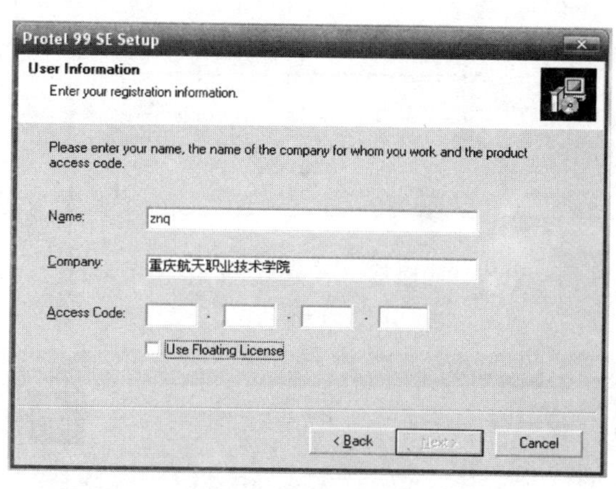

图 0-25　用户注册对话框

② 图 0-26 所示对话框提示用户确认或修改安装路径。默认路径是在"C:\Program File"，如果想要修改，则单击"Browse…"按钮，选择所需的安装路径，如图 0-27 所示。

③ 把 C 盘目录路径更改为其他盘目录路径，这里改存为 D 盘目录路径，如图 0-28 所示，点击确定后，如图 0-29 所示（初学者可以不修改安装路径，而选择默认路径，见图 0-26）。单击"Next"按钮，将显示如图 0-30 所示的选择安装类型对话框。

④ 图 0-30 所示的安装对话框中"Typical"按钮表示选择典型安装，"Custom"按钮表示选择自定义安装。初学者可以选择典型安装。单击"Next"按钮，将显示下一个安装对话

框，单击“Back”按钮可以返回前面的步骤进行重新选择，若没有修改则单击 “Next”按钮，将同样显示下一个安装对话框，同样单击“Next”按钮，则开始安装，同时将显示安装进度，如图 0-31 所示。

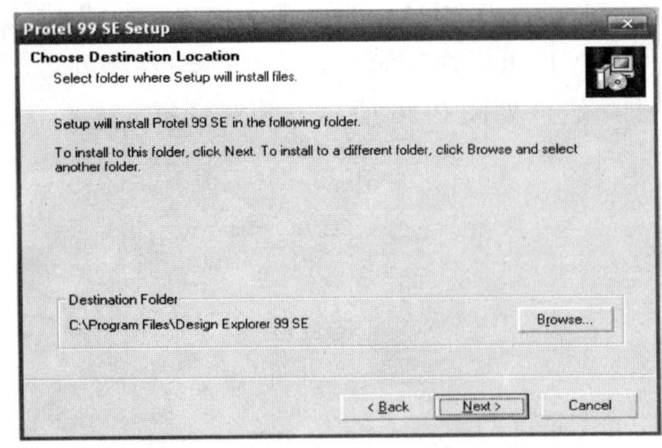

图 0-26 提示用户确认或修改安装路径

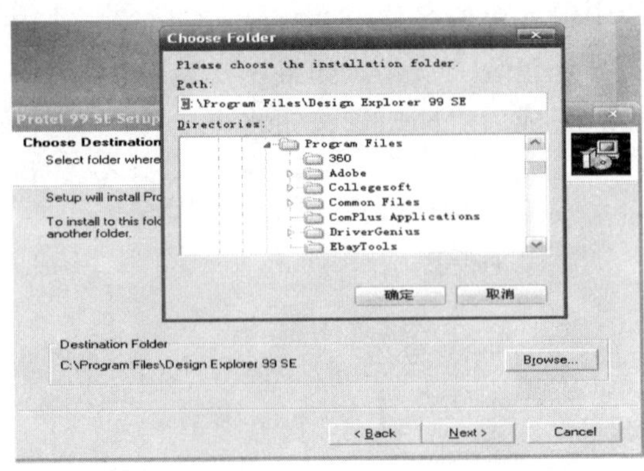

图 0-27 修改安装路径过程

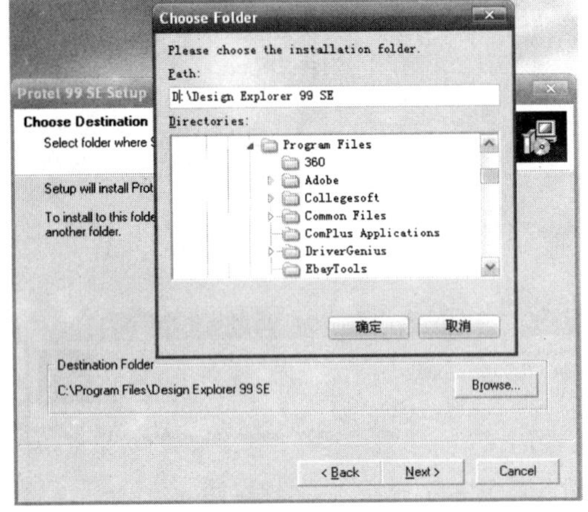

图 0-28 改存为 D 盘目录路径

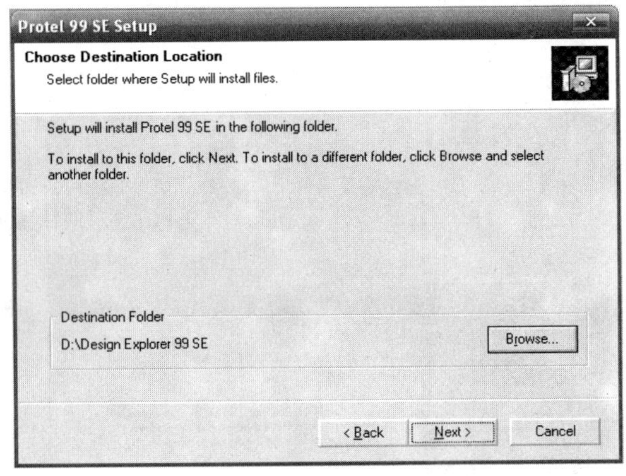

图 0-29 修改安装路径结果图

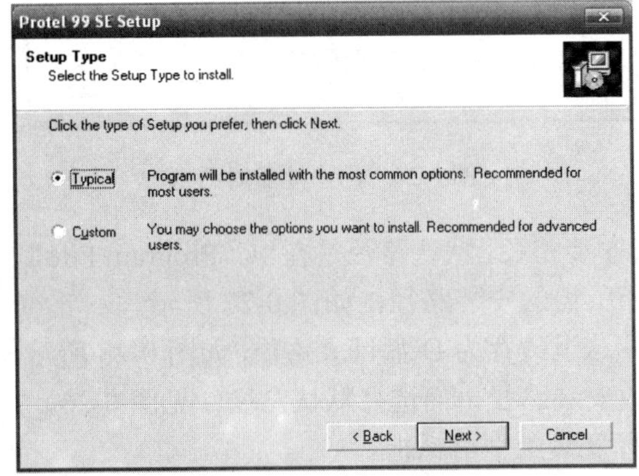

图 0-30 选择安装类型

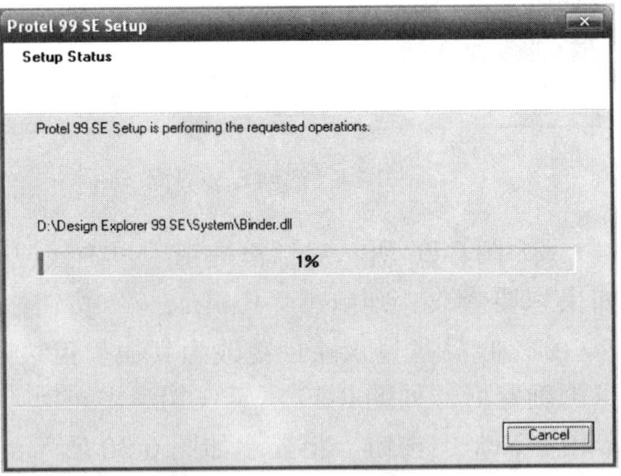

图 0-31 安装进程显示

⑤ 安装进程结束后将显示安装完成提示界面，如图 0-32 所示，单击“Finish”按钮完成安装。

⑥ 安装补丁程序。完成 Protel 99 SE 安装后，可执行光盘上附带的 Protel 99 SE_Service_pack6.exe 文件，安装补丁程序。进入补丁安装程序的第一个对话框，如图 0-33 所示。单击窗口下方的“CONTINUE”进入下一个对话框，即安装路径选择对话框，采用默认路径，单击“Next”按钮，即开始安装补丁程序。安装完成后单击“Finish”按钮完成补丁安装。

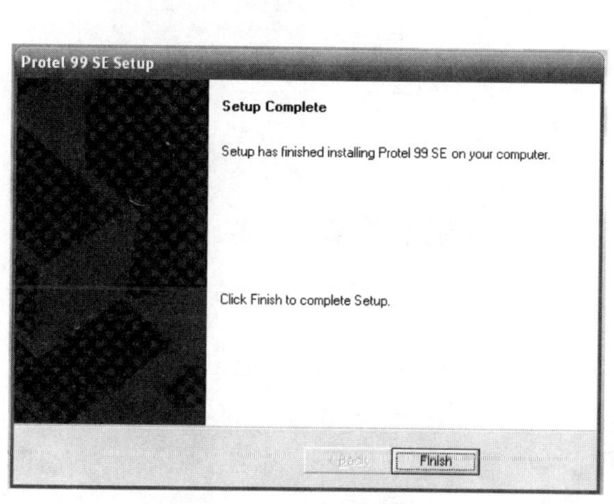

图 0-32　安装完成提示

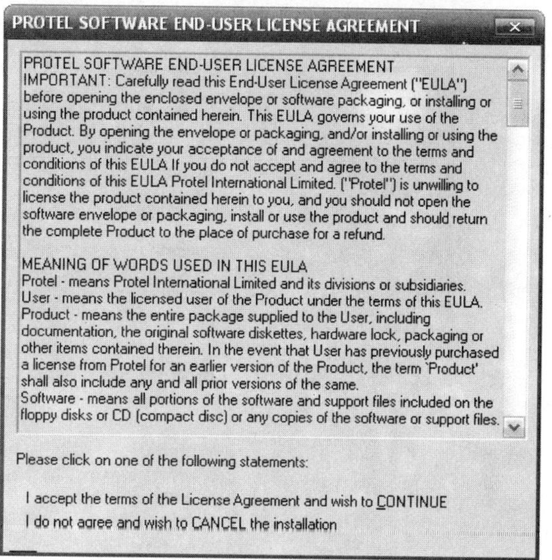

图 0-33　安装补丁程序提示

⑦ 安装中文菜单。先启动一次 Protel 99 SE，关闭后，将 C 盘 Windows 根目录中的大小为 268K 的 client99se.rcs 英文菜单改名（例如 client99se1.rcs）后保存起来，将光盘中 Protel 99 汉化的大小为 242K 的 client99se.rcs 复制到 C 盘 Windows 根目录下。再启动 Protel 99 SE 时，即可发现所有菜单命令后均带有中文注释信息。

0.3.2　Protel 99 SE 软件的启动及初识

（1）Protel 99 SE 的启动　安装 Protel 99 SE 后，系统会在“开始”菜单和桌面上放置 Protel 99 SE 主应用程序的快捷方式，同时也在“开始”→“程序”快捷菜单内建立了“Protel 99 SE”的快捷启动方式。因此启动 Protel 99 SE 的方式有以下三种。

① 直接在桌面上双击“Protel 99 SE”图标，如图 0-34 所示。

② 单击任务栏上的“开始”按钮，在“开始”菜单组中单击“Protel 99 SE”菜单项，如图 0-35 所示。

③ 单击任务栏上的“开始”按钮，在“开始”菜单中将鼠标指针移到“所有程序（P）”菜单项，停留片刻，在跳出的“Protel 99 SE”菜单组中单击“Protel 99 SE”菜单项进行启动，如图 0-36 所示。

双击后进入主程序启动界面，如图 0-37 所示。

（2）Protel 99 SE 的关闭　关闭 Protel 99 SE 主程序的方法有四种：最快捷的方法是单击主窗口标题栏中的关闭按钮；其次，也可以执行菜单命令“File”→“Exit”；第三，直接双击“系统菜单”按钮 Design Explorer；第四，按下 ALT+F4 组合键。在关闭 Protel 99 SE 主程序时，如果修改了文档而没有保存，则会出现一个对话框，询问用户是否保存，如图 0-38 所示，单击“Yes”按钮确认保存修改，若不需要保存修改，则单击“No”按钮，“Cancel”按钮表示取消关闭程序命令。

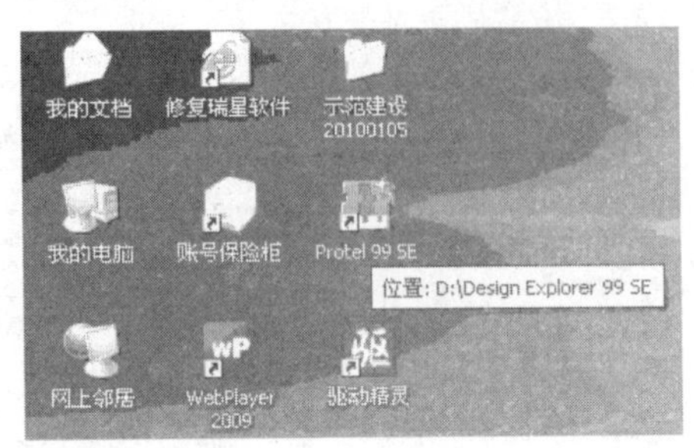

图 0-34 桌面上“Protel 99 SE”图标

图 0-35 “开始”菜单组中的“Protel 99 SE”

图 0-36 “所有程序（P）”中的“Protel 99 SE”菜单项

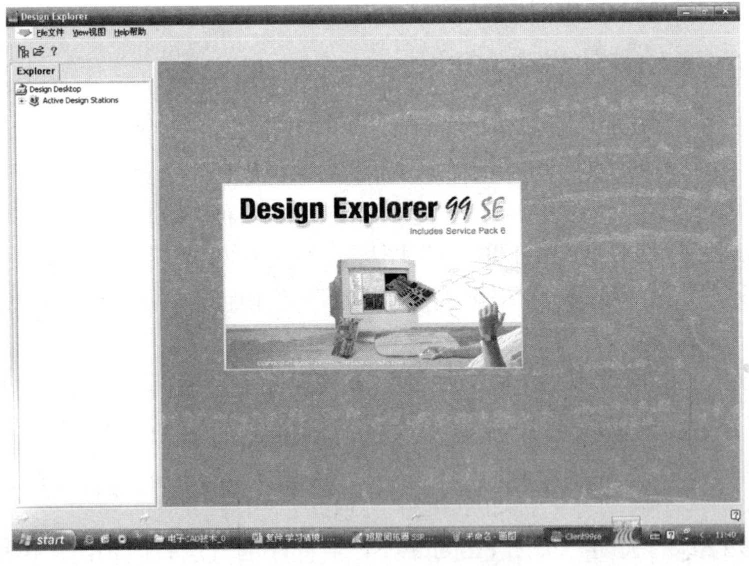

图 0-37 主程序启动界面

图 0-38　询问用户是否保存对话框

（3）窗口初识　如果是第一次启动 Protel 99 SE，则系统进入如图 0-39 所示的设计主窗口。因为目前没有打开任何设计数据库，所以工作区是空白的。一般选择窗口最大化显示，故单击操作界面中的最大化按钮。

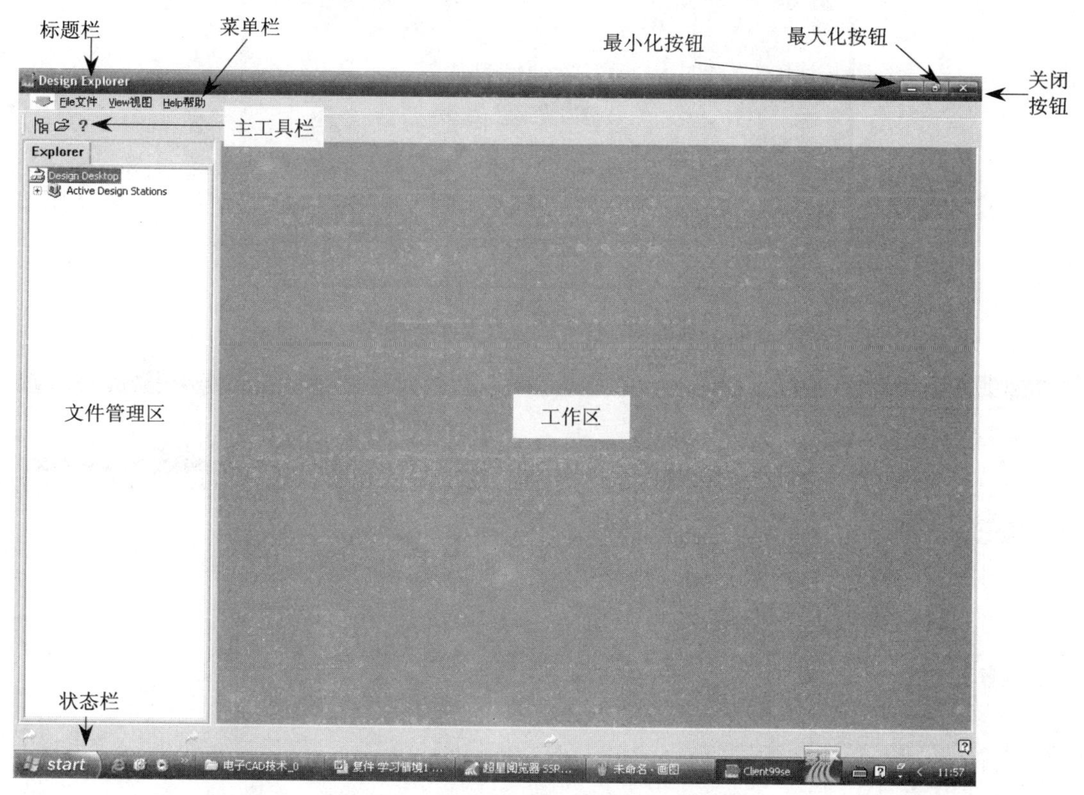

图 0-39　设计主窗口

其中菜单栏中的“File 文件”主要从事文件的建立与管理，其下拉菜单中包括“New 新建”、“Open 打开”、“Exit 退出”以及最近打开的文档等。菜单栏中的“View 视图”主要是对设计窗口的设置，包括“Design Manager 设计管理器”、“Status Bar 状态栏”、“Command Status 命令状态栏”等，把鼠标放在需设置的对应位置，只需单击鼠标，对应栏就消失，再把鼠标放在原位置，单击鼠标，对应栏又重新出现。

执行“File”→“Open”或单击主工具栏的打开文件夹按钮，将打开如图 0-40 所示的设计数据库选择窗口。

在图 0-40 所示的“查找范围”内可以改变文件路径，找到自己需要打开的文件路径。这里选择打开“D:\Design Explorer 99 SE\Examples\ Z80 Microprocessor.Ddb”设计文件包（如果安装软件时是默认路径的，就打开 C:\Program Files\Design Explorer 99 SE\Examples\ Z80 Microprocessor.Ddb）。点击“打开”按钮，就可打开一个已经存在的设计数据库 Z80 Microprocessor.Ddb。对比图 0-39，可以发现原来窗口中的菜单栏、主工具栏、文件管理栏以及工作区都发生了变化，其中工作区多了蓝色的文件窗口标题栏，同时该标题栏上出现了当前已经打开的设计数据库的文件路径，而且也有关闭、最大化和最小化按钮。一般把工作区选择最大化显示，单击，文件路径隐藏。单击文件管理器中 ⊞ Z80 Microprocessor.Ddb 的 ⊞ 及所有的 ⊞，可以显示设计文件库的文件结构，单击后的窗口如图 0-41 所示。再单击文件管理器中 ⊟ Z80 Microprocessor.Ddb 的 ⊟，可以隐藏文件结构。

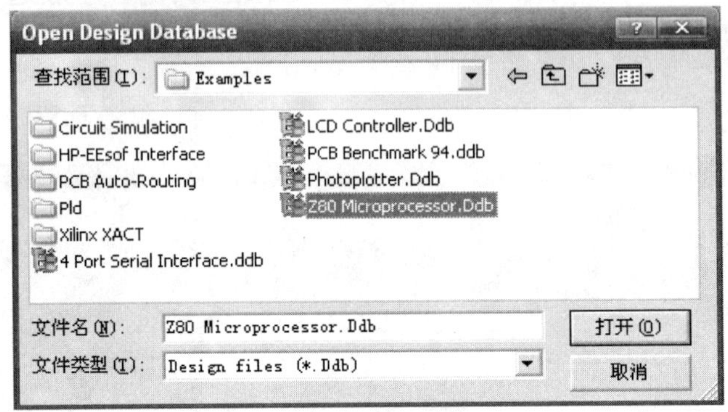

图 0-40 打开设计数据库文件

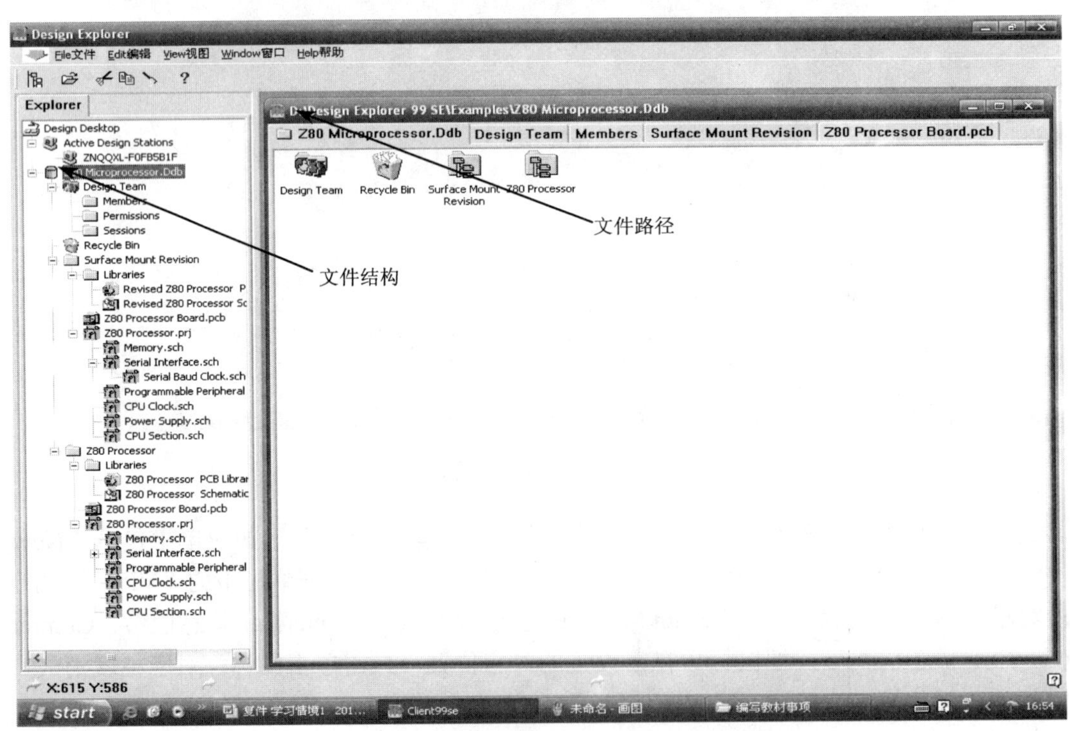

图 0-41 打开的 Z80 Microprocessor.Ddb 及文件结构

工作区内的设计数据库窗口中有四个图标。

- Design Team “Design Team”是设计工作组管理器，用于定义一个设计组的成员和权限，为多个设计者同时工作在一个项目设计组提供安全保障。每个数据库在默认时都带有设计工作组，双击该图标，出现“Menbers”、“Permisions”、“Sessions”三部分，用它们可以进行修改密码、增加访问成员、删除设计成员、设置和修改权限等操作。
- Recycle Bin “Recycle Bin”是设计文件回收站，其作用类似于 Windows 2000/XP 桌面上的“回收站”，用于存放删除的设计文件，必要时可从中恢复。
- Surface Mount Revision　Z80 Processor 是 Z80 Microprocessor.Ddb 的两个文件夹，双击其中一个文件夹，这里打开第一个文件夹“Surface Mount Revision”，出现一个文件夹和后缀名不同的各种类型文件。设计数据库内的这些文件都是一个个独立的文件，文件类型一般通过后缀名来区别，如图 0-41 所示 Z80 Microprocessor.Ddb 文件结构中的各种文件后缀名，表 0-1 所示是 Protel 99 SE 的文件类型介绍。

表 0-1　Protel 99 SE 的文件类型介绍

文件后缀名	文 件 类 型	文件后缀名	文 件 类 型
.ddb	设计数据库文件	.erc	电气测试报告文件
.sch	原理图文件	.rep	生成的报告文件
.lib	库文件	.xls	元件列表文件
.pcb	印刷电路板图文件	.txt	文本文件
.prj	项目文件	.xrf	交叉参考元件列表文件
.net	网络表文件	.abk	自动备份文件

Protel 99 SE 设计数据库文件包含了所有的原理图（.sch）文件、PCB 文件、库（.lib）文件等设计文件，默认时在 Windows 的资源管理器里能查询到的只有设计文件库。只要双击“Surface Mount Revision”文件夹中的任何一个文件类型图标（也可以在设计文件管理器窗口中，直接单击该文件或文件夹），就可以打开该文件或文件夹，工作区内就最大化显示该文件或文件夹内容。例如双击“Z80 Processor Board.pcb”，工作区如图 0-42 所示。

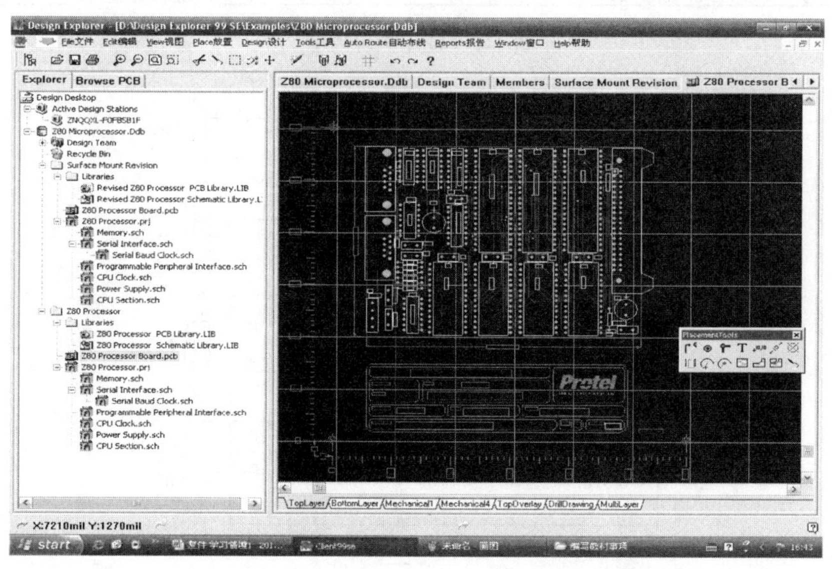

图 0-42　打开 Z80 Processor Board.pcb 文件

项目 1　秒脉冲发生器的制作

学习情境 1.1　秒脉冲发生器原理图设计

1.1.1　项目描述

NE555 是多用途集成时基块，以 NE555 为核心部件组成秒脉冲发生器，电路简单，稳定性好，频率控制范围宽。秒脉冲发生器工作时，其输出端每秒输出一个脉冲，可以控制计数器每秒计一个数。

在该学习情境中，任务目标是将纸张的大小设置为 B，标题栏类型选择 Standard，用特殊字符串设置制图者为“蓝牙设计室”，标题为 “新的设计”，字体为“华文彩云”，字体颜色“223#”，文档编号为“10-1”，显示不含路径的原理图文件名，如图 1-1 所示，并且要求学习者能用 Protel 99 SE 软件从原理图元件库中调出图 1-2 中所需的元件，连线完成图 1-2 所示的电路。

Title 新的设计			
Size B	Number 10-1		Revision
Date:	24-Jan-2010	Sheet of	
File:	C:\秒脉冲发生器.ddb	Drawn By:	蓝牙设计室

图 1-1　设计学习情境

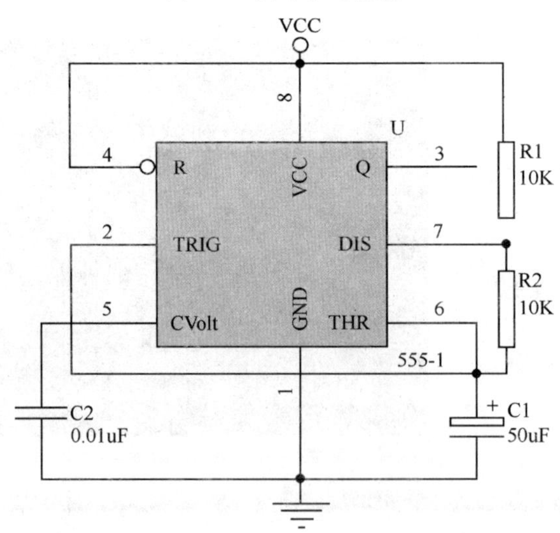

图 1-2　秒脉冲发生器的原理图

1.1.2　学习目标

① 掌握原理图编辑器中具有电气意义对象的放置方法及编辑方法。

② 掌握绘制原理图的基本方法，能绘制比较简单的原理图。

③ 掌握根据实际电路图的大小，设置合适的图纸及其显示风格的方法。

④ 掌握原理图图纸标题栏的设置方法。

1.1.3　技能训练

将该学习情境中的技能分为四个子项目：原理图选项设置、放置元器件、原理图绘制、存盘打印图纸。原理图设计步骤如图 1-3 所示。

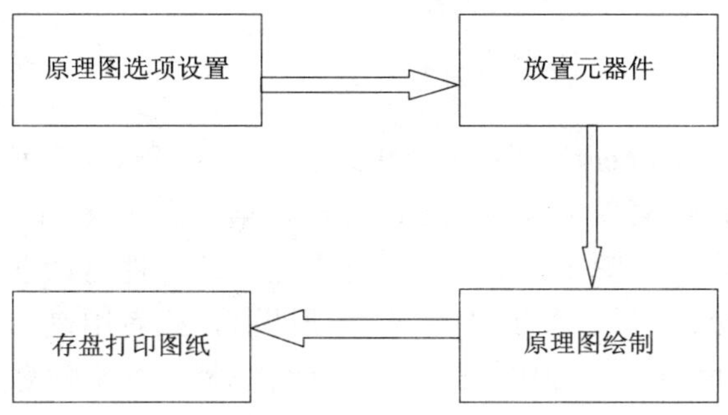

图 1-3　原理图设计步骤框图

子项目 1　原理图选项设置

任务一、进入原理图环境，新建“秒脉冲发生器.sch”

① 建立设计数据库:双击 Protel 99 SE 图标，进入 Protel 99 SE。

② 执行“File”→“New”，系统将会弹出“New Design Database”对话框，如图 1-4 所示。

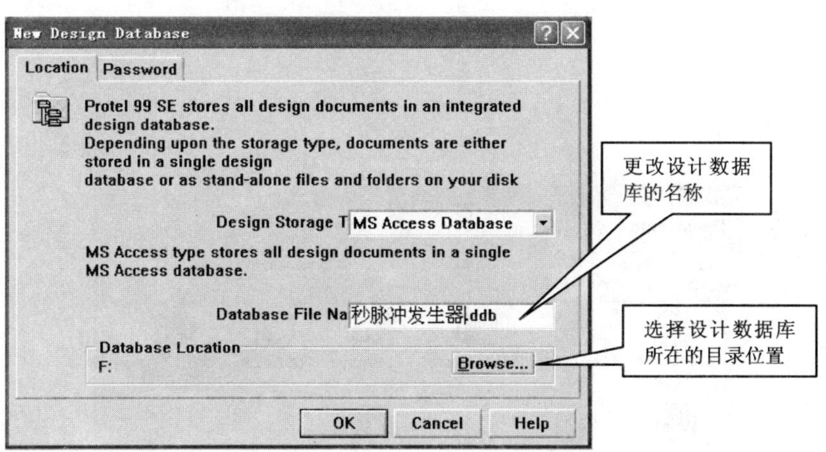

图 1-4　“New Design Database”对话框

③ 在弹出的“New Design Database”对话框中，给数据库文件名“Database File Name”中输入一个名称，这里输入的名称是“秒脉冲发生器.ddb”。单击“Browse”按钮，就可以选

择一个设计数据库所在的目录。单击“OK”按钮，会出现如图 1-5 所示的界面。

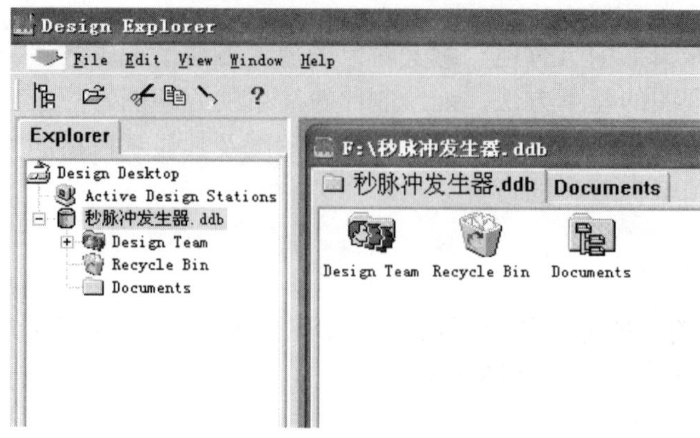

图 1-5　界面 1

④ 双击图 1-5 中“Document”图标，会出现如图 1-6 所示的界面。在工作窗口空白处单击鼠标右键，在弹出的快捷菜单中选择 New 或执行菜单命令 File→New，此时系统将弹出“New Document”对话框，如图 1-7 所示。设计者在新建文件对话框中选择相应的文件类型图标（Schematic Document）后，单击“OK”按钮即可，或者用鼠标左键双击该图标。此时在设计窗口的“Document”文件夹中将增加一个文件图标，其文件名可以根据自己的需要更改，这里改为“秒脉冲发生器.sch”；若不改，默认为“Sheet1.sch”。

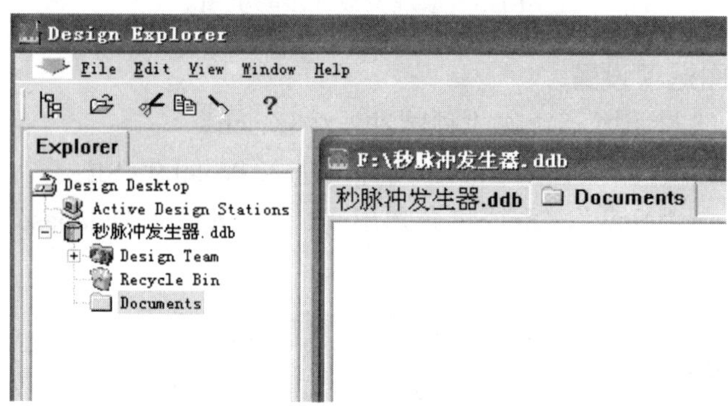

图 1-6　界面 2

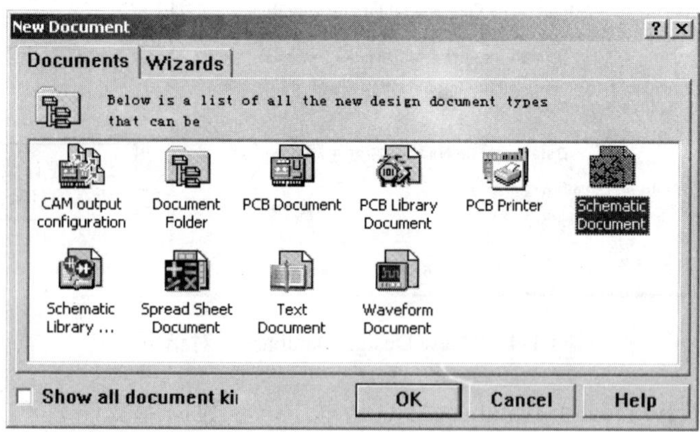

图 1-7　“New Document”对话框

★※温馨提示※★

如果文件绘图区太小可按 PageUp 放大绘图区域；如果绘图区太大可按 PageDown 缩小绘图区域。最初建立的文件应该是设计数据库文件，默认为（Mydesign.ddb），其中包括三个文件：设计队（Design Team）、垃圾箱（Recycle Bin）和文件（Document）。其他文件都应该建在 Document 之下。如图 1-8 所示。

图 1-8　文件的位置及图标

任务二、按项目描述完成标题栏设置

双击 SCH 的边框，弹出的对话框就是图纸设置对话框（Document Options 对话框）；点击菜单“Design”→“Options”，单击鼠标右键，在出现的下拉菜单中选择 Document Options，也会出现图纸设置对话框。可直接修改纸张大小和纸的方向，设置标题栏。

图纸的单位是 mil。

1 mil = 1 / 1000 英寸 = 0.0254mm

① 打开原理图文件。

② 执行菜单命令“Design”→“Options”，该命令用于对图纸大小、栅格和标题栏进行设置。执行完该命令可以进入“Document Options”窗口，如图 1-9 所示。

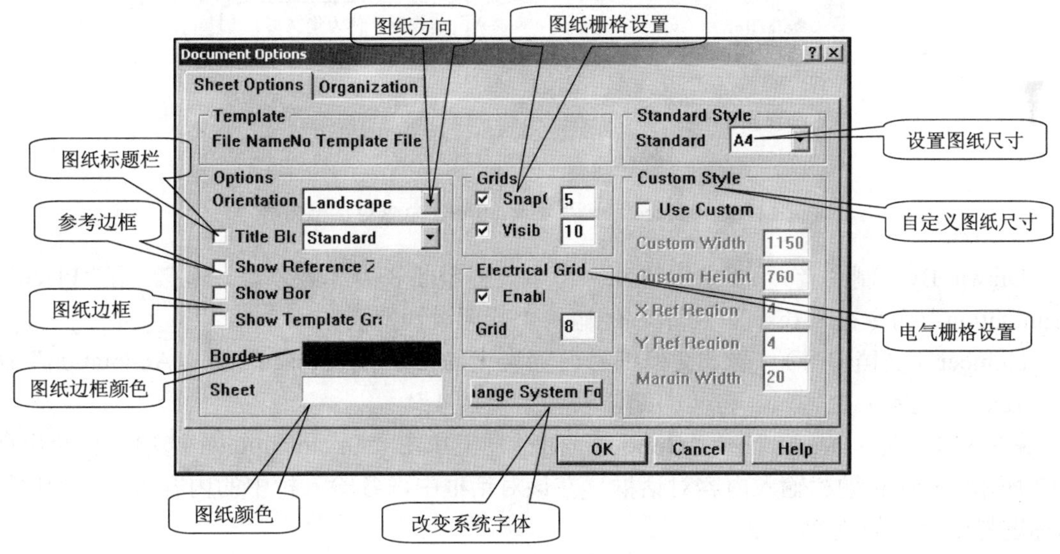

图 1-9　“Document Options”窗口

③ Title Block（图纸标题栏设置）：图纸标题栏有两类，分别为 Standard（标准标题栏）

和 ANSI（美国国家标准协会标题栏）。

- Standard　Standard 标题栏如图 1-10 所示。

Title			
Size B	Number		Revision
Date:	24-Jan-2010	Sheet of	
File:	C:\秒脉冲发生器.ddb	Drawn By:	

图 1-10　Standard（标准标题栏）

Title（本章原理图的标题）　用“Place”→“Annotation”命令或单击 T 图标，在标题栏中输入相应的特殊字符串，如图 1-11 所示，在项目描述中，此处要求输入标题为“我的设计”，字体为“华文彩云”，字体颜色“223#”。在“Text”（文本）处输入“我的设计”；用鼠标左键点击“Color”处选择“223#”颜色；用鼠标左键点击“Font”（字体）的“Change”（改变字体），选择字体为“华文彩云”。点击“OK”即可。

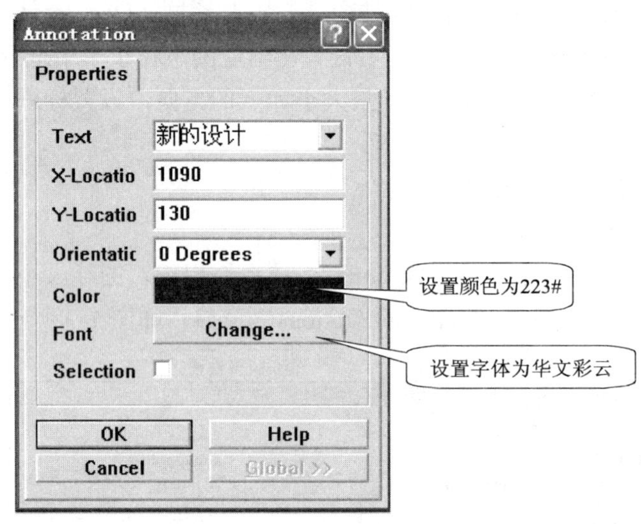

图 1-11　“Place”→“Annotation”命令对话框内容

Drawn By（制图者）　要求用特殊字符串设置制图者为“蓝牙设计室”。用“Place”→“Annotation”命令在“Text”（文本）处输入“蓝牙设计室”。

Number（文档编号）　要求文档编号设置为“10-1”。用“Place”→“Annotation”命令在“Text”（文本）处输入，将文档编号设置为“10-1”。

- ANSI　在“Design”→“Options”对话框里单击“Organization”选项，将会出现图 1-12 所示 ANSI 标题栏输入内容对话框。在该对话框中，各输入栏中的内容可以自动地填入到标题栏中合适的位置。

Organization　用来设定制图者、公司或单位的名称，如“蓝牙设计室”。

Address　用来设定公司或单位的地址。

.address1　地址 1。

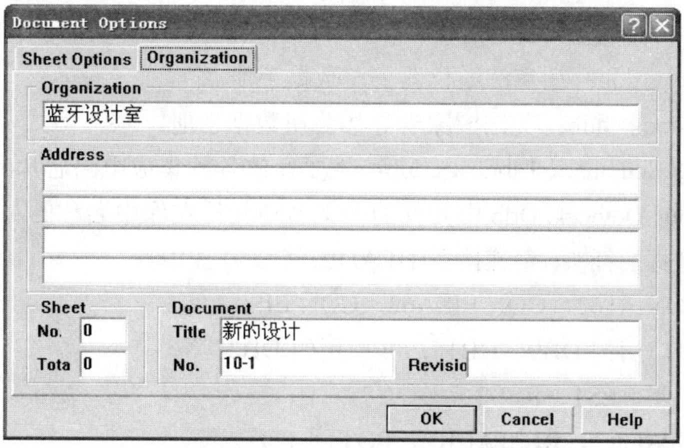

图 1-12　ANSI 标题栏输入内容

.address2　地址 2。

.address3　地址 3。

.address4　地址 4。

Sheet　用来设定原理图的编号。其中“No.”表示本章原理图的编号，“Total”表示本设计中原理图的数量。

Document　文件的其他信息。其中“Title”表示本章原理图的标题，“No.”表示编号，“Revision”表示版本号。

④ Orientation（图纸方向）：Landscape，水平放置；Portrait，垂直放置。

⑤ Show Reference Zoom（显示图纸边框）与（Show Border）显示参考边框：若 Show Reference Zoom 与 Show Border 前均打对号（√），就会出现如图 1-13 所示边框。

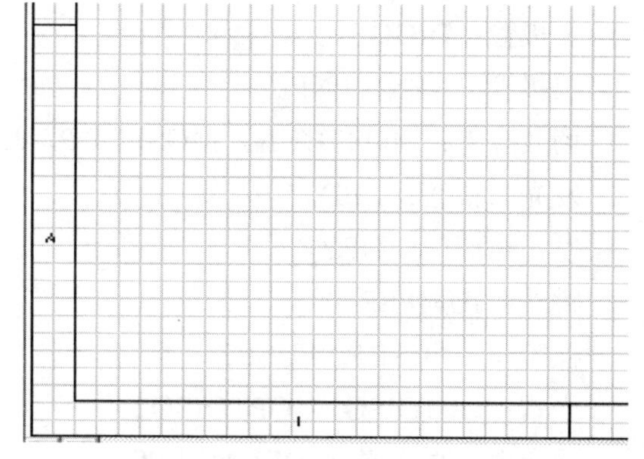

图 1-13　显示图纸边框与参考边框

⑥ Grids（区域）：图纸栅格设置 。

- Snap On　锁定栅格，即光标位移的步长。
- Visible　可视栅格，屏幕上实际显示的栅格距离。

锁定栅格和可视栅格相互独立。

⑦ Electrical Grid（电气节点）：若选中此项，系统在连接导线时，以光标位置为圆心，以“Grid”栏中的设置值为半径，自动向四周搜索电气节点，当找到最接近的节点时，就会将光标自动移到此节点上，并在该节点上显示一个圆点，此项一般选中。

子项目 2　常用元件库介绍、加载原理图元件库及移出元件库

1．各种常用元件库介绍

① Miscellaneous Devices. Ddb：基本元件库，包括电阻、电容、二极管、三极管等各种分立元件电路符号。

② Sim.ddb：仿真元器件库。

③ TI Databooks.ddb：德克萨斯仪器公司数据手册。

④ NEC Databooks.ddb：美国国家半导体公司数据手册。

⑤ Protel DOS Schematic Libraries.ddb：主要存放各种集成电路芯片的电路符号。

- Miscellaneous Devices. Ddb 中元件的中文名与元件在库中名称的对应关系如下。

插头：各种管脚的插头(座)连接器(HEADE，CON，PIN)。

ISA 插座：CON AT62，CON EISA62，CON EISA3 等。

D 型插头：串口用的 DB9、DB15，并口用的 DB25 等。

电阻：标准电阻 RES1、RES2。

电阻排：RESPACK1，RESPACK2，POT1，POT2 等。

两端口可变电阻：RES3，RES4。

三端口可变电阻：RESISTORTAPPED，POT1，POT2。

电容：无机性电容 CAP。

有机性电容：ELECTRO1，ELETRO2。

可变电容：CAPVAR。

电感：普通电感 INDUCTOR、INDUCTOR1、INDUCTOR2。

可变电感：INDUCTOR VAR，INDUCTOR3，INDUCTOR4。

晶体：CRYSTAL。

二极管：DIODE。

三极管：NPN，PNP。

场效应管：MOSFET N，MOSFET P，JFET N，JFET P。

发光二极管：LED。

发光数码管：DPY。

跳线：JUMPER。

保险丝：FUSE1，FUSE2。

光耦：OPTOISO1，OPTOISO2。

继电器：单刀单掷 DELAY-SPST。

单刀双掷：DELAY-SPDT。

双刀单掷：DELAY-DPST。

双刀双掷：DELAY-DPDT。

话筒：MICROPHONE1，MICROPHONE2。

耳机接口：PHONEJACK。

开关：拨码开关 SW DIP。

按键：SW-PB。

其他开关：SW。

变压器：TRANS1，TRANS2，TRANS3，TRANS4，TRANS5。

- Sim.ddb（仿真元器件库）中所装的元件类型如表 1-1 所示。

表 1-1　**Sim.ddb**（仿真元器件库）**中所装的元件类型**

库　　名	库所对应的元器件类型	库　　名	库所对应的元器件类型
74XX.lib	74 系列数字电路逻辑集成块	MISC.Lib	混杂库
7SEGDISP.Lib	七段数码管	OPAMP.Lib	运算放大器
BJT.Lib	三极管	OPTO.Lib	光电系列
BUFFER.Lib	缓冲器	REGULATOR.Lib	电压调整器
COMP.Lib	运算放大器	RELAY.Lib	继电器
CMOS.Lib	CMOS 系列数字电路逻辑集成块	SCR.Lib	可控硅
COMPARATOR.Lib	比较器	SIMULATION.Lib	各种模拟电路符号
CRYSTAL.Lib	晶体振荡器	SWITCH.Lib	可控开关源
DIODE.Lib	二极管	TIMER.Lib	定时器
IGBT.Lib	三极管	TRANSFORMER.Lib	变压器
JFET.Lib	场效应管	TRANSSLINE.Lib	传导线
MATH.Lib	数学函数	TRIALC.Lib	双向可控硅
MESFET.Lib	场效应管	TUBE.Lib	电子管
MOSFET.Lib	场效应管	UJT.Lib	可控硅

● Protel DOS Schematic Libraries.ddb 中所装的元件类型如表 1-2 所示。

表 1-2　Prtel DOS Schematic Libraries.ddb 数据库中所装的元件类型

库　　名	库所对应的元器件类型
Protel DOS Schematic Analog Digital.Lib	模拟数字式集成块元件库
Protel DOS Schematic 4000 Cmos .Lib	40 系列 CMOS 管集成块元件库
Protel DOS Schematic Analog Digital.Lib	模拟数字式集成块元件库
Protel DOS Schematic Comparator.Lib	比较放大器元件库
Protel DOS Shcematic Intel.Lib	INTEL 公司生产的 80 系列 CPU 集成块元件库
Protel DOS Schematic Linear.Lib	线性元件库
Protel DOS Schemattic Memory Devices.Lib	内存存储器元件库
Protel DOS Schematic SYnertek.Lib	SY 系列集成块元件库
Protel DOS Schematic Motorlla.Lib	摩托罗拉公司生产的元件库
Protel DOS Schematic NEC.Lib	NEC 公司生产的集成块元件库
Protel DOS Schematic Operationel Amplifers.Lib	运算放大器元件库
Protel DOS Schematic TTL.Lib	晶体管集成块元件库 74 系列
Protel DOS Schematic Voltage Regulator.Lib	电压调整集成块元件库
Protel DOS Schematic Zilog.Lib	Zilog 公司生产的 Z80 系列 CPU 集成块元件库元件属性

★※温馨提示※★

在附录 1 中列出了常用元件符号、元件名与所对应的元件库。

2．加载元件库

（1）第一种方法　打开（或新建）一个原理图文件，单击“Browse Sch”选项卡“Browse”下拉式列表，选中“Library”后，单击“Add/Remove”按钮，弹出“Change Library File List”后，查找范围“C：/Program Files/Design Explorer 99 SE/Library/sch”文件夹，单击要加载的元件库，再点击“OK”按钮，或者双击要加载的数据库，都可以加载元件库。

（2）第二种方法　执行菜单命令“Design”→“Add”→“Remove Library”，同上操作。

（3）第三种方法　单击主工具栏中的图标，同上操作。

3．移出元件库

操作同加载元件库，只是要在“Selected Files”显示框中选中元件库文件名，单击“Remove”按钮；或者双击要删除的元件库文件名。

Browse Sch 选项卡介绍

- 元件库选择区（Browse 下拉列表 Library 下的区域）：显示的是所有加载的“.ddb”文件中所包含的具体的元件库文件名（扩展名为.Lib）。
- 元件过滤选项区（Filter）：可以设置元件列表的显示条件，在条件中可以使用通配符“*”和“？”。

子项目 3　元件放置与编辑

1．元件的放置方法

（1）使用菜单命令放置元器件　元件放置“Place”菜单命令如图 1-14 所示。“Place”菜单命令所对应的功能如表 1-3 所示。

表 1-3 “Place”菜单下的命令与对应的功能

“Place”菜单下的命令	功　能	“Place”菜单下的命令	功　能
Bus	放总线	Net Label	放置网络标号
Bus Entry	放总线分支	Port	放置电路端口
Part	放置元件	Sheet Symbol	放置方块电路图
Junction	放置电路节点	Add Sheet Entry	放置方块电路出入口
Power Port	放置电源符号	Directives/No ERC	放置忽略 ERC 检查点
Wire	放导线	Directives/PCB Layout	放置 PCB 布线指示

（2）使用工具栏中的按钮放置元件　放置按钮如图 1-15 所示，每个按钮对应的功能及对应的“Place”菜单下的命令如表 1-4 所示。

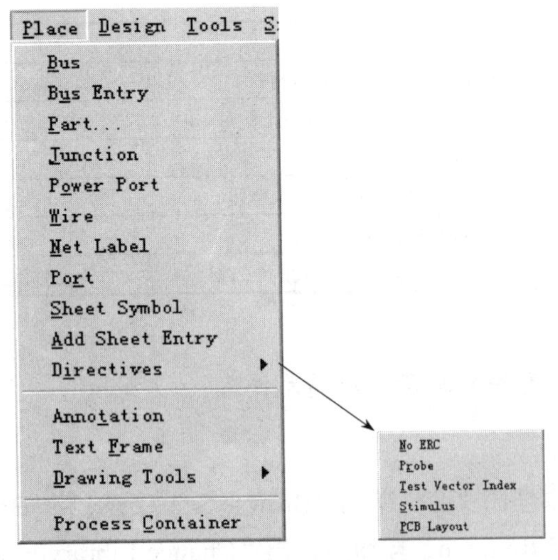

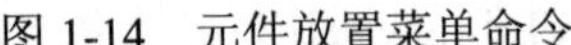
图 1-14　元件放置菜单命令

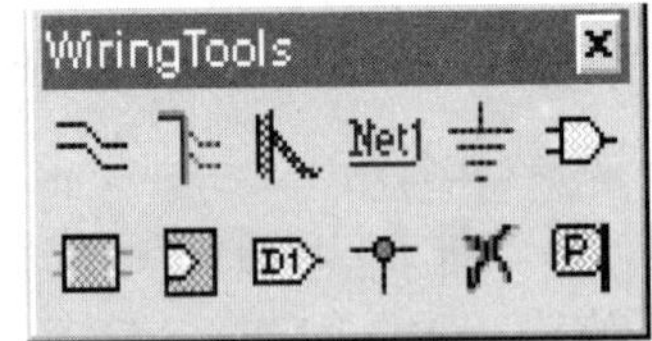

图 1-15　放置按钮

表 1-4　画原理图工具栏中各按钮的作用

按　钮	功　能	对应“Place”菜单下的命令	按　钮	功　能	对应“Place”菜单下的命令
	放导线	Wire		放置方块电路图	Sheet Symbol
	放总线	Bus		放置方块电路出入口	Add Sheet Entry
	放总线分支	Bus Entry		放置电路端口	Port
	放置网络标号	Net Label		放置电路节点	Junction
	放置电源符号	Power Port		放置忽略 ERC 检查点	Directives/No ERC
	放置元件	Part		放置 PCB 布线指示	Directives/PCB Layout

★※温馨提示※★

在英文输入法状态下，也可通过点击键盘 P-P 放元件；点击 P-W 放导线；点击 P-J 放结点；点击 P-O 放电源 VCC 或地 GND；点击 P-B 放总线；点击 P-N 放网络标号。

2．放置元件

（1）第一种方法　按两下 P 键，在“Place Part”对话框中依次输入元件的各属性值后单击“OK”按钮。此时光标变成十字形，且元件符号处于浮动状态，可按空格键旋转元件的方向，按 X 键使元件水平翻转，按 Y 键使元件垂直翻转，最后单击鼠标左键放置元件。

（2）第二种方法　单击“Wiring Tools”工具栏中的图标。

（3）第三种方法　执行菜单命令“Place”→“Part”。

（4）第四种方法　在元件浏览区中选择相应的元件名，单击“Place”按钮，或双击相应的元件名。

（5）第五种方法　如果元件名不知道，可在“Place Part”对话框中单击“Browse”按钮，出现“Browse Libraries”对话框，当浏览到所要找的元件符号时，单击该浏览区下方的“Place”按钮。

★※温馨提示※★

在英文输入状态下，点击键盘 P-P 可以执行放置元件功能。

3．放置电源和接地符号（图 1-16）

（1）第一种方法　单击“Wiring Tools”工具栏中的图标，此时光标变成十字形，电源/接地符号处于浮动状态，与光标一起移动。若符号形状不符合要求，可按 Tab 键弹出属性对话框。电源符号的显示形式如下。在电源符号处于浮动状态时，可按空格键旋转方向，按 X 键水平翻转，按 Y 键垂直翻转。最后单击左键放置电源符号后，单击右键退出放置状态。

（2）第二种方法　单击“Power Objects”工具栏中的电源符号。

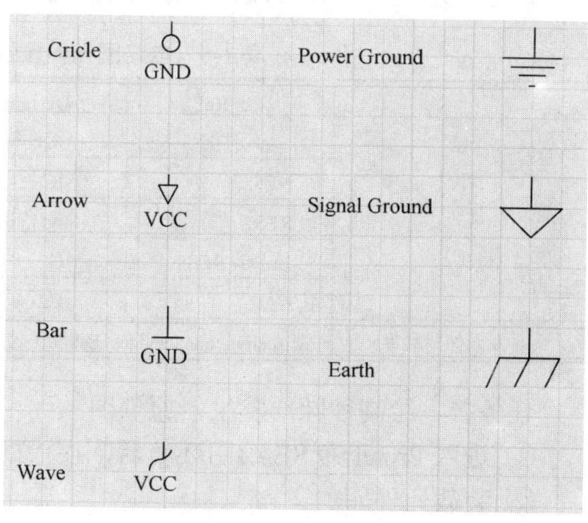

图 1-16　电源和接地符号

（3）第三种方法　执行菜单命令“Place”→“Power Port”。

4．编辑元件

（1）移动元件及元件符号　在元件、元件标号或标注上按住鼠标左键并拖动。

（2）改变方向　在元件、元件标号或标注上按住鼠标左键，再按空格键旋转，按 X 键水平翻转或按 Y 键垂直翻转。

（3）修改元件的引脚长短　进入编辑界面，双击其引脚，弹出对话框，PIN 的默认值改为 10，为最短。编辑元件时，双击引脚，在 DOT 后打钩，则显示为低电平有效模样。

（4）删除元件　在元件上单击鼠标左键，使元件周围出现虚线框，按 Delete 键即可删除。对于其他放置对象（如导线、电源符号等），也可按此方法进行删除。

（5）元件属性对话框中的 SHEET 选项默认为“*”，不要改动，否则会在加载到 PCB 时出错。

★※温馨提示※★

在英文输入状态下，点击键盘 E-D 或按 CTRL+X，鼠标进入删除状态；按 CTRL + DEL 全部删除选中的目标；按 CTRL+左键在移动元件时，可使与之相连的导线随其一起移动。在英文状态下，用鼠标左键点住元件，按空格键，旋转 90°；按 X 键，元件按横轴方向旋转；按 Y 键，元件按纵轴方向旋转。

子项目 4　绘制电路原理图

任务一、电路图中元件属性列表

元件属性如下。

- Lib Ref（元件名）：元件符号在元件库中的名称。如图 1-2 中的电容符号在元件库中的名称是 CAP，在放置元件时必须输入，但不会在原理图中显示出来。
- Designator（元件符号）：元件在原理图中的序号，如 R1、C1 等。
- Part Type（元件标注）：如 10 kΩ、555-1 等。
- Footprint（元件的封装名）：是元件的外形名称。一个元件可以有不同的外形，即可以有多种封装形式。元件的封装形式主要用于印刷电路板图。这一属性值在原理图中不显示。

秒脉冲发生器中元件属性列表如表 1-5 所示。

表 1-5　电路图元件属性及所对应的元件库列表

	Lib Ref 元件名	Designator 元件符号	Part Type 元件标注	Footprint 元件封装名
元件属性	NE555	IC	555-1	DIP8
	RES2	R1、R2	10 kΩ	AXIAL0.4
	ELECTRO1	C1	50 μF	RB.2/.4
	CAP	C2	0.01 μF	RAD0.1
元件及元件封装库	Miscellaneous Devices. Ddb Protel DOS Schematic Libraries. Ddb			Advpcb.ddb

任务二、绘制秒脉冲发生器原理图

① 进入 Protel 99 SE 绘图环境后，在“Document”中新建“秒脉冲发生器.sch”。

② 装载元件库。

③ 秒脉冲发生器按照表 1-5 放置元件并编辑元件如图 1-17 所示。

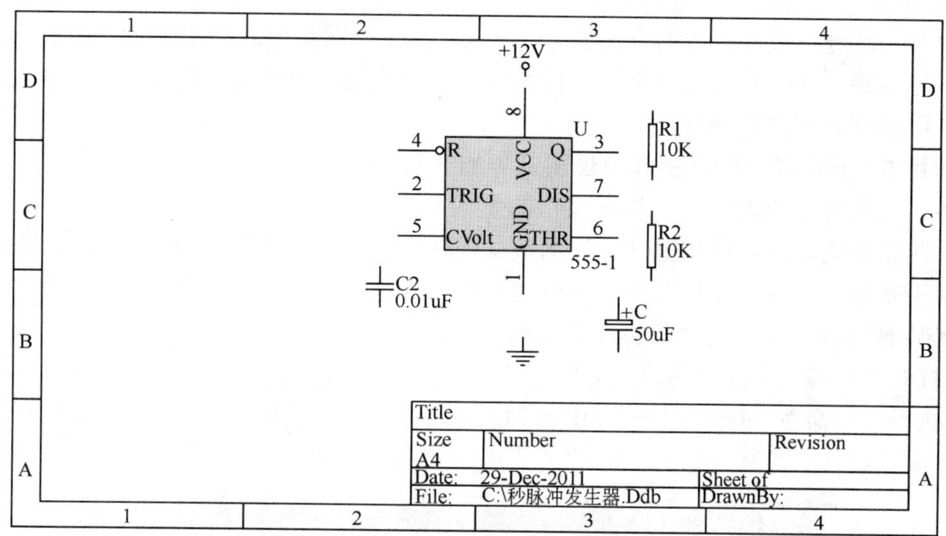

图 1-17　秒脉冲发生器元件放置与编辑图

④ 绘制导线。

• 第一种方法　单击 Wiring Tools 工具栏中的图标，光标变成十字形。在导线的起点和终点处分别单击鼠标左键确定两个端点。然后单击鼠标右键，则完成了一段导线的绘制。此时仍为绘制状态，将光标移到新导线的起点，按前面的步骤绘制另一条导线，最后单击鼠标右键两次退出绘制状态。

• 第二种方法　执行菜单命令“Place”→“Wire”。

所有原理图画线必须用具有电气意义的导线（Wire），画完的秒脉冲发生器原理图如图 1-18 所示。

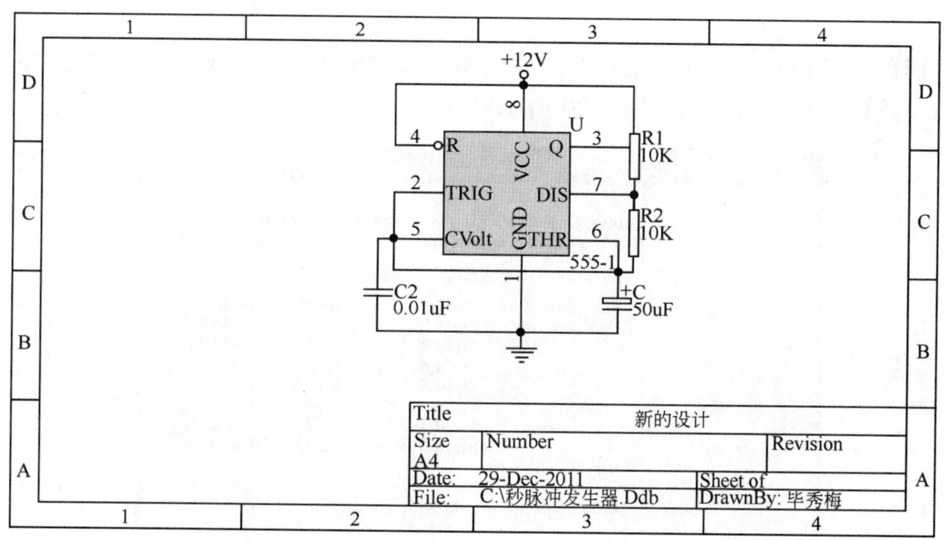

图 1-18　秒脉冲发生器原理图

★※温馨提示※★

在英文输入状态下，点击键盘 P-W，可以执行绘制导线功能。

SCH 中，区分导线和直线的方法如下：导线（Wire），默认色彩为 223；直线（Poly Line），默认色彩为 229。导线有电气意义，而直线没有。导线在画电路图时使用，直线则在制作新元件时，用来画元器件轮廓线。

子项目 5　元件清单的产生和原理图的导出、打印

任务一、元件清单的产生（报表文件的生成）

原理图绘制完成后，可将原理图的图形文件转化成文本格式的报表文件，元器件报表文件主要用于整理一个电路或整理一个项目文件中的所有元器件，它主要包括元器件的名称、标号和封装等内容。报表文件的生成步骤如下。

① 打开“秒脉冲发生器.Sch”文件。

② 执行菜单命令“Report”→“Bill of Material”，将会出现如图 1-19 所示“BOM Wizard”对话框。

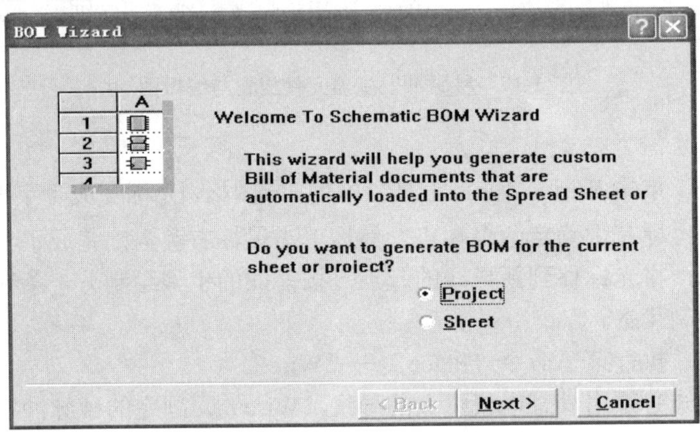

图 1-19 “BOM Wizard”的对话框

③ 选择了“Project”（整个项目的元件清单）或“Sheet”（当前电路图的元件清单）单击“Next”按钮，系统将进入如图 1-20 所示设置元件列表内容对话框。

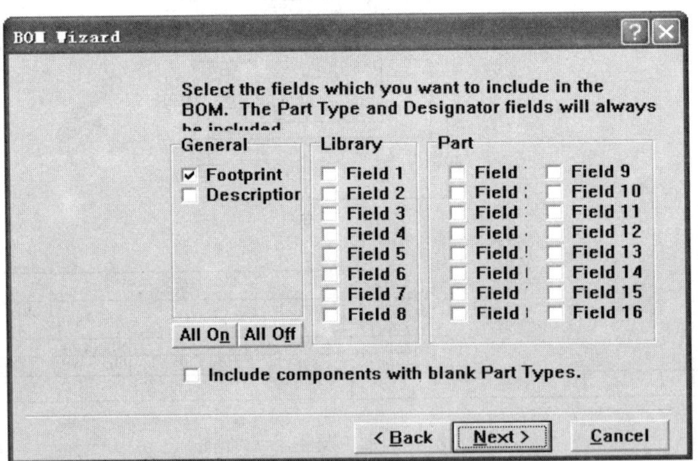

图 1-20 设置元件列表内容对话框

④ 设置生成的元件清单包括元件的具体内容。单击“Next”按钮，会出现如图 1-21 定

义元件列表的项目名称对话框。

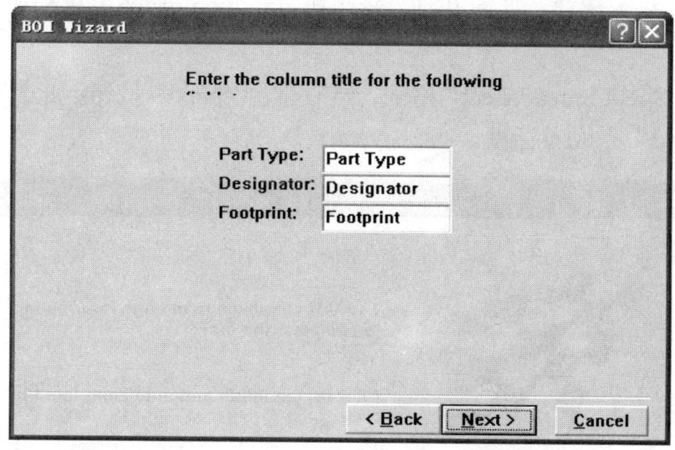

图 1-21 定义元件列表的项目名称

⑤ 设置元件清单的项目标题，如表 1-6 所示。

表 1-6 定义元件列表的项目名称

项 目 标 题	应填入的项目名称	中 文 意 思
Party Type	Party Type	元件类型，如电容容量的大小、电阻的阻值等
Designator	Designator	元件标号，如 C1、R1、U1等
Footprint	Footprint	元件的封装名称

定义结束后，单击“Next”按钮，系统将进入如图 1-22 所示选择元件列表的格式对话框。在这里选择元件列表的格式，系统提供了 Protel Format、CSV Format、Client Spreadsheet 三种列表的格式。

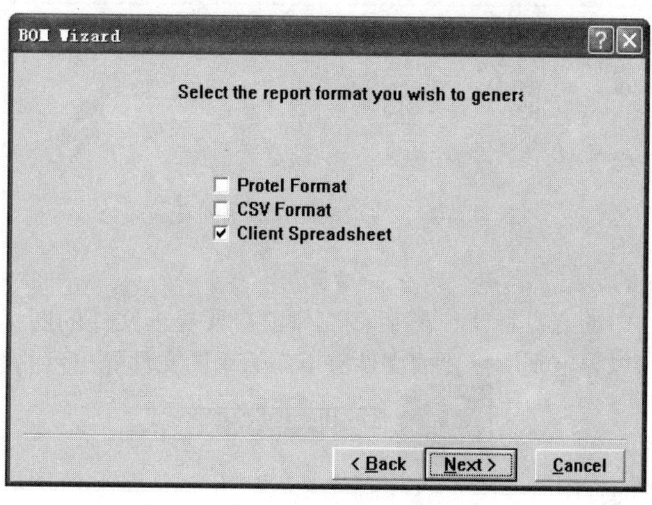

图 1-22 选择元件列表的格式

- Protel Format 格式：选取此项，将生成 Protel 格式的元件清单，扩展名为“.BOM”。产生了元件清单后，系统将启动文本编辑器并装入刚生成的元件清单文件。

- CSV Format 格式：选取此项，将生成 CSV 格式的元件列表，扩展名为“.CSV”。
- Client Spreadsheet 格式：选取此项，将生成 Protel 99 SE 的表格编辑器格式文件，扩展名为“.XLS”。

⑥ 这里选择“Client Spreadsheet”格式，然后单击“Next”按钮，此时系统弹出如图 1-23 所示的“Bom Wizard”完成对话框。

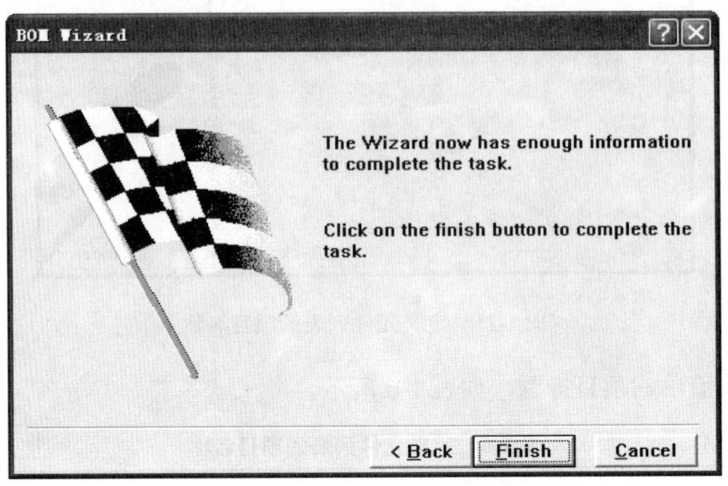

图 1-23　“Bom Wizard”完成对话框

⑦ 单击“Finish”按钮，系统就会进入表格编辑器，并生成扩展名为“.XLS”的元器件列表，如图 1-24 所示。

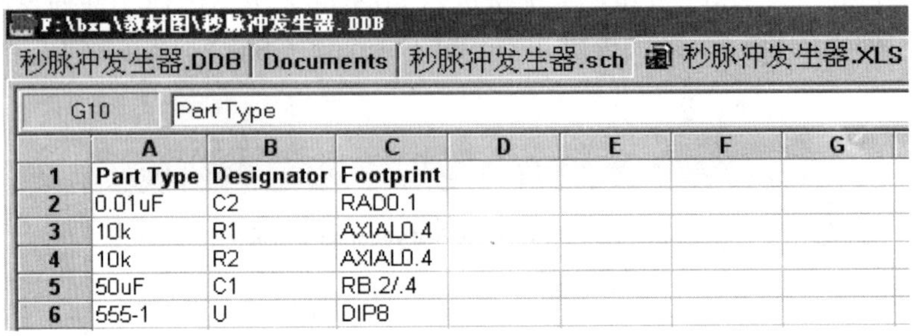

F:\bxm\教材图\秒脉冲发生器.DDB

秒脉冲发生器.DDB | Documents | 秒脉冲发生器.sch | 秒脉冲发生器.XLS

G10 | Part Type

	A	B	C	D	E	F	G
1	Part Type	Designator	Footprint				
2	0.01uF	C2	RAD0.1				
3	10k	R1	AXIAL0.4				
4	10k	R2	AXIAL0.4				
5	50uF	C1	RB.2/.4				
6	555-1	U	DIP8				

图 1-24　生成的元件清单列表

任务二、原理图的导出

先点击主工具栏中的磁盘标志，然后在工作窗口要导出文件的图标上单击右键，选择“Export”命令，就可以导出到所需要的文件夹下。原理图文件导出后的图标为

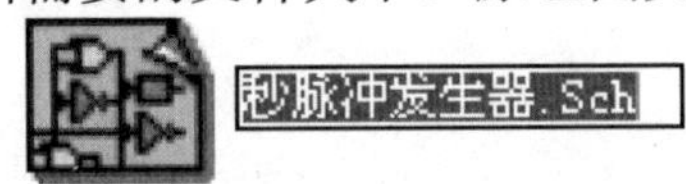

任务三、原理图的打印

① 打开原理图文件。

② 设置打印机。执行菜单命令“File”→“Print Setup”，系统将弹出如图 1-25 所示的对话框，在这个对话框内可以设置打印机的类型、打印纸、打印方向、打印比例等。

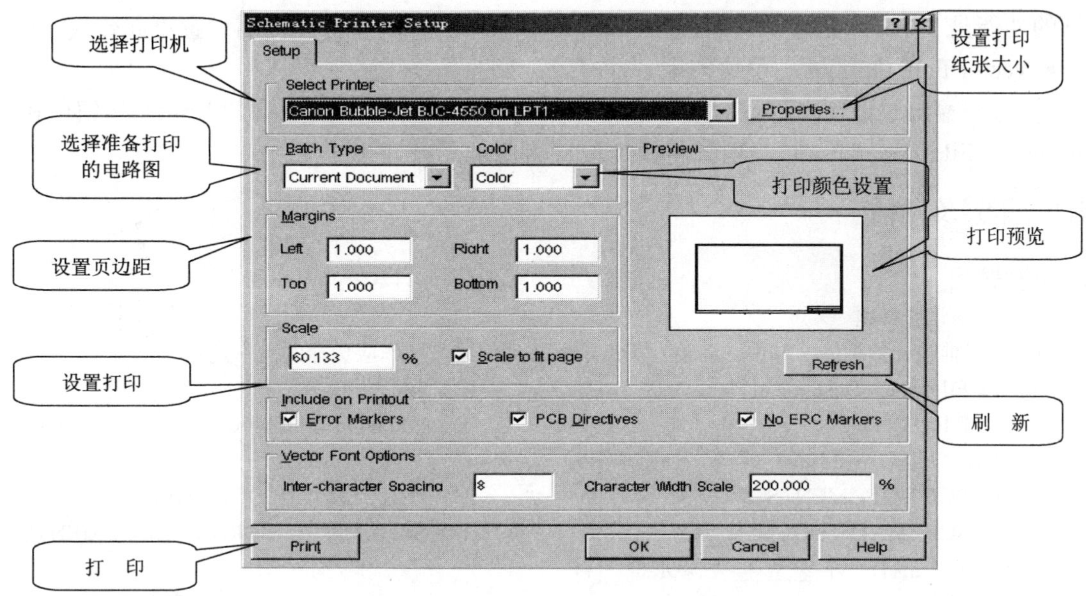

图 1-25　设置打印机对话框

• Select Printer：选择打印机。在此区域，设计者用鼠标左键单击下拉菜单，会出现所有配置的打印机，设计者可以根据实际硬件配置情况来选择适当的打印机类型和输出接口。选择了打印机后，单击右边的“Properties”按钮，将会出现如图 1-26 所示的对话框。

图 1-26 “打印设置”对话框

• Batch Type：选择准备打印的电路图文件。
• Current Document：打印当前原理图文件。
• All Documents：打印当前原理图文件所属项目的所有原理图文件。
• Color：打印颜色设置。
• Color：彩色打印输出。
• Monochrome：单色打印输出，即按照色彩的明暗度将原来的色彩分成黑白两种颜色。
• Margins：设置页边空白宽度。
• Scale：设置缩放比例。范围是 0.001%～400%，“Scale”旁边的“Scale to fit Page”复

选框的功能是“自动充满页面”。选中“Scale to fit Page”时，打印比例设置不起作用。

- Vector Font Options：设置矢量字体。

③ 打印输出原理图文件。设置好了打印机之后，单击图 1-25 中的“Print”按钮或执行菜单命令“File”→“Print”，系统将根据设置将原理图打印出来。

1.1.4　测验及评估

测验题目

1．基本知识选择题

（1）在当前设计数据库文件中，新建一个原理图文件的菜单操作应选择的操作是_____。

A）File→new Design...　　B）File→new...

C）File→Open...　　D）File→Open Full Project

（2）执行“File”→“New”菜单，画原理图时，选择________图标。

A）PCB DOCUMENTS　　B）PCB LIBRARY DOCUMENTS

C）SCHEMATIC DOCUMENTS　　D）SCHEMATIC LIBRARY DOCUMENTS

被选中元件周围有一个________色矩形框。

A）黄色　　B）蓝色　　C）红色　　D）紫色

（3）在原理图中，在输入法是英文的情况下，每单击________一次使元件逆时针旋转 90°。

A）空格键　　B）X 键　　C）Y 键　　D）W 键

（4）SCH 系统画一条导线最少击鼠标________次。

A）4　　B）1　　C）2　　D）3

（5）印刷电路板文件的扩展名是________。

A）PCB　　B）NET　　C）SCH　　D）LIB

（6）画原理图时，电阻元件应该从________库中调出。

A）Intel DataBook.lib　　B）TI DataBook.lib

C）Miscellaneous Devices . lib　　D）SIM .lib

2．图纸设置

（1）将原理图的图纸尺寸设置为 A4。

（2）不显示可视栅格。

（3）标题栏设置：标题栏类型选择 ANSI，设计者为“美国微软公司”，标题为“多谐振荡器电路”，字体“黑体”，字号为“小四”，字体颜色为“225#”。

3．画出多谐振荡器电路如图 1-27 所示的原理图，原理图命名为“多谐振荡器.sch”。

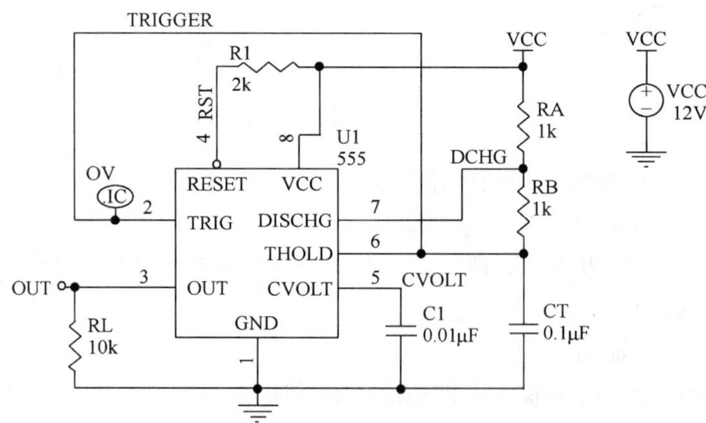

图 1-27　多谐振荡器电路图

评估标准

评估标准见表 1-7。

表 1-7　评估标准

内　容	评 分 标 准	分　值
1．基本知识选择题	每题 5 分	共 30 分
2．图纸设置	（1）5 分	共 30 分
	（2）5 分	
	（3）需要设置 6 项内容，后两项看成一项，每项 4 分	
3．画原理图	新建原理图，正确命名　5 分	共 40 分
	正确装载原理图元件库　5 分	
	正确放置元器件　10 分	
	编辑元器件　5 分	
	正确布线　10 分	
	正确导出到桌面学号文件夹下　5 分	

学习情境 1.2　秒脉冲发生器的单面 PCB 制作

1.2.1　项目描述

在该学习情境中，任务目标是将学习情境 1 中按图 1-2 绘出的原理图设置成单层布线，然后进行手动布局、手动布线，完成 PCB 图。将绘成的 PCB 图导出到指定的文件夹下，进行制版、焊接、装配及调试。

1.2.2　学习目标

① 进入 PCB 后，根据具体情况，规划电路板（包括物理边界及电气边界）。

② 对单层布线的电路板，知道需要确定电路板的哪些层，熟悉每个层有什么作用。

③ 熟悉手动布局及手工布线来绘制电路板的步骤。

④ 了解按照绘成的 PCB 图制版的方法及安装调试成最终产品的效果。

1.2.3　技能训练

手动绘制及制作电路板的步骤：先新建 PCB 文件；根据需要装入元件封装库，认识常用元件封装形式；将所需的元件调入到 PCB 文件中，规划电路板，进行元件布局；布局完成后，进行手动布线；布线结束后，将所设计的 PCB 图导出到指定的文件夹下，打印图纸；最后，制作电路板、焊接及调试，完成了一个简单电子产品的制作。如图 1-28 所示的步骤。

子项目 1　常用元件封装库介绍及加载元件封装库

任务一、新建 PCB 文件

同进入原理图方法一样，新建了设计数据库文件之后，双击“Document”图标，在空白处单击左键，出现下拉式菜单，单击“New”，或用鼠标左键点击菜单“File”→“New”，就会出现如图 1-29 所示的对话框。点击“PCB Document”图标，再点击“OK”按钮，或直接双击“PCB Document”图标，就会出现扩展名为“.pcb”的文件图标，将文件名更改为“秒脉冲发生器.pcb”，双击该图标，就会出现如图 1-30 所示“秒脉冲发生器.pcb”文件。

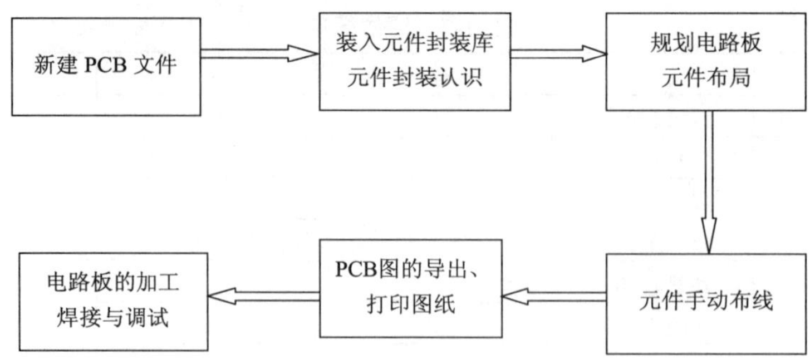

图 1-28 手动绘制电路板的步骤

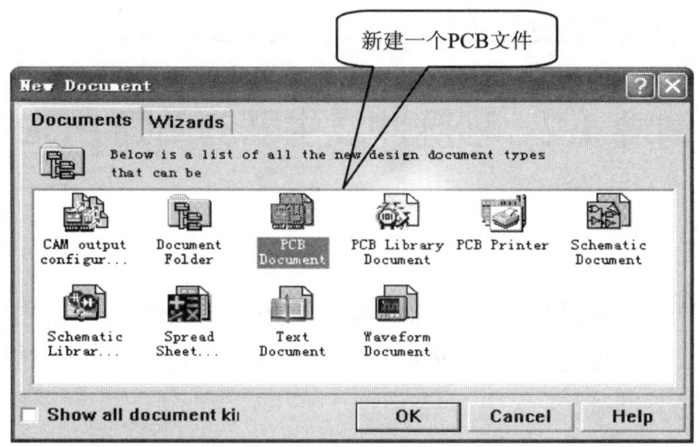

图 1-29 新建 PCB 文件对话框

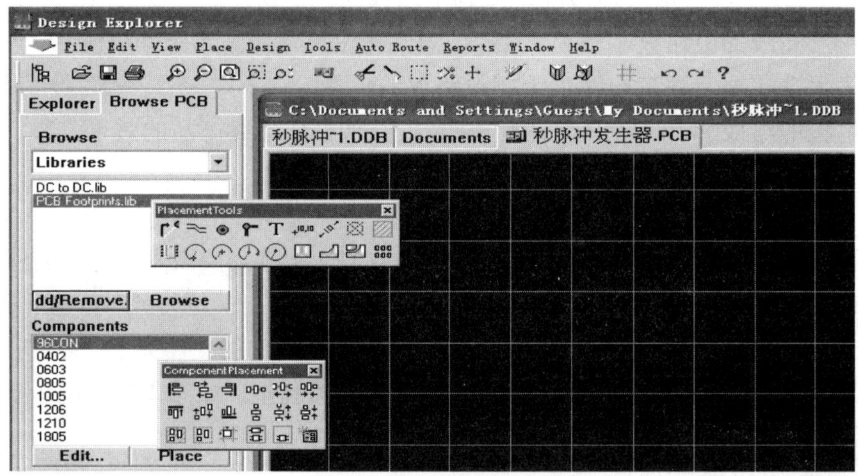

图 1-30 新建的“秒脉冲发生器.pcb”文件

任务二、常用元件封装库介绍

Protel 99 SE 在 Library\Pcb 路径下有三个文件夹，提供三类 PCB 元件封装，即

- Connectors（连接器元件封装）；
- Generic Footprints（普通元件封装）；
- IPC Footprints（IPC 元件封装）。

Libraryly\Pcb\ Connectors（连接器元件封装）目录下的元件数据库所含的元件库中含有绝大部分的接插件的 PCB 封装，如表 1-8 所示。

表 1-8 Connectors（连接器元件封装）

D TYPE CONNECTORS.DDB	含有并口、串口类接口元件的封装
HEADERS.DDB	含有各种插头元件的封装

"LIBRAYLY\PCB\ Generic Footprints"（普通元件封装）目录下的元件数据库所含的元件库中含有绝大部分的普通元件的 PCB 封装，如表 1-9 所示。

表 1-9 Generic Footprints（普通元件封装）

Advpcb.ddb	含有常用电阻、电容、二极管、三极管、集成电路等常用元件的封装
General IC.ddb	含有 CFP 系列、DIP 系列、JEDECA 系列、LCC 系列、DFP 系列、ILEAD 系列、SOCKET 系列、PLCC 系列、表面贴装电阻、电容等元件的封装
International Rectifiers.ddb	含有 IR 公司的整流桥、二极管等常用元件的封装
Miscellaneous.ddb	含有电阻、电容、二极管等常用元件的封装
Pga.ddb	含有 PGA 封装
Transformers.ddb	含有变压器元件的封装
Transistor.ddb	含有晶体管元件的封装

Libraryly\Pcb\ IPC Footprints 目录下的元件数据库所含的元件库中含有绝大部分的表面贴装的 PCB 封装。

常用 PCB 库文件如下。

- Advpcb.ddb；
- General IC.ddb；
- Miscellaneous.ddb。

在本例秒脉冲发生器 PCB 设计中所需的元件封装库为：Librayly\Pcb\Pcb\Generic Footprints（普通元件封装）\Advpcb.ddb。

在此元件封装库中，能找到秒脉冲发生器原理图中所有元件所对应的元件封装。

任务三、加载 PCB 元件封装库

加载 PCB 元件封装库，有以下三种方法。

① 执行菜单命令"Design Add"→"Remove Library"。

② 单击左侧的"Browse PCB"按钮，点击下拉式菜单中的"Library"，再点击"Add/Remove"按钮。

③ 单击主工具栏的 按钮。

执行完上述任何一个操作后，就会弹出 Add/Remove（添加、删除）对话框，如图 1-31 所示。

若要添加"Generic Footprints"文件夹下的元件库，双击"Generic Footprints"图标，再双击要选择的元件库，或者双击"Generic Footprints"图标，再单击要选择的元件库，然后单击"Add"按钮，就会添加已选择的元件封装库。如果添加的元件封装库不对，要删除，有两种方法：最简单的方法是出现如图 1-31 对话框后，在“Selected File”区，双击要删除的元件封装库，就会将该元件封装库删除；另一种方法，当出现了图 1-31 所示的对话框之后，在“Selected File”区，单击要删除的元件封装库，再点击“Remove”按钮，也可以删除选择的元件封装库。

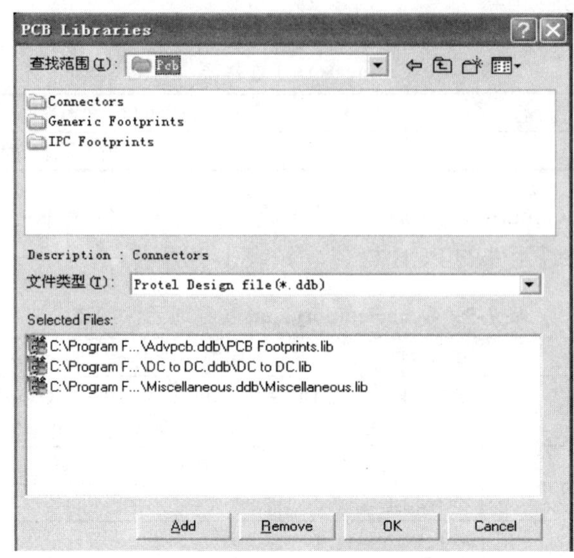

图 1-31 Add/Remove（添加、删除）对话框

子项目 2 认识元件封装（Footprint）

PCB 元件描述了电子元件的外部形状，它的管脚排列顺序、管脚间距离都与实际元器件一样。前面介绍的原理图文件，只是实际电子元件的一个表示符号。PCB 元件是以不同的元件封装存在的。

元件封装是指元件实际焊接到电路板上所指示的外观和焊点位置，不同的元件可能有相同的外部形状，我们便可以说它们有相同的封装。元件的封装由元件的投影轮廓、管脚对应的焊盘、元件标号和标注字符等组成。

元件的封装形式可以分为以下两大类。

- 针脚式元件封装：针脚式元件封装的这类元件焊接，是先要将元件针脚插入焊点导通孔，然后再焊锡。Layer 板层属性必须为 Multi Layer。
- 表面粘着式（SMT）元件封装：表面粘着式元件封装的焊点只限于表面板层。在焊点的属性对话框中，Layer 板层属性必须为单一板层。

下面对应常用元件实物图，认识常用元件封装形式与封装名。

① 电阻元件实物图与常用的管脚封装形式如图 1-32 所示。其封装系列名称为 AXIALxxx。“xxx”表示数字 0.1～1.0，后缀数字越大，则形状越大。例如 AXIAL0.3，表示焊盘之间的距离是 300mil。

② 电容元件实物图与封装形式有两类：一类是电解电容封装系列，名称为 RBxxx；另一类是 RADxxx。后缀“xxx”表示电容量，数值越大，表示电容量越大。其封装形式如图 1-33 所示。

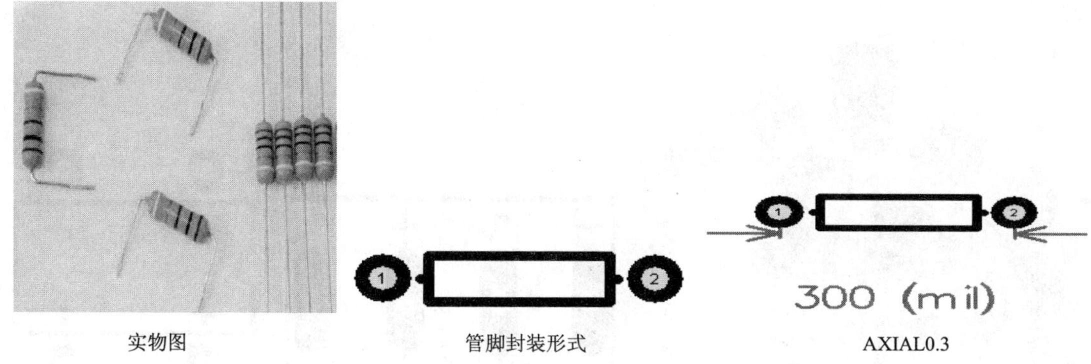

图 1-32　电阻元件实物图与常用的管脚封装形式

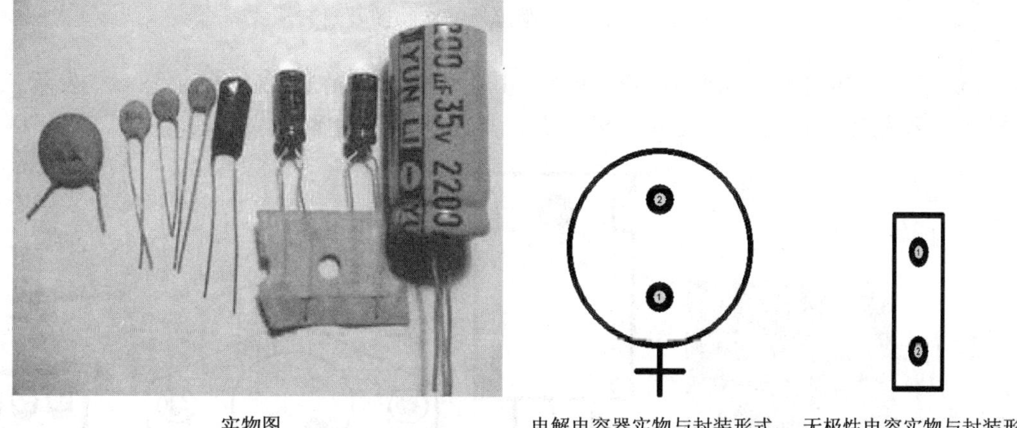

图 1-33　电容元件实物图与封装形式

- 无极性电容封装系列名称 RADxxx 为 RAD0.1～RAD0.4，也就是表示无极性电容的焊盘间距最小为 100 mil，最大距离为 400 mil。
- 电解电容的封装系列 RBxxx 为 RB.2/.4～RB.5/1.0，例如 RB.2/.4，如图 1-34 所示，".2"表示两焊盘之间的距离 200 mil，".4"表示外框之间的距离 400 mil。

③ 二极管的实物图与常用管脚封装形式如图 1-35 所示。其封装系列名称为 DIODExxx，后面的数字表示功率，数字大则表示功率大。二极管的管脚封装形式 DIODExxx 为 DIODE0.4～DIODE0.7。例如，DIODE0.4 后的 0.4 表示焊盘之间的距离为 400 mil。

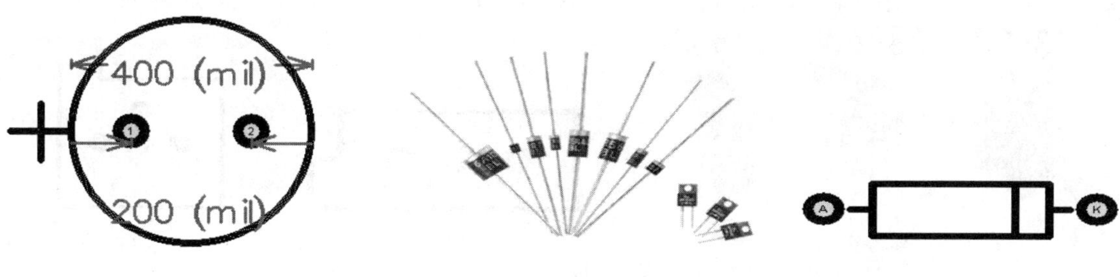

图 1-34　RB.2/.4　　　图 1-35　二极管的实物图及封装形式

④ 二极管整流桥的实物图及封装形式 D-37、D-70 如图 1-36 所示。

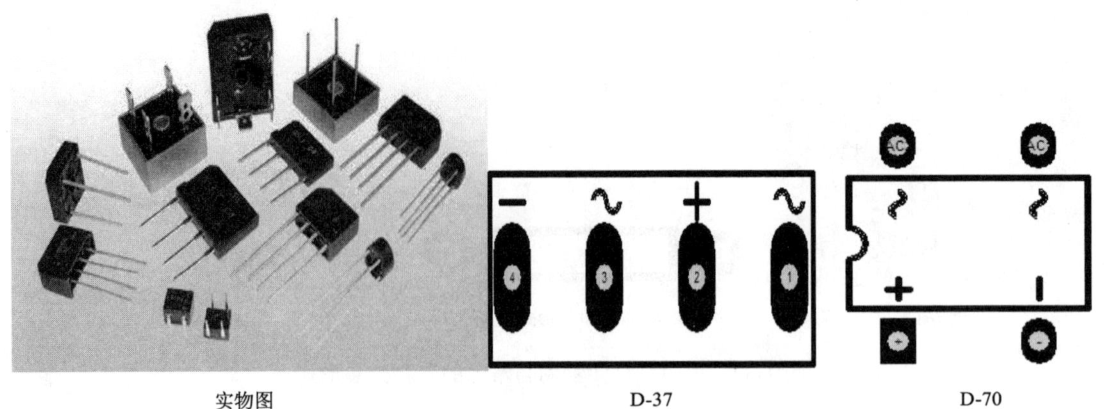

图1-36 二极管整流桥的实物图及封装形式

⑤ 三极管的封装形式如图1-37所示，其封装系列名称为TO-xxx，“xxx”表示三极管的类型，一般包括三极管、小功率三极管类、大功率三极管等。

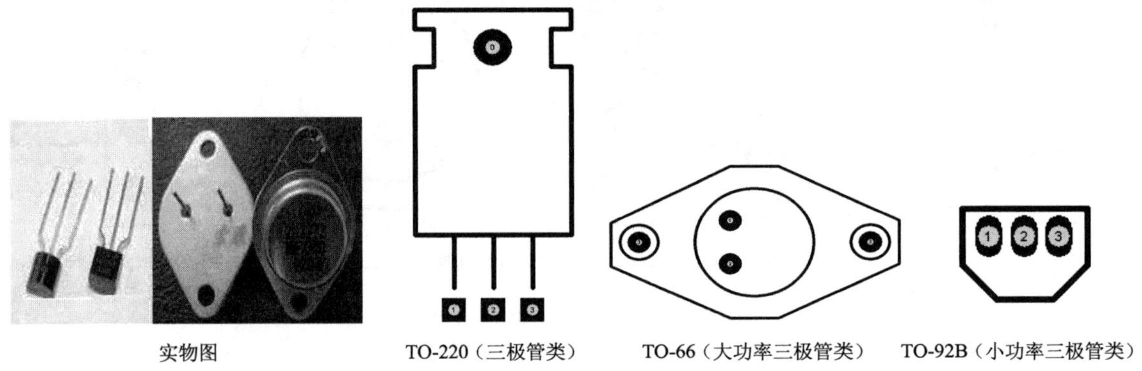

图1-37 三极管的封装形式

⑥ 电位器（可变电阻类）的封装形式如图1-38所示，其封装系列名称为VRx，后缀“x”表管脚形状。VRx从VR1～VR5。

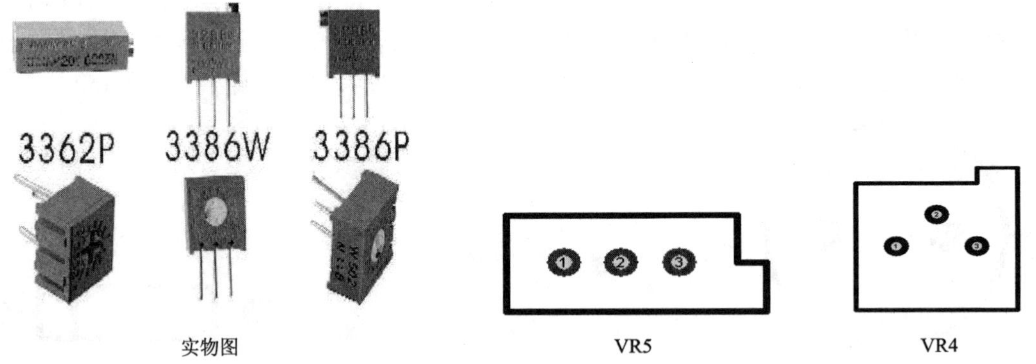

图1-38 电位器（可变电阻类）的实物及封装形式

⑦ 集成块的实物图与元件封装形式如图 1-39 所示，其封装系列名称为 DIPxx（Dual

In-line Package）（双列直插式）、SIPxx（Single In-line Package ）（单列直插类），后缀“xx”表示管脚数。例如，DIP14 表示双列 14 个管脚，SIP4 表示单列 4 个管脚。

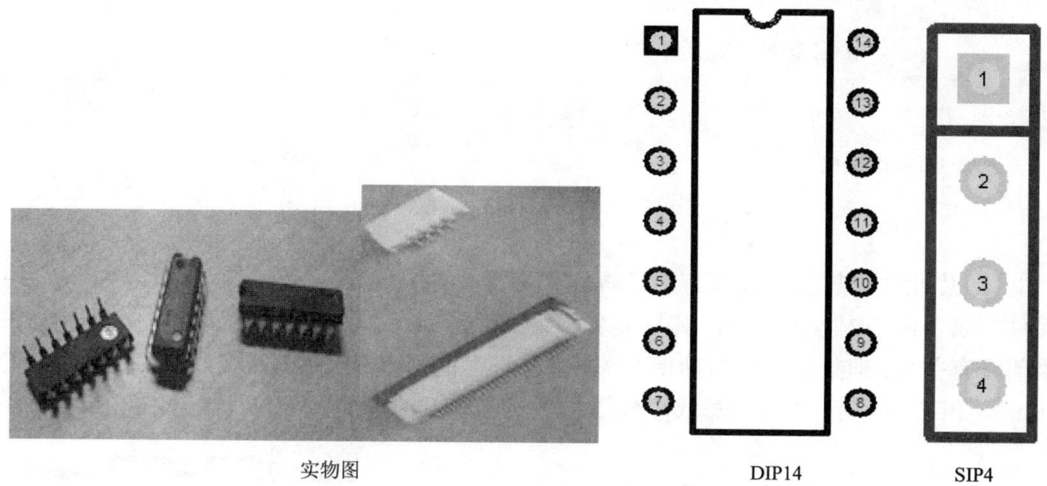

图 1-39　集成块的实物图与元件封装形式

⑧ 串并口是各种计算机及控制电路中不可缺少的元件，其封装系列名称为 DB xx/F、DB xx/M、DB xxRA/F、DB xxRA/M，后面的数字表示针数。例如，DB 9/F、DB 9/M，如图 1-40 所示。

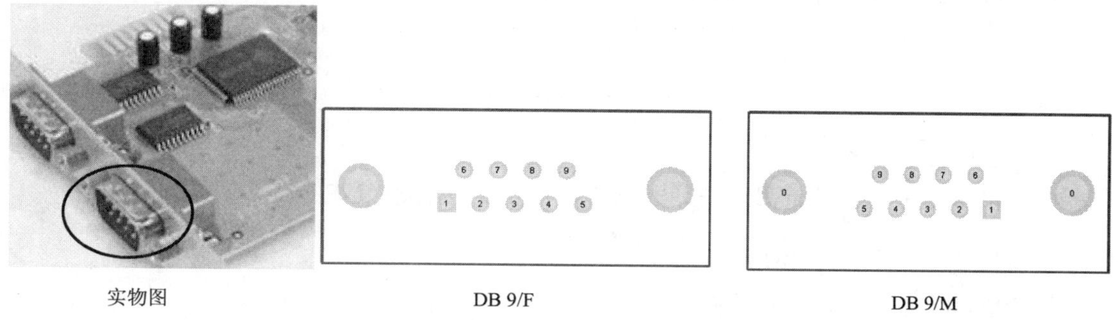

图 1-40　串并口的实物与封装形式

⑨ 晶体振荡器类元件的实物与封装形式为 XTAL1，如图 1-41 所示。

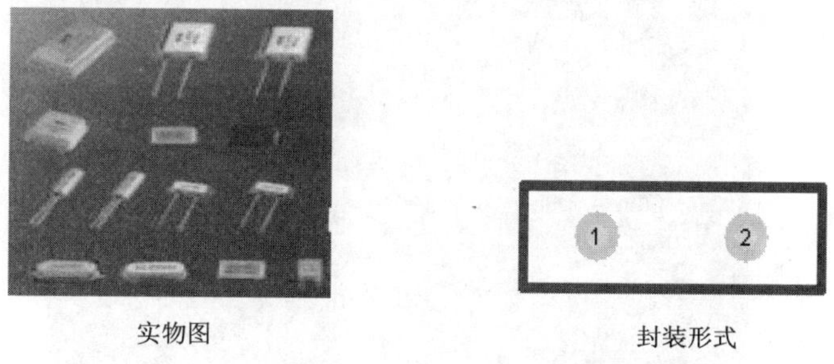

图 1-41　晶振的实物与封装形式 XTAL1（晶振类）

⑩ 熔丝（FUSE）的管脚封装形式如图 1-42 所示，其封装系列名称为 FUSE。

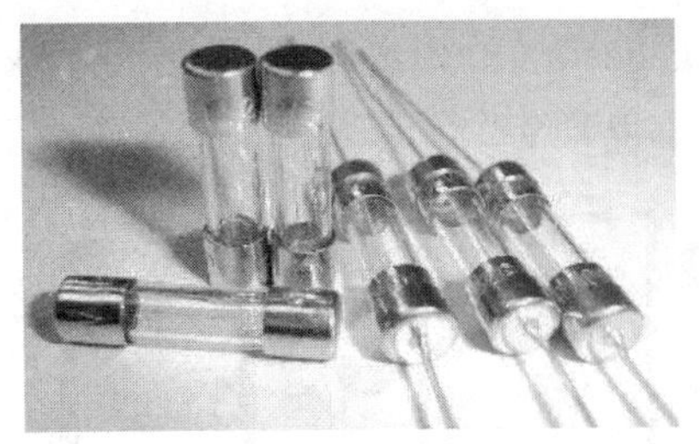

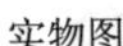

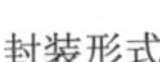

实物图　　　　封装形式

图 1-42　熔丝（保险管）的管脚封装形式 FUSE

⑪ 贴片元件类封装形式，有两个焊盘及多个焊盘的形式。如贴片电阻、贴片电容等二端元件均属于两个焊盘的元件，其封装名称为 0402～7257。0402 表示的是封装尺寸，与具体阻值没有关系，但封装尺寸与功率有关。多个焊盘的形式有：SOJ-xx、LCCxx（Leadless Chip Carrier）、PLCCxx 等，“xx” 表示管脚数目。如图 1-43 中所示 0402 及 SOJ-14 封装。

实物图　　0402 两脚焊盘贴片元件封装　　SOJ-14（14 脚贴片元件类）

图 1-43　贴片元件实物图与元件封装形式

★※温馨提示※★

附录 2 中列出了常用元件的封装名与对应的元件封装库。

子项目 3　了解 PCB 各层

1．Signal Layer（信号层）

信号层主要用于布置电路板上的导线。Protel 99 SE 提供了 32 个信号层，包括 Top layer（顶层）（图 1-44）、Bottom layer（底层）（图 1-45）和 30 个 MidLayer（中间层）（图 1-46）。

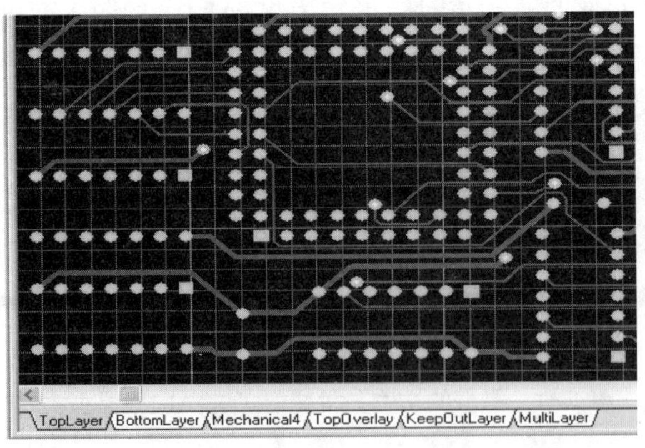

图 1-44　Top Layer（顶层）

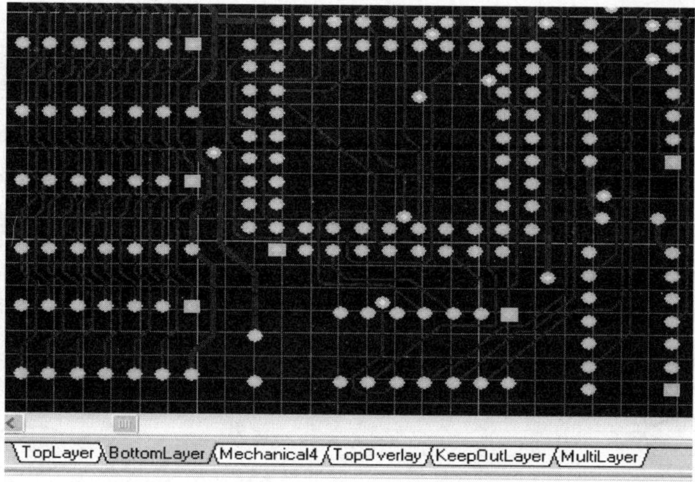

图 1-45　Bottom Layer（底层）

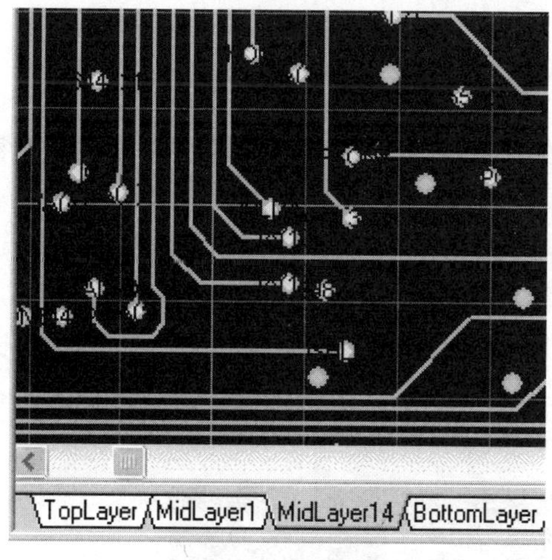

MidLayer1（中间层 1）

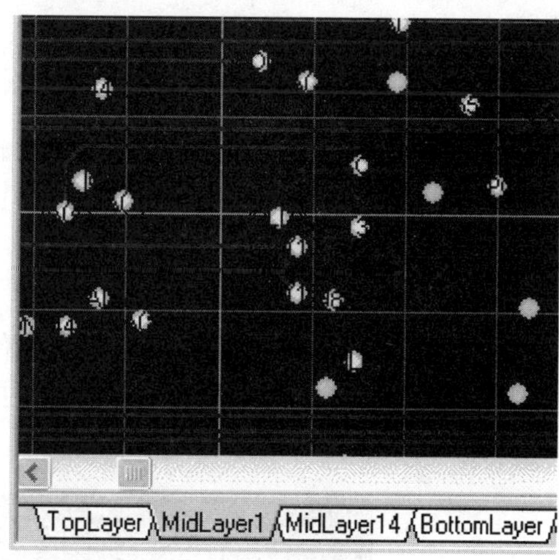

MidLayer14（中间层 14）

图 1-46　MidLayer（中间层）

2．Internal Plane Layer（内部电源/接地层）

Protel 99 SE 提供了 16 个内部电源层/接地层。该类型的层仅用于多层板，主要用于布置电源线和接地线。我们称双层板、四层板、六层板，一般指信号层和内部电源/接地层的数目。

3．Mechanical Layer（机械层）（图 1-47）

Protel 99 SE 提供了 16 个机械层，它一般用于设置电路板的外形尺寸、数据标记、对齐标记、装配说明以及其他的机械信息。这些信息因设计公司或 PCB 制造厂家的要求而有所不同。执行菜单命令“Design”→“Mechanical Layer”能为电路板设置更多的机械层。另外，机械层可以附加在其他层上一起输出显示。

4．Solder Mask Layers（阻焊层）

阻焊层用于在设计过程中匹配焊盘，并且是自动产生的。阻焊层是负性的，放置其上的焊盘和元件代表了电路板的未敷铜区域。Protel 99 SE 提供了 Top Solder（顶层）和 Bottom Solder（底层）两个阻焊层。

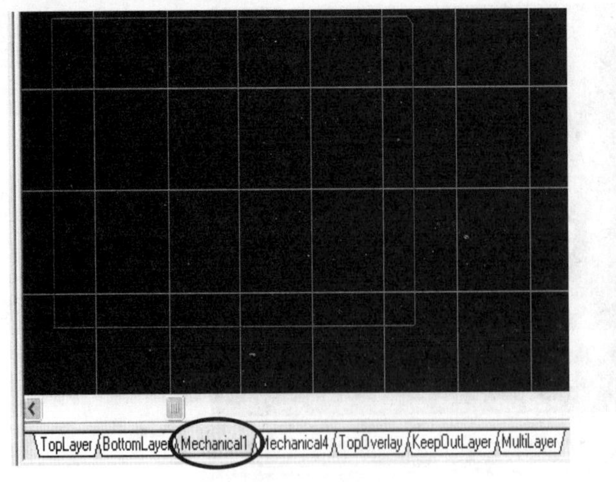

Mechanical1（机械层 1）

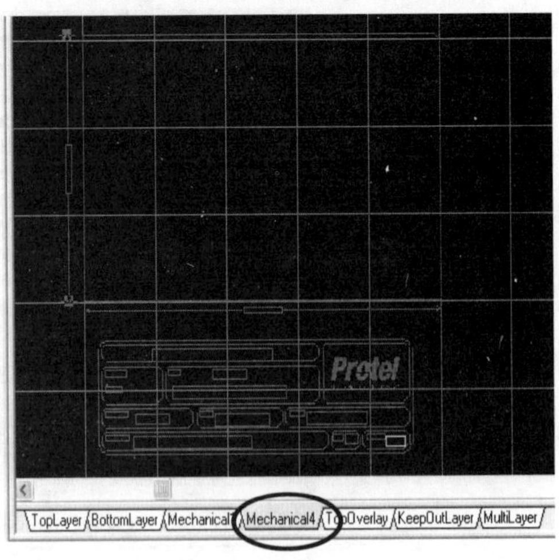

Mechanical4（机械层 4）

图 1-47 Mechanical Layer（机械层）

5．Paste Mask Layers（锡膏防护层）

锡膏防护层和阻焊层类似，但在使用“hot re-flow”（热对流）技术安装 SMD 元件时，锡膏防护层用于设置锡焊层。锡膏防护层也是负性的，放置于其上的元件和焊盘代表电路板的未敷铜区域。Protel 99 SE 提供了 Top Paste（顶层）和 Bottom Paste（底层）两个锡膏防护层。

6．Silkscreen Layers（丝印层）

丝印层主要用于设置印制信息，如元件轮廓和标注。Protel 99 SE 元件库中的封装形式的轮廓线和标注将被自动放置在丝印层上。Protel 99 SE 提供了 Top Overlay 和 Bottom Overlay 两个丝印层，如图 1-48 所示。

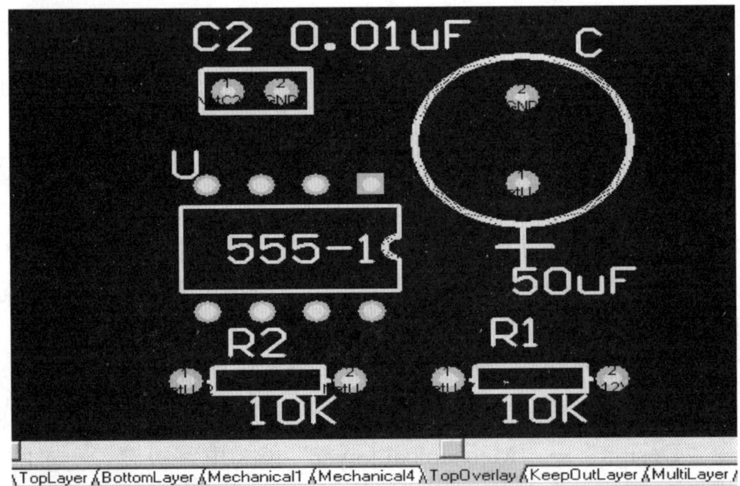

图 1-48 Top Over Lay（顶层丝印层）

7．Keep Out Layer（禁止布线层）

禁止布线层用于定义能有效放置元件和走线的区域。不论禁止布线层是否可见，禁止布线层的边界都存在。一般在禁止布线层绘制一个封闭区域作为布线有效区。

8．Multi Layer（多层）

设置多层是一种快速向所有信号层放置焊盘等元件的方法。在打印时任何放置在多层上的元件将被自动添加到信号层上，如图 1-49 所示。

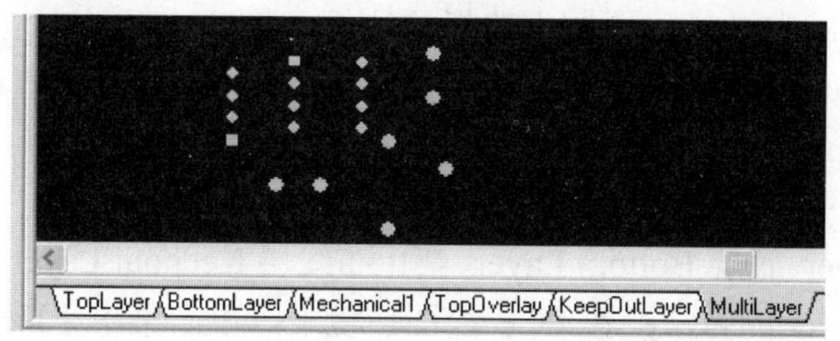

图 1-49　Multi Layer（多层）

9．Drill Layers（钻孔层）

钻孔层提供制造过程中的钻孔信息，该层面是自动计算的。Protel 99 SE 提供 Drill guide 和 Drill drawing 两个钻孔层。

子项目 4　了解元件布局

在装入元件封装库，认识了各种常见元件封装后，要对元件进行合理布局。

任务一、设置布局范围和确定电路板工作层

1．设置当前原点

- 绝对原点：系统自动定义的坐标系原点，在工作窗口的左下角。
- 相对原点：用户自定义的原点。

操作步骤：单击放置工具栏中的按钮，或执行菜单命令“Edit”→“Origin”→“Set”，在适当的位置单击左键，如图 1-50 所示。

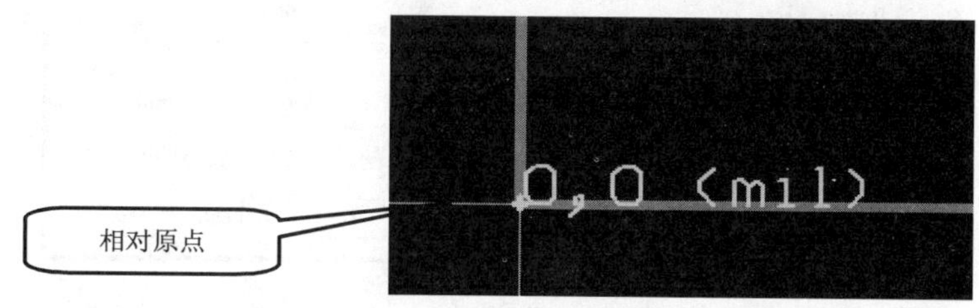

图 1-50　设置绝对原点

★※温馨提示※★

在输入状态下，点击键盘 E-O-S，设置新原点。

2．恢复绝对原点

操作步骤：执行菜单命令“Edit”→“Origin”→“Reset”。

★※温馨提示※★

在输入状态下，点击键盘 E-O-R，取消新原点。

3．确定电路板层的数目

所谓单层电路板，顾名思义，一层放置元件，一层放置铜膜走线。同时需要显示元件的轮廓和标注字符及电路板的边界。

单层电路板需要以下层。

- 顶层 Top Layer：仅放置元件。
- 底层 Bottom Layer：进行布线和焊接。
- 机械层 Mechanical Layer：绘制电路板的边框（物理边界）。
- 禁止布线层 Keepout Layer：绘制电路板的禁止布线边界（电气边界）。
- 顶层丝印层 Top Over Layer：显示元件的轮廓和标注字符。
- 多层 Multi Layer：用于显示焊盘。

设置顶层 Top Layer、底层 Bottom Layer、禁止布线层 Keepout Layer、顶层丝印层 Top Over Layer 及多层 Multi Layer 的方法：在 PCB 绘图环境下，单击菜单“Design”→“Options”，就会出现如图 1-51 所示“Document Options”关于 Layers（层）的信息对话框，在“Top Layer”、“Bottom Layer”前分别打“√”号，同理，在“Keepout Layer”、“Top Over Layer”及“Multi Layer”前分别打“√”号，这些层就会在 PCB 绘图环境下面出现相对应层的按钮，如图 1-52 所示。

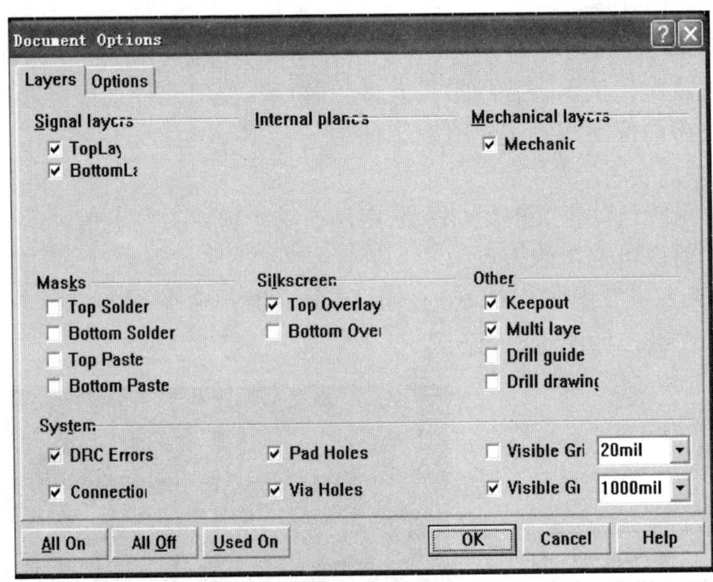

图 1-51 “Document Options”关于 Layers（层）的信息对话框

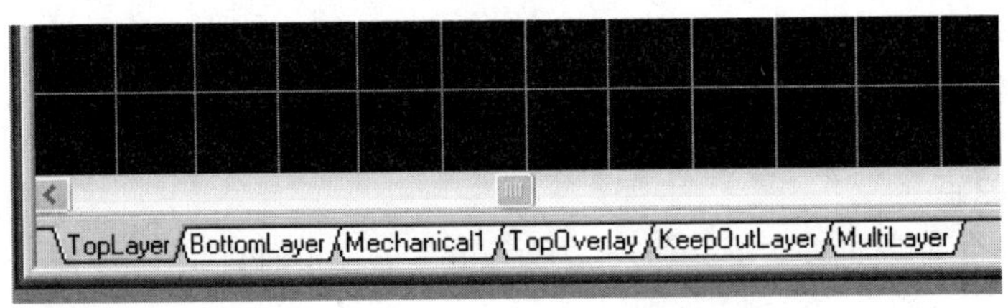

图 1-52 PCB 绘图环境下出现的层的按钮

4．设置机械层 Mechanical Layer

执行菜单命令“Design”→“Mechanical Layers”，会出现如图 1-53 所示机械层设置对话框，在第一个“Mechanical”后的方框中打“√”号，就会自动出现图中“Mechanical”后面的“Mechanical1”以及“Visible”下面的“√”号。单击“OK”按钮后，再将“Design”→

"Options"打开，然后再点击"OK"按钮，Mechanical1 按钮就会在 PCB 绘图环境中出现，如图 1-54 所示。

Setup Mechanical Layers

Properties

Enabled	Layer Name	Visible	Display In Single Layer Mode
Mechanical ☑	Mechanical1	☑	☐
Mechanical ☐			
Mechanical ☐			

图 1-53　机械层设置对话框

图 1-54　Mechanical1 按钮

任务二、规划电路板

1．绘制电路板的物理边界

在 Mechanical1（机械层）绘制物理边界：用鼠标点一下 Mechanical1，用画线工具画一个电路板外边框，这是实际裁剪电路板的依据，如图 1-55 所示。

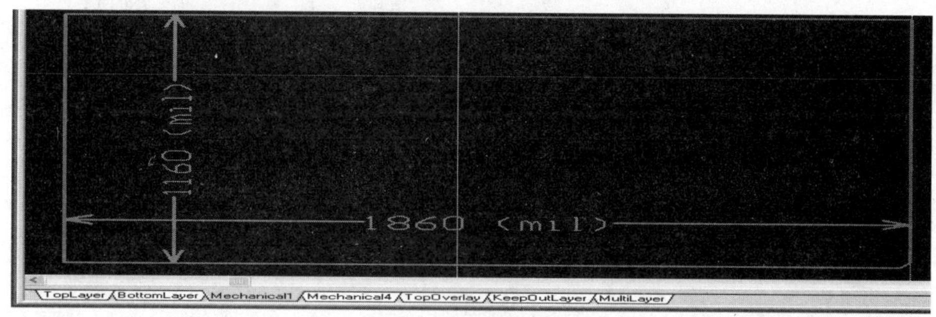

图 1-55　在机械层绘制物理边界图

2．绘制电路板的电气边界

在 Keepout Layer（禁止布线层）绘制电气边界：用鼠标点一下 Keepout layer，用画线工具画一条边界线，改变界线小于或等于在机械层 Mechanical1 所画的物理边界线。这条电气边界线是实际电路板布线不允许超出的界限，如图 1-56 所示。

任务三、放置元件

1．操作步骤

① 放置封装元件。放置封装元件的方法有很多，下面介绍几种。

- 单击放置工具栏的 按钮。
- 执行菜单命令"Place"→"Component"。

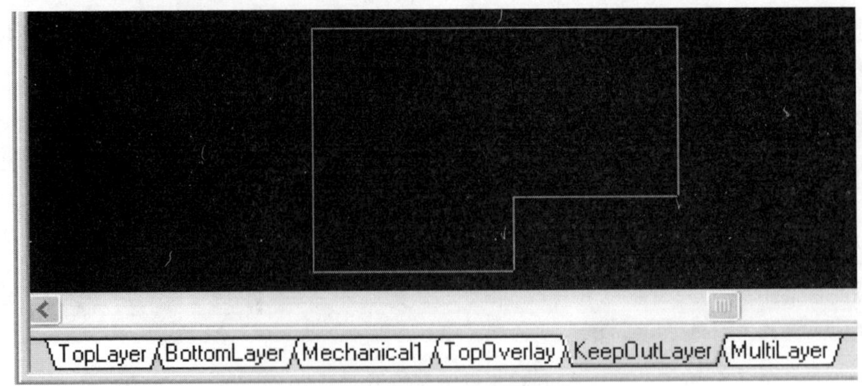

图 1-56 在禁止布线层绘制电气边界图

- 在英文状态下，在电路板绘图区点击键盘 P-C。
- 在左侧的“Components”（元件区）找到相应的元件封装名称，双击该元件封装名称，或者单击该元件封装名称后，再点击该区下面的“Place”按钮。

② 系统弹出“Place Component”放置元件对话框，如图 1-57 所示。

2．元件属性设置（图 1-58）。

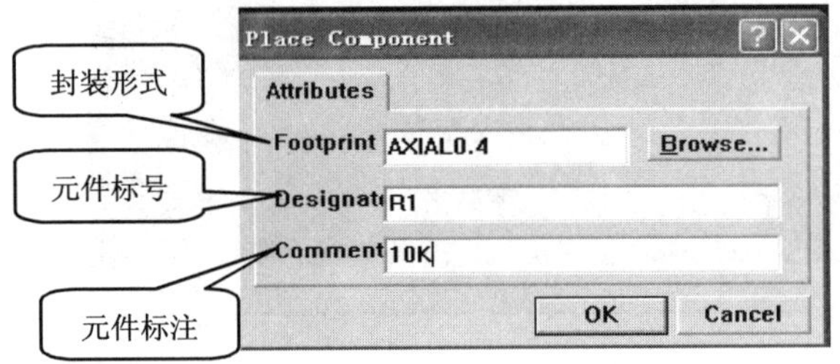

图 1-57 Place Component 放置元件对话框

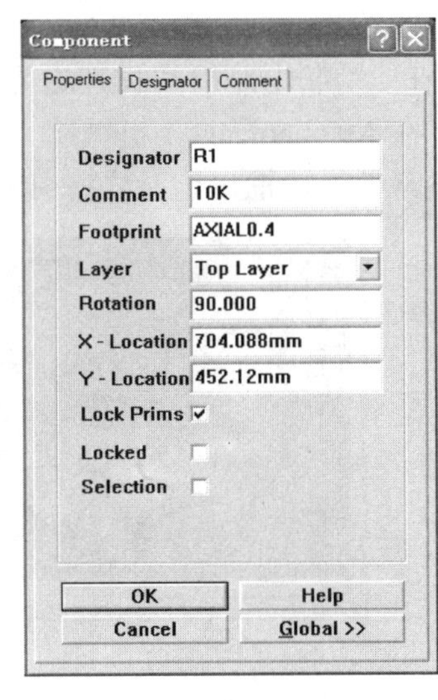

图 1-58 元件属性设置对话框

- Designator：元件标号。
- Comment：元件型号或标称值。
- Footprint：元件的封装形式。
- Layer：元件所在工作层。
- Rotation：元件的旋转角度。
- Lock Prims：该项有效，则元件封装图形不能被分解开。
- Locked：该项有效，则元件被锁定，不能进行移动、删除等操作。选中 Locked 项，试图移动元件时，系统弹出要求确认的对话框，如图 1-59 所示。

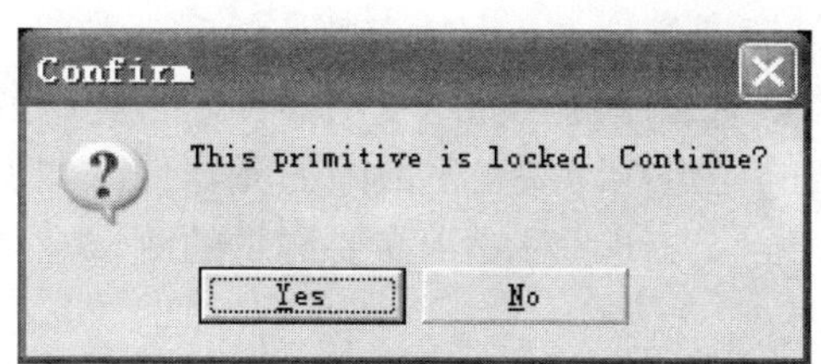

图 1-59 要求确认的对话框

★※温馨提示※★

如果元件放错了，在英文输入状态下，点击键盘 E-D 或按 CTRL+X，鼠标进入删除状态，就可以点击要删除的元件。

任务四、元件布局

一台性能优良的仪器，除选择高质量的元器件、合理的电路外，印刷线路板的元件布局和电气连线方向的正确结构设计是决定仪器能否可靠工作的关键问题。对同一种元件和参数的电路，由于元件布局设计和电气连线方向的不同会产生不同的结果，其结果可能存在很大的差异。在设计中，布局是一个重要的环节，布局结果的好坏将直接影响布线的效果，因此可以这样认为，合理的布局是 PCB 设计成功的第一步。

元件布局基本规则如下。

① 按电路模块进行布局，实现同一功能的相关元件布局在一起的基本规则。电路模块中的元件应采用就近集中原则，同时数字电路和模拟电路要分开，有极性的器件在同一板上的极性标示方向尽量保持一致，同一印制板上极性标示不得多于两个方向，出现两个方向时，两个方向互相垂直。

② 一般先放置与机械尺寸有关的固定位置的元器件，再放置特殊的和较大的元器件，最后放置小元器件。同时，要兼顾布线方面的要求，高频元器件的放置要尽量紧凑，信号线的布线才能尽可能短，从而降低信号线的交叉干扰等。电源插座、开关、PCB 之间的接口、指示灯等都是与机械尺寸有关的定位插件，通常，电源与 PCB 之间的接口放到 PCB 的边缘处，并与 PCB 边缘要有 3～5 mm 的间距；指示发光二极管（LED）应根据需要准确地放置；开关和一些微调元器件，如可调电感、可调电阻等应放置在靠近 PCB 边缘的位置，以便于调整和连接；需要经常更换的元器件必须放置在器件比较少的位置，以易于更换。

③ 元器件排列时的间距要适当，其间距应考虑到它们之间有无可能被击穿或打火。对于普通的元器件，如电阻、电容等，应从元器件的排列整齐、占用空间大小、布线的可通性和焊接的方便性等几个方面考虑，可采用自动布局的方式。集成电路应放置在 PCB 的中央，这样方便各引脚与其他器件的布线连接。电感器、变压器等器件具有磁耦合，彼此之间应采用正交放置，以减小磁耦合。另外，它们都有较强的磁场，在其周围应有适当大的空间或进行磁屏蔽，以减小对其他电路的影响。含推挽电路、桥式电路的放大器，布置时应注意元器件电参数的对称性和结构的对称性，使对称元器件的分布参数尽可能一致。由于电源设备内部会产生 50 Hz 泄漏磁场，当它与低频放大器的某些部分交连时，会对低频放大器产生干扰，因此，必须将它们隔离开或者进行屏蔽处理。放大器各级最好能按原理图排成直线形式，如此排法的优点是各级的接地电流就在本级闭合流动，不影响其他电路的工作。输入级与输出级应当尽可能地远离，减小它们之间的寄生耦合干扰。大功率管、变压器、整流管等发热器件，在高频状态下工作时产生的热量较多，所以在布局时应充分考虑通风和散热，将这类元

器件放置在 PCB 上空气容易流通的地方。大功率整流管和调整管等应装有散热器，并要远离变压器。电解电容器之类怕热的元件也应远离发热器件，否则电解液会被烤干，造成其电阻增大，性能变差，影响电路的稳定性。易发生故障的元器件，如调整管、电解电容器、继电器等，在放置时还要考虑到维修方便。对经常需要测量的测试点，在布置元器件时应注意保证测试棒能够方便地接触。

④ 发热元件不能紧邻导线和热敏元件；高热器件要均衡分布。发热元件应该布置在 PCB 的边缘，以利散热。如果 PCB 为垂直安装，发热元件应该布置在 PCB 的上方。对于那些发热量比较大的元器件，则不宜安装在 PCB 上，而应装在整机的机箱底板上，且应考虑散热问题。热敏元件应远离发热元件。电源插座要尽量布置在印制板的四周，电源插座与其相连的汇流条接线端应布置在同侧。特别应注意不要把电源插座及其他焊接连接器布置在连接器之间，以利于这些插座、连接器的焊接及电源线缆设计和扎线。电源插座及焊接连接器的布置间距应考虑方便电源插头的插拔。除特殊需要外，接插件应该尽量布置在 PCB 的边缘，驱动电路应尽量靠近印制电路板边的接插件，让其尽快离开 PCB。DC/DC 变换器、开关元件和整流器应尽可能靠近变压器放置，整流二极管尽可能靠近调压元件和滤波电容器，以减小其线路长度。如图 1-60 所示。

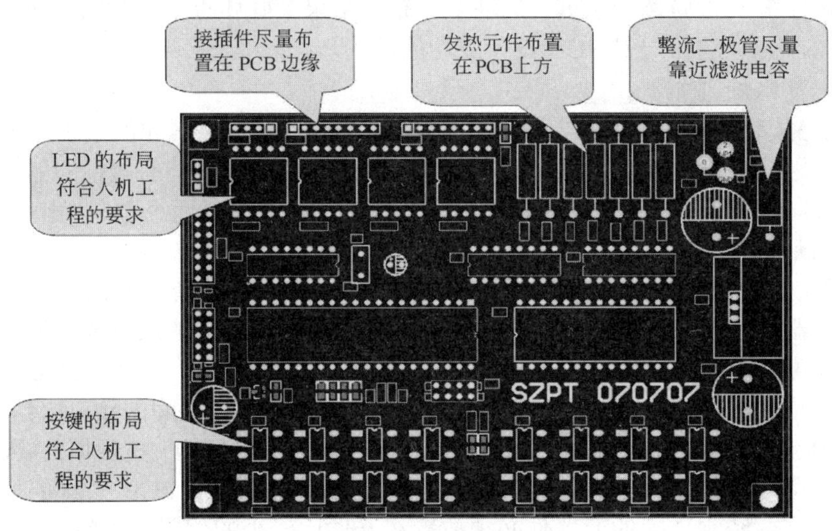

图 1-60 一些元件的放置位置

⑤ 在 PCB 的关键部位要配置适当的高频退耦电容，如在 PCB 电源的输入端应接一个 10～100 μF 的电解电容，在集成电路的电源引脚附近都应接一个 0.01 pF 左右的瓷片电容。有些电路还要配置适当的高频或低频扼流圈，以减小高低频电路之间的影响。这一点在原理图设计和绘制时就应给予考虑，否则也将会影响电路的工作性能。

⑥ 金属壳体元器件和金属件（屏蔽盒等）不能与其他元器件相碰，不能紧贴印制线、焊盘，其间距应大于 2mm。定位孔、紧固件安装孔、椭圆孔及板中其他方孔外侧距板边的尺寸大于 3mm。贴装元件焊盘的外侧与相邻插装元件的外侧距离大于 2mm。贴片单边对齐，字符方向一致，封装方向一致。卧装电阻、电感（插件）、电解电容等元件的下方避免布过孔，以免波峰焊后过孔与元件壳体短路。定位孔、标准孔等非安装孔周围 1.27mm 内不得贴装元、器件，螺钉等安装孔周围 3.5mm（对于 M2.5）、4mm（对于 M3）内不得贴装元器件。元器

件的外侧距板边的距离为 5mm。

⑦ 电子设备中数字电路、模拟电路以及电源电路的元件布局和布线其特点各不相同，它们产生的干扰以及抑制干扰的方法也不相同。此外，高、低频电路由于频率不同，其干扰以及抑制干扰的方法也不相同。所以在元件布局时，应该将数字电路、模拟电路以及电源电路分别放置，将高频电路与低频电路分开，有条件时应使之各自隔离或单独做成一块 PCB。此外，布局中还应特别注意强、弱信号的器件分布及信号传输方向途径等问题。为将干扰减轻到最小程度，要遵循以下通用的布局原则。

- 按照电路的流程安排各个功能电路单元的位置，应该使相应的布局便于信号的传输，同时应使信号尽可能保持一致的方向。
- 布局应该以每个功能电路的核心元件为中心，围绕它来进行布局。元器件应均匀、整齐、紧凑地排列在 PCB 上，尽量减少和缩短各元器件之间的引线和连接。
- 高、中、低速逻辑电路在 PCB 上要用不同区域，PCB 板按频率和电流开关特性分区，噪声元件与非噪声元件要距离远一些。
- 对于工作于高频的电路，应该考虑元器件之间的分布参数。一般电路应尽可能使元器件平行排列，这样不但美观和装焊容易，而且易于批量生产。
- 应该尽可能地缩短高频元器件之间的距离，同时设法减少分布参数和相互间的电磁干扰。另外，易受干扰的元器件相互之间不能离得太近，输入、输出元件应尽量远离。
- 低电平信号通道不能靠近高电平信号通道和无滤波的电源线，包括能产生瞬态过程的电路。将低电平的模拟电路和数字电路分开，避免模拟电路、数字电路和电源公共回线产生公共阻抗耦合。
- 保证相邻板之间、同一板相邻层面之间、同一层面相邻布线之间不能有过长的平行信号线。对噪声敏感的布线不要与大电流、高速开关线平行。
- 晶振要靠近 CPU 布置。同类元件尽量平行放置。电源部分属于一个模块，应集中布局，同时应该以其核心元件“三端稳压块芯片”为核心进行布局。如图 1-61 所示。

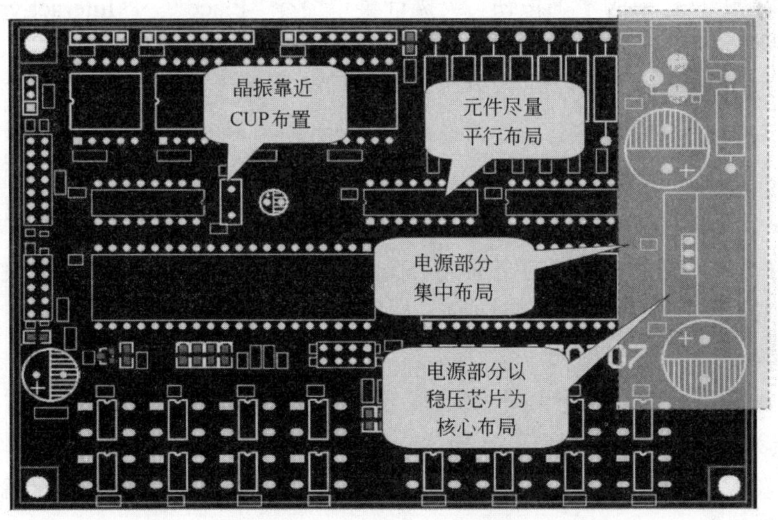

图 1-61　一些元件的布局实例

对于简单电路，元件布局要考虑元器件以下因素。

① 电性能。将连线关系密切的元件尽量放在一起，尤其对于一些高频信号线，线应尽可能的短。

② 功率信号与小信号器件要分开。

③ 数字部分与模拟部分要分开。

④ 在满足电性能的前提下，还要考虑元器件的摆放整齐、美观、便于测试。

子项目 5 单面电路板手工布线

布线是在合理的元件布局的基础上，实现 PCB 设计的总体要求。在 PCB 设计中，布线是完成产品设计的重要步骤，可以说前面的准备工作都是为它而做的。在整个 PCB 中，以布线的设计过程限定最高、技巧最细、工作量最大。PCB 布线有单面布线、双面布线及多层布线。布线的方式有两种：自动布线和手动布线。通常，对于初学者，采用手动布线比较好。

电路的布线最好按照信号的流向采用全直线，需要转折时可用 45°折线或圆弧曲线来完成，这样可以减少高频信号对外的发射和相互间的耦合。高频信号线的布线应尽可能短。要根据电路的工作频率，合理地选择信号线布线的长度，这样可以减少分布参数，降低信号的损耗。电源线应尽可能的宽，不应低于 18mil；信号线宽不应低于 12mil；CPU 输入/输出线不应低于 10mil（或 8mil）；线间距不低于 10mil；正常过孔不低于 30mil；注意电源线与地线应尽可能呈放射状，以及信号线不能出现回环走线。画定布线区域距 PCB 板边≤1mm 的区域内，以及安装孔周围 1mm 内，禁止布线。板面布线应疏密得当，当疏密差别太大时应以网状铜箔填充，网格大于 8mil（或 0.2mm）。

1．注意事项

单面板要在 Bottom Layer 布线。拐弯时不能走直角。原因有以下两点。

① 物理角度，90° 角拐角尖锐，易从板上剥落、翘起。

② 电磁兼容的角度，尖锐的地方，易产生电磁辐射，从而影响其他的走线及元器件。

2．操作步骤

① 单击放置工具栏中的按钮，或执行菜单命令“Place”→“Interactive Routing”（交互式布线）。导线的属性设置包括 Width、Layer、Net 及 Locked。

- Width：导线宽度。
- Layer：导线所在的层。
- Net：导线所在的网络。
- Locked：导线位置是否锁定。

② 导线的拐弯模式和切换。在绘制导线过程中，可以用 Shift+空格键来切换导线的模式，可使走线在 45°、90°、圆弧之间切换。如图 1-62 所示。

③ 对放置好的导线进行编辑

a. 鼠标左键单击已放置的导线不放手，导线上就会有一条高亮线并带有三个高亮方块（即选中该导线），如图 1-63 所示。

b. 用鼠标左键单击导线两端任一高亮方块，移动光标可任意拖动导线的端点，使导线的位置被改变。在导线处于高亮状态下，按回车键，导线的方向会被改变，即选中该导线后，再按回车键，导线的方向会逆时针旋转 90° 角。如图 1-64 所示。

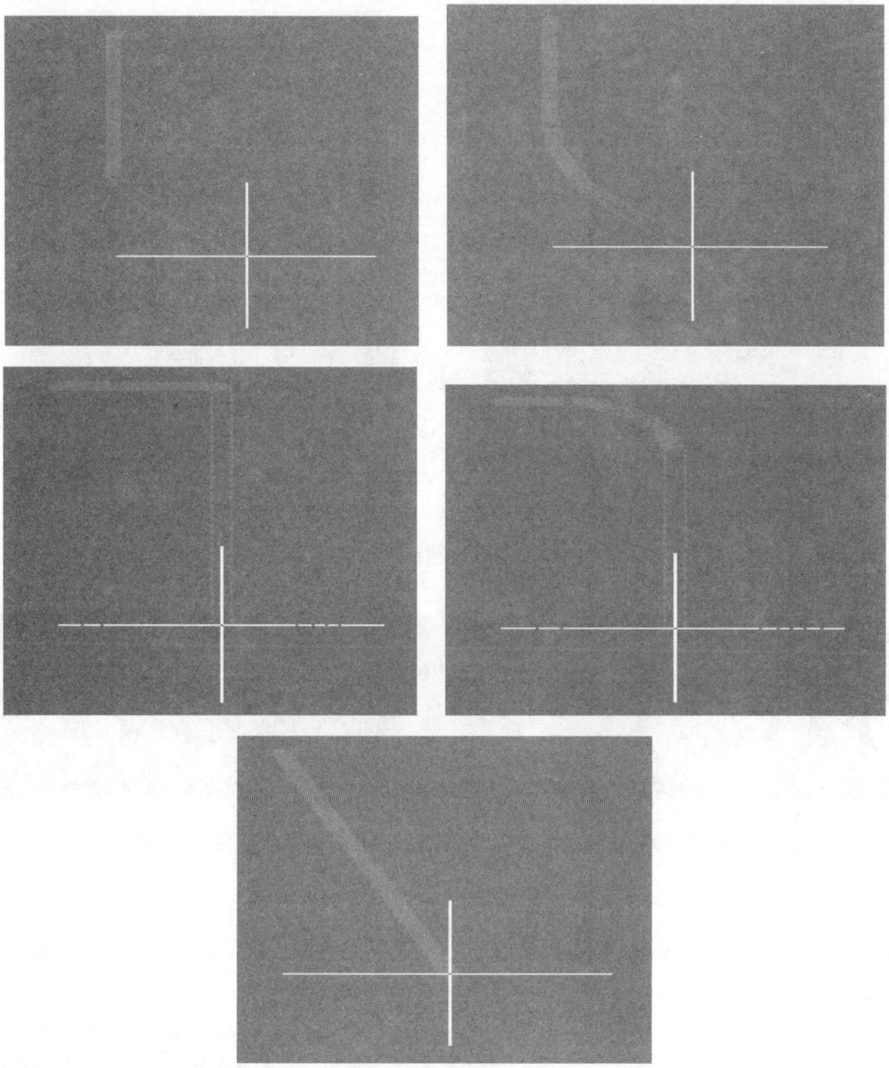

图 1-62　用 Shift+空格键来切换导线的模式

图 1-63　选中该导线

c. 用鼠标左键单击导线中间的高亮方块，移动光标可任意拖动导线，此时直导线变成了折线，如图 1-65 所示。

d. 直导线变成折线后，将光标移到折线的任一段上，按住鼠标左键并移动，该线段被移开，原来的一条导线变成了两条导线，如图 1-66 所示。

★※温馨提示※★

在英文输入情况下，点击键盘 P-T 放导线。

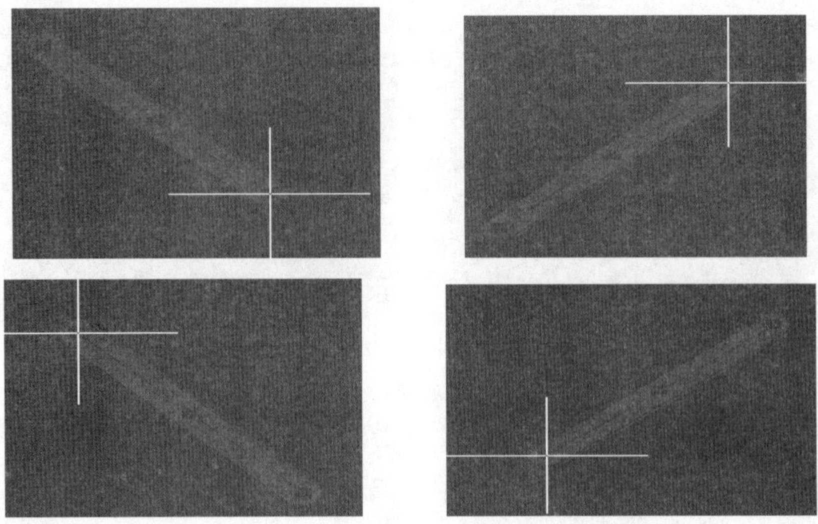

图 1-64　选中该导线后再按回车键导线的方向的改变

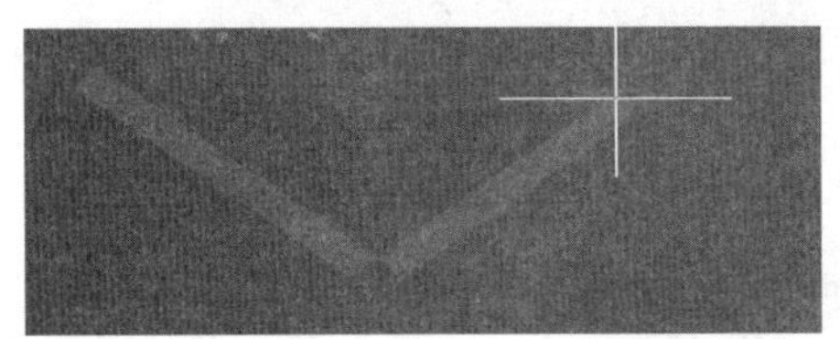

图 1-65　直导线变成折线

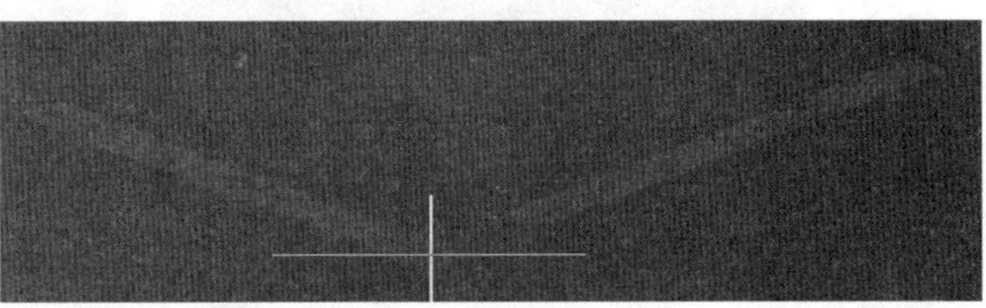

图 1-66　一条导线变成两条导线

3．绘制的 PCB 图

按照秒脉冲发生器原理图绘制铜膜导线（本例信号线宽度为 20mil，电源及地线的宽度为 30 mil），如图 1-67 所示，其三维图形如图 1-68 所示。

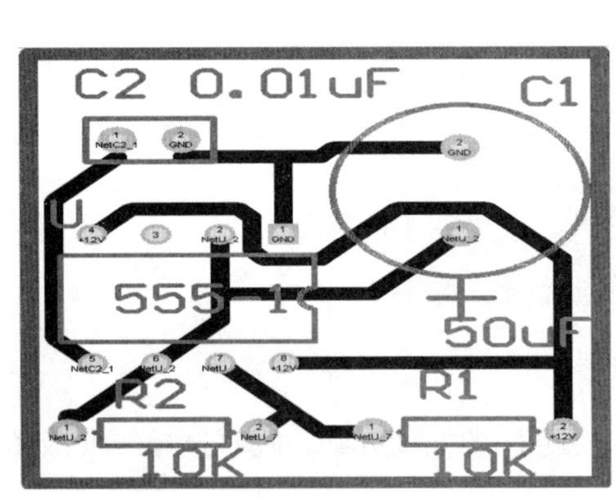

图 1-67　秒脉冲发生器的 PCB 图

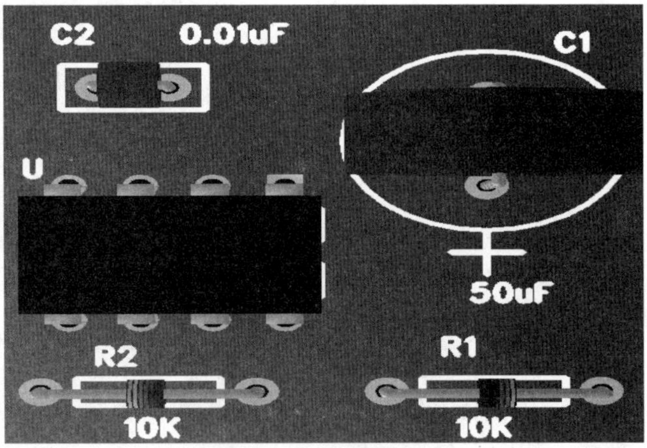

图 1-68　三维图形

子项目 6　PCB 图的导出、打印

任务一、PCB 图的导出

PCB 图的导出有以下两种方法。

① 用鼠标左键在常用工具栏中单击保存图标（即小磁盘图标）后，再用鼠标左键单击菜单“File”（即文件）下的“Export”（即导出）命令。

② 单击保存图标（即小磁盘图标）后，用鼠标左键单击左边的“Explore”按钮，在相应的文件处单击右键，就会出来一个带有“Export”（即导出）命令的下拉菜单，单击 Export。在弹出的对话框中选择文件存放位置和格式进行存放，如图 1-69 所示。该文件存放在“F:\教材图”文件夹下，选择的文件类型为 PCB 文件，文件名命名为“秒脉冲发生器.PCB”。该文件可以通过电子邮件、软盘或移动硬盘的方式提供给厂家。

图 1-69　秒脉冲发生器.PCB 文件的导出

任务二、PCB 图的打印

使用打印机打印电路板文件，首先要对打印机进行设置，包括打印机的类型设置、纸张大小设置及电路图纸的设置等内容，然后再进行输出打印。

1．打印机设置

打印机设置的操作过程如下。

① 首先执行菜单命令“File”→“Printer”→“Preview”，执行此命令后，系统会生成 Preview 秒脉冲发生器.PPC 文件，如图 1-70 所示。

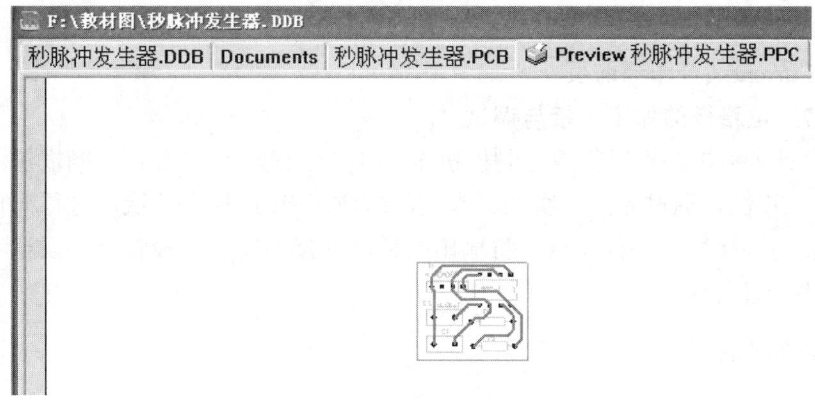

图 1-70 “秒脉冲发生器.PCB”文件生成的 Preview 秒脉冲发生器.PPC 文件

② 进入 Preview Hand.PRC 文件，然后选择“File”→“Setup Printer”命令，在系统弹

出的对话框中选择打印机的名称、需要打印的文件名等，如图 1-71 所示。

③ 在图 1-71 中点击打印机属性“Properties”按钮，就会出现如图 1-72 所示的对话框，可选择图纸尺寸、打印的方向等。设置完毕后，点击“OK”按钮，完成打印设置操作。

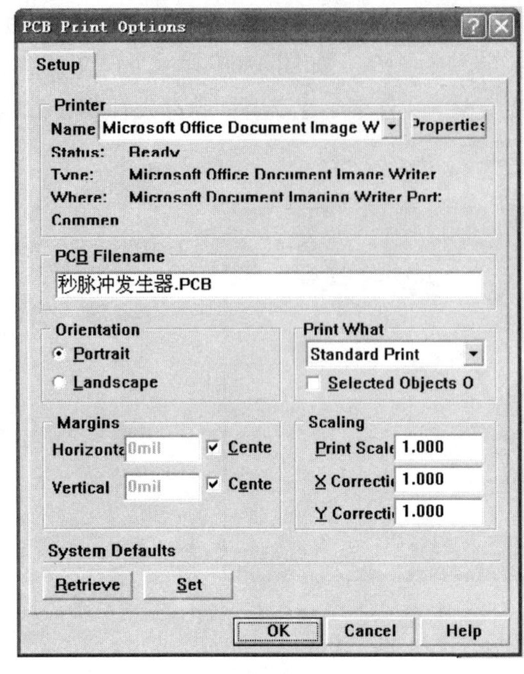

图 1-71　选择打印机对话框

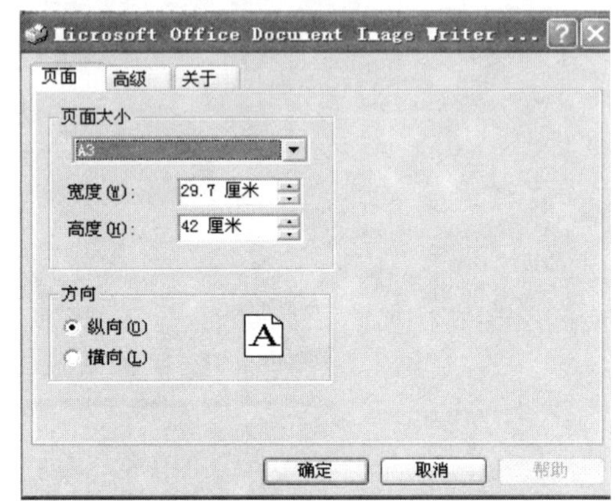

图 1-72　选择图纸尺寸、打印的方向

2．打印输出

设置了打印机后，再执行菜单命令“File”→“Print”的相关命令进行打印。打印 PCB 印刷电路板图的命令如下。

- Print All：打印所有图形。
- Print Job：打印操作对象。
- Print Page：打印给定的页面，执行该命令后，会弹出“页码输入”对话框，在该对话框中输入要打印的页码。
- Print Current：打印当前页。

子项目 7　电路板的加工焊接与调试

首先，设计者将电路板原料放在制板机上，打开绘制好的 PCB 图，制板机就会按照设计者绘制好的 PCB 图，通过光刻、腐蚀、漂洗，制成了 PCB 板。其次，进行元件的焊接、组装。最后，将电源接好，进行调试。将输出的秒脉冲接到发光二极管上，设计者会看到发光二极管会每隔一秒一闪。

1.2.4　测验及评估

测验题目

1．基本知识选择题

（1）印刷电路板文件的扩展名是_______。

A）PCB　　B）NET　　C）SCH　　D）LIB

（2）以下________不是电容的封装。（　　）

A）RAD0.1　　B）DB9/F　　C）RB.2/.4　　D）AXIAL0.4

（3）单面板放置元件的层面一般为________；放置导线的层面为________。

A）Top Layer　　B）Internal Plane Layer　　C）Keepout Layer　　D）Bottom Layer

（4）在 PCB 板中，一般将放置元器件的面称为________。

A）焊接面　　B）丝印面　　C）禁止布线层　　D）元件面

（5）禁止布线框画在________。

A）禁止布线层　　B）顶层　　C）底层　　D）丝印面

（6）执行“File”→“New”菜单，画印刷电路板图时，选择________图标 。

A）PCB DOCUMENTS　　B）PCB LIBRARY　DOCUMENTS

C）SCHEMATIC　DOCUMENTS　　D）SCHEMATIC　LIBRARY　DOCUMENTS

2．按照以下要求绘制如图 1-73 所示的电路板图。

① 在“我的设计.ddb”文件“Document”下新建一个 PCB 文件，命名为“多谐振荡器.pcb”。

② 单层布线，顶层放置元件、底层绘制导线。

③ 电路板的尺寸要求为 1060mil×960mil，电气边界也为 1060mil×960mil。

④ 列出图 1-73 电路中所需要元件的元件封装型号及所对应的元件封装库。

⑤ 装载所需要的元件封装库。

⑥ 放置需要的元件封装。

⑦ 合理布局。

⑧ 布线。

⑨ 导出到桌面设计者的学号文件夹下。

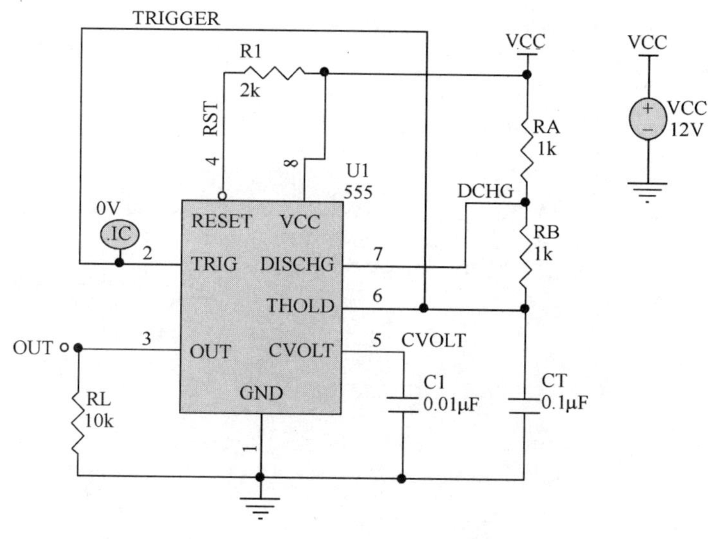

图 1-73　多谐振荡器电路图

评估标准

评分采用百分制，标准见表 1-10。

表 1-10 评估标准

内　　容	评 分 标 准	分　　值
1．基本知识选择题	每题 5 分	共 30 分
2．画电路版图	在“我的设计.ddb”文件“Document”下新建一个 PCB 文件，命名为“多谐振荡器.pcb”，正确命名　5 分 单层板层的设置　5 分 正确画出物理边界与电气边界　10 分 列出图 1-27 电路中所需要元件的元件封装型号及所对应的元件封装库　10 分 正确装载元件封装库　5 分 正确放置元件封装　10 分 合理布局　10 分 正确布线　10 分 正确导出到桌面学号文件夹下　5 分	共 70 分

项目 2　两级放大器的制作

学习情境 2.1　两级放大器原理图设计

2.1.1　项目描述

放大器是模拟电子技术学习的重点内容，也是实际应用非常广的内容。该学习情境的任务目标是能列出图 2-1 所示两级放大器电路图中所有元件的元件属性及所对应的元件库表。设定图纸方向为水平放置，图纸大小为 A4 纸，标题栏为 Standard 样式，标题为“两级放大器”，设计者为“辽宁机电职业技术学院”，字体为仿宋体。熟练地画出图 2-1 所示的电路图。将元件封装属性统一进行设置。生成网络表（为学习情境 2.2 通过自动布线设计两级放大器 PCB 图做准备）。

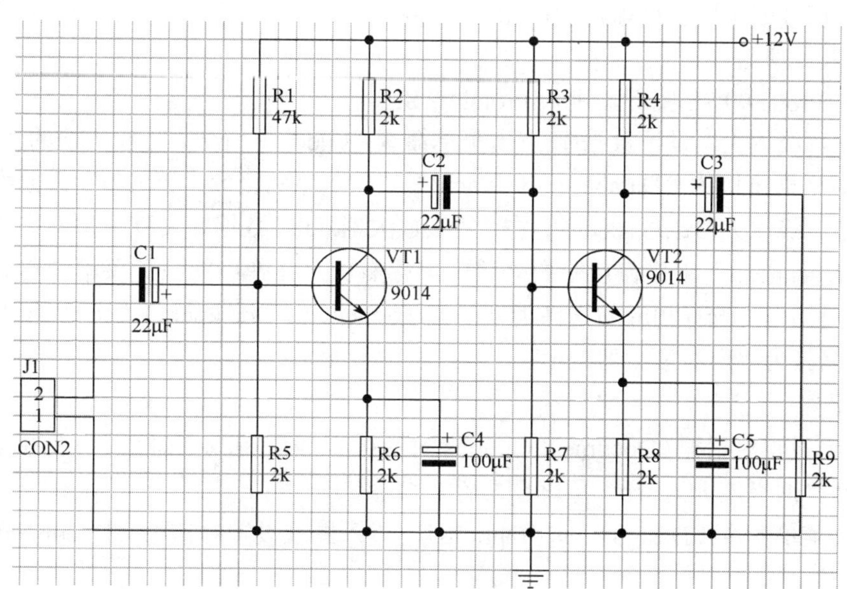

图 2-1　两级放大器电路图

2.1.2　学习目标

① 能根据实际要求设置电路图的大小及图纸标题栏的设置方法。

② 掌握原理图中常用元件所在的元件库名称及每个元件在库中的名称；掌握修改元件属性选项的方法。

③ 掌握绘制原理图的基本方法，能熟练地绘制原理图。

④ 能一次性对同类元件进行合适的封装。

⑤ 掌握网络表文件的扩展名、生成方法及其格式。

2.1.3 技能训练

子项目1 绘制电路原理图

1．电路图元件属性列表

图 2-1 所示两级放大器电路图中所有元件的元件属性及所对应的元件库列表如表 2-1 所示。

表 2-1 电路图元件属性及所对应的元件库列表

	Lib Ref	Designator	Part Type	Footprint
元件属性	NPN	VT1	9014	TO-92B
	NPN	VT2	9014	TO-92B
	RES2	R1	47kΩ	AXIAL0.4
	RES2	R2、R3 、R4、R5、R6、R7、R8、R9	2kΩ	AXIAL0.4
	ELECTRO1	C1、C2、C3	22μF	RB.2/.4
	ELECTRO1	C4、C5	100μF	RB.2/.4
	CON2	J1	CON2	HDR1X2
元件库	Miscellaneous Devices. Ddb			Advpcb.ddb Headers.lib

2．进入原理图环境、按项目描述完成标题栏设置

（1）进入原理图

① 双击 Protel 99 SE 图标，进入 Protel 99 SE。

② 建立两级放大器设计数据库:点击菜单命令“File”→“New”，在出现的“New Design Database”对话框窗口的“Database File Name”处填入“两级放大器.ddb”数据库文件名。

③ 新建两级放大器原理图文件：在“两级放大器.ddb”数据库文件窗口双击“Document”图标，在“Document”工作窗口空白处单击鼠标右键，在弹出的快捷菜单中选择“New”，在新建文件对话框中选择相应的文件类型图标（Schematic Document）后，单击“OK”按钮，然后将文件名改为“两级放大器.sch”。

（2）标题栏设置

进入图纸设置对话框（Document Options 对话框），设置图纸方向、大小及标题栏等信息。

① 打开“两级放大器.sch”原理图文件。

② 执行菜单命令“Design”→“Options”，进入图纸设置对话框（Document Options 对话框）。

- Orientation（图纸方向）：本例选择 Landscape（水平放置）。
- Title Block（图纸标题栏）：本例选择 Standard（标准型模式）。
- “Standard Style”（标准形式）下“Standard”（标准）下拉菜单选图纸大小为 A4 纸。

图 2-2 所示为“Standard”（标准）图纸设置方法。

另外说明一点，如果图纸大小不采用标准形式，而是采用用户自定义形式，就将“Custom Style”（用户形式）下“Use Custom”（用户自定义）前打“√”号，此时，上面的“Standard Style”（标准形式）下“Standard”就会变成灰色，即标准形式不可选用，如图 2-3 所示，用户就可以根据自己的需要设置图纸的大小，如表 2-2 所示。

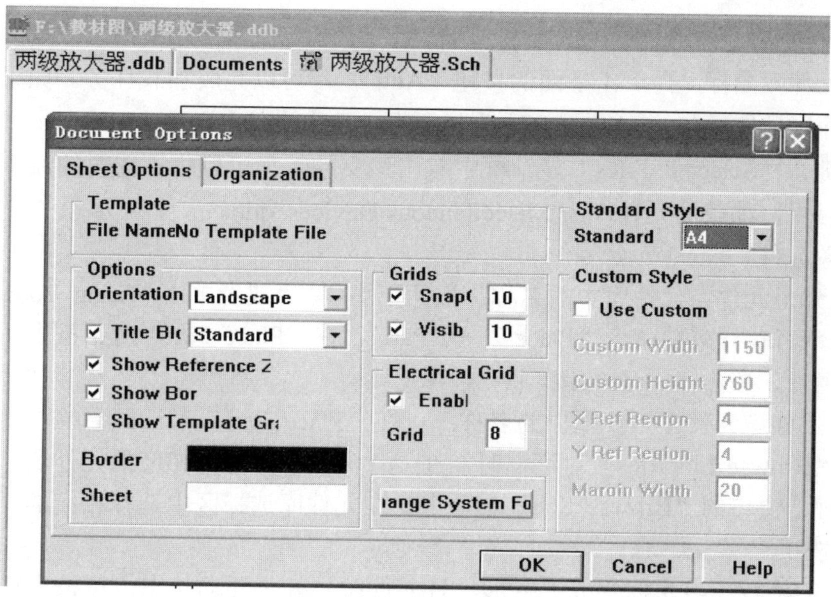

图 2-2　Standard 对话框

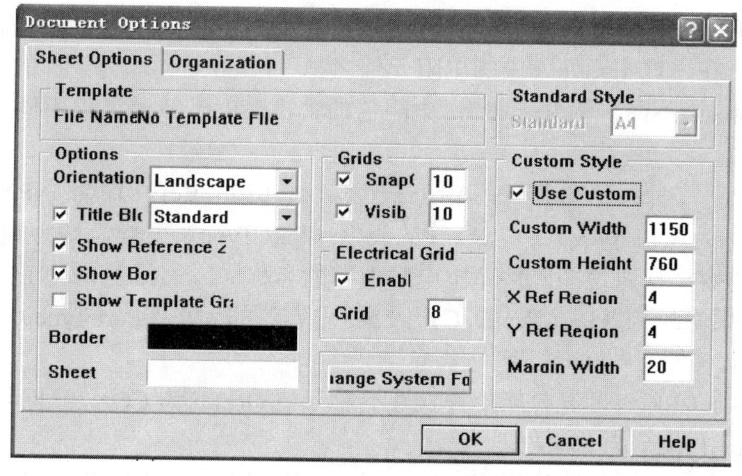

图 2-3　Use Custom 的选择

表 2-2　Use Custom 下的信息选项及功能

信息选择	功　能	信息选择	功　能
Custom Width	设置图纸的宽度，单位为 1 / 100 英寸	Y Ref Region	设置 X 轴框参考坐标的刻度数
Custom Height	设置图纸的高度，单位为 1 / 100 英寸	Margin Width	设置边框宽度，其单位为 1 / 100 英寸
X Ref Region	设置 X 轴框参考坐标的刻度数		

3．绘制原理图

（1）加载原理图元件库及移出元件库　执行菜单命令“Design”→“Add”→“Remove Library”；或单击主工具栏中的图标，在原理图编辑器中增加/移出元件库；或者在原理图编辑器的左边设计管理器窗口的 Browse Sch 选项卡中，选择元件库选择区（Library），选择下方的“Add/Remove”按钮。

以上三种方法，选用任何一种即可。用鼠标左键双击该元件库图标，或者用鼠标左键单击该原理图元件库图标，再单击下面的按钮“Add”，都可以完成加载任务。如果要移去某个原理图元件库，只是要在“Selected Files”显示框中选中文件名，单击 Remove 按钮即可；或者用鼠标左键在“Selected Files”显示框中双击该文件，也可以将不需要的原理图元件库卸载掉。本项目中，加载的元件库为 Miscellaneous Devices. ddb。

（2）放置元件

① 如果知道元件在元件库中的名称：按两下 P 键，“或者单击 Wiring Tools”工具栏中的图标，或者执行菜单命令“Place”→“Part”，在“Place Part”对话框中，依次输入元件的各属性值后，单击“Ok”按钮。

② 如果不知道元件在元件库中的名称：可在“Place Part”对话框中单击“Browse”按钮，当出现“Browse Libraries”对话框时，在元件浏览区中选择相应的元件名；也可以点击左边设计管理器窗口的“Browse Sch”选项卡，在元件库选择区中选择相应的元件库名，单击“Place”按钮。

③ 元件的旋转：当光标变成十字形，且元件符号处于浮动状态，可按空格键旋转元件的方向、按 X 键使元件水平翻转、按 Y 键使元件垂直翻转，最后单击鼠标左键放置元件。

④ 修改元件属性：当光标变成十字形，且元件符号处于浮动状态时，按 Tab 键，就会出现修改元件（Part）对话框。在这里，需要放置的元件从表 2-1 可以看出有以下这些。

- 9 个电阻　在原理图元件库中的电阻元件名称（Lib Ref）均为一样的（RES2）；电阻的标号（Designator）不同，从 R1～R9；电阻值的大小（Part Type）也不同，R1 为 47kΩ，R2～R9 均为 2kΩ。
- 2 个三极管　在原理图元件库中三极管名称（Lib Ref）均为 NPN；三极管标号（Designator）分别为 VT1 和 VT2；三极管的类型（Part Type）一样，均为 9014。
- 5 个电解电容　在原理图元件库中电解电容的名称（Lib Ref）均为 ELECTR01；电容标号（Designator）分别为（Part Type）C1～C5；电容值的大小（Part Type）不同，C1、C2、C3 为 22μF，C4、C5 为 100μF。
- 1 个连接头　在原理图元件库中连接头名称（Lib Ref）为 CON2；标号（Designator）为 J1；类型（Part Type）为 CON2。

Protel 99 SE 具有连续放置功能，将第一个标号下标标为 1，固定第一个电阻后，可以不断重复“移动鼠标”→“单击鼠标左键”的方法放置剩余电阻，其余电阻的标号依次为 2、3……待完成了所有同类元件放置操作后，再单击右键（或按下 Esc 键）退出，这样操作效率较高。

（3）放置电源和接地符号

第一种方法：单击 Wiring Tools 工具栏中的图标，如图 2-4 所示。

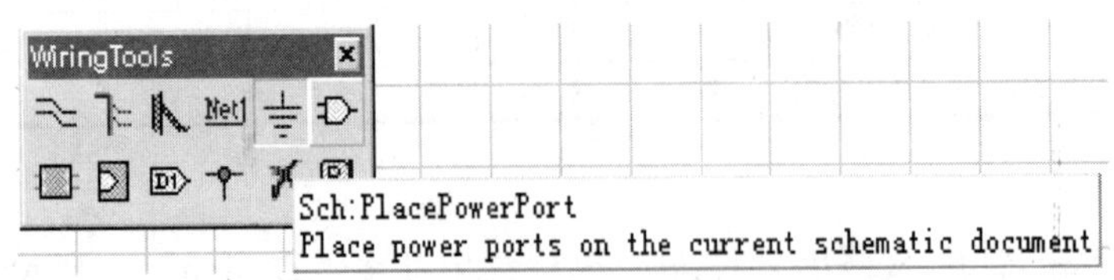

图 2-4 “Wiring Tools”工具栏中的图标

如果画图工具栏“Wiring Tools”没调出来，就点击菜单命令“View”→“Toolbars”→

“Wiring Tools”，如图 2-5 所示的操作，或者点击主工具栏中的按钮，同样会出现如图 2-4 所示的工具栏图标。

图 2-5　如何调出 Wiring Tools 工具栏

此时光标变成十字形，电源/接地符号处于浮动状态，与光标一起移动。

若符号形状不符合要求，可按 Tab 键弹出属性对话框。在属性对话框中，如果是电源，就在 Net 后输入 VCC，如果是具体的数值，就输入具体的数值。例如本项目中，Net 后就输入+12V，如果是接地，就在 Net 后输入 Ground。当然，电源和接地的符号有各种形式，如图 2-6 所示，可以根据需要选择需要的形式（Style），也就是说可以在 Style 后面选择需要的符号所对应的英文。如本项目中，电源属性对话框应填写为如图 2-7 所示的形式。

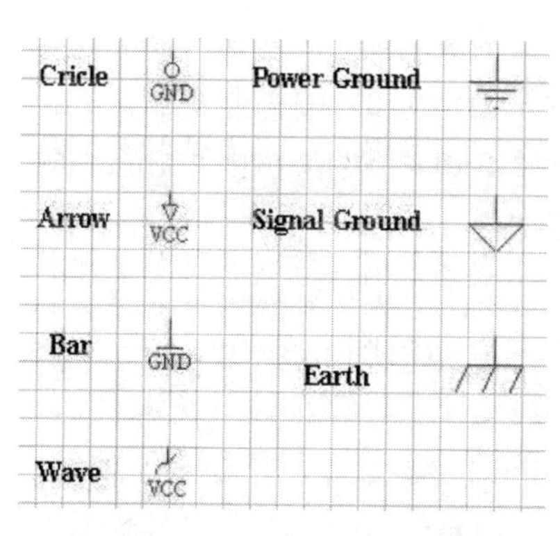

图 2-6　电源和地符号的各种形式

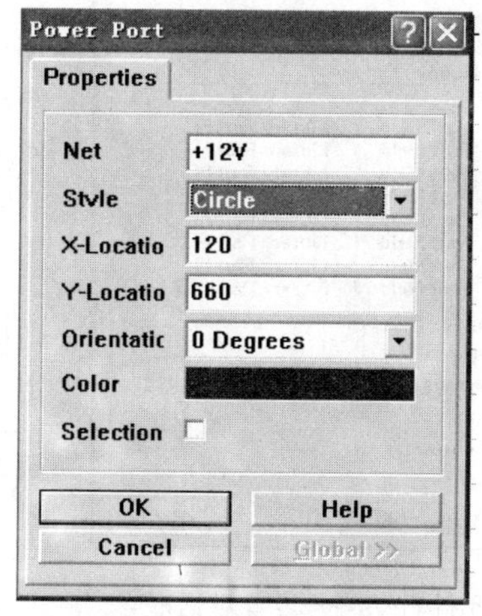

图 2-7　电源的属性输入形式

电源符号的显示形式：−○+12V

在电源符号处于浮动状态时，可按空格键旋转方向，按 X 键水平翻转，按 Y 键垂直翻转。最后单击左键放置电源符号后，单击右键退出放置状态。

第二种方法：执行菜单命令“Place”→“Power Port”，其他操作同上。

第三种方法：点击菜单命令“View”→“Toolbars”→“Power Objects”，就会调出图 2-8 所示的电源、接地工具栏。单击“Power Objects”工具栏中的电源与接地的符号，属性的更改方法同上。

绘出的元件图为图 2-9 两级放大器所需要的元件。

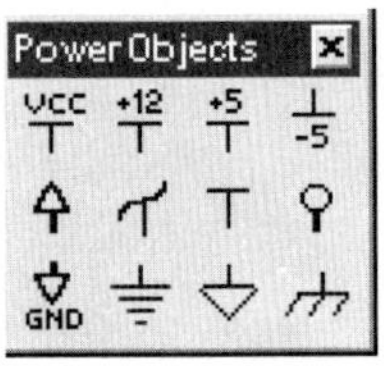

图 2-8　电源、接地工具栏

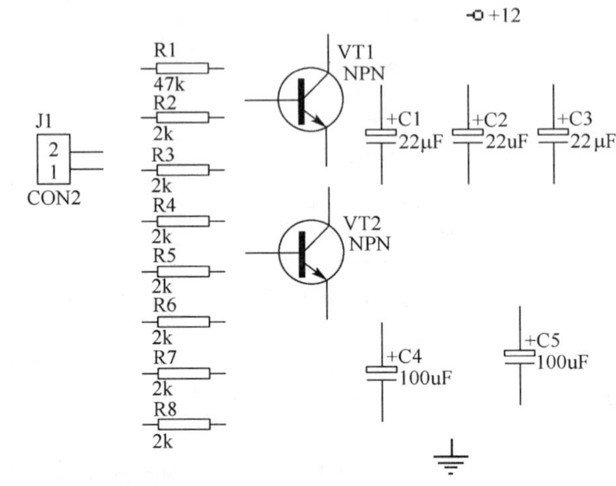

图 2-9　两级放大器所需要的元件

4．元件自动编号及一次性修改元件属性选项

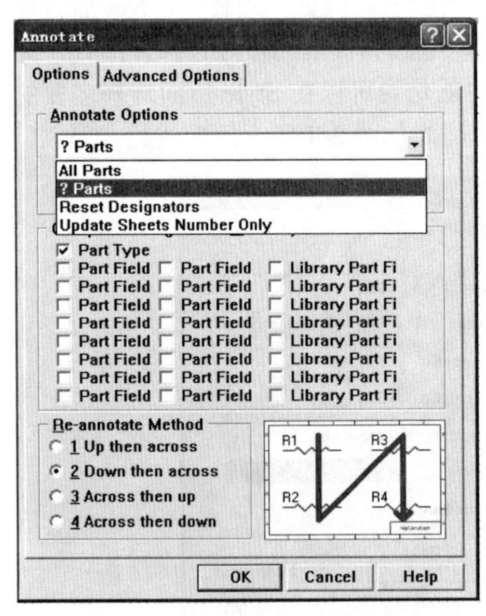

图 2-10　元件自动编号设置对话框

① 元件自动编号　在放置元件操作过程中，如果没有在元件属性设置窗口内指定元件序号，Protel 99 SE 将使用元件序号的缺省设置。如用“U”作为集成电路芯片的元件序号，用“R”作为电阻元件序号，用“C”作为电容元件序号，用“L”作为电感元件序号，用“D”作为二极管类元件序号，用“Q”作为三极管类元件序号。

元件重新编号的操作过程如下。

执行“Tools”菜单下的“Annotate”命令，就会出现如图 2-10 所示的元件自动编号设置对话框，指定元件重新编号范围及方法。

重新编号的范围（Annotate Options）如下。

- All Parts：全部元件重新编号。
- ？Part：对带“”元件重新编号。
- Reset Designers：所有元件恢复到未编号状态。
- Update Sheet Number Only：原理图重新编号。

重新编号的方法（Re-annotate Method）如下。

- Up then across：先从下向上标号，然后穿过去，再从下向上标。
- Down then across：先从上向下标号，然后穿过去，再从上向下标。
- Across then up：先从左到右标号，然后穿上去，再从左到右标。
- Across then down：先从左到右标号，然后穿下去，再从左到右标。

选择好了后，点击“OK”，就会对目前原理图元件重新编号，选中的元件不重新编号。

② 一次性修改元件属性选项　下面以修改电阻的封装（Footprint）形式为例，将图 2-9 所示的电阻 R1～R9 的封装（Footprint）形式选项全部更改为 AXIAL0.4。一次性修改原理图中的元件属性的操作过程如下。

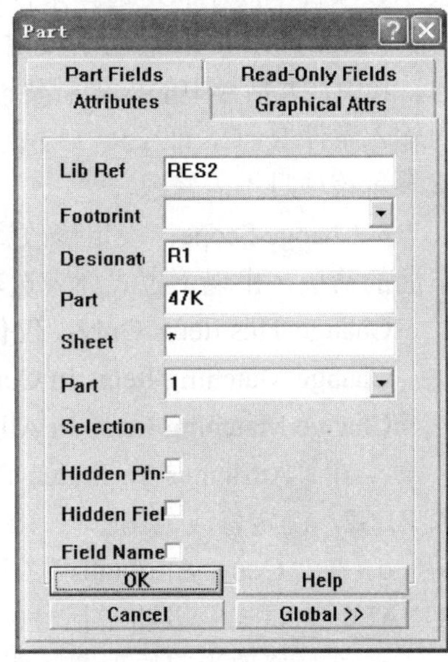

图 2-11　电阻属性选项设置窗

a. 双击图 2-9 中电阻元件 R1～R9 中任一个（如标号为 R1），进入电阻属性选项设置窗，如图 2-11 所示。

b. 单击图 2-11 中的“Global>>”按钮，进入如图 2-12 所示的全局选项设置窗。它右边的内容与左面的页面内容一致。“Global>>”按钮的功能是修改本对象功能的同时，也修改同类的其他对象的功能。在窗口右边有三个区域。

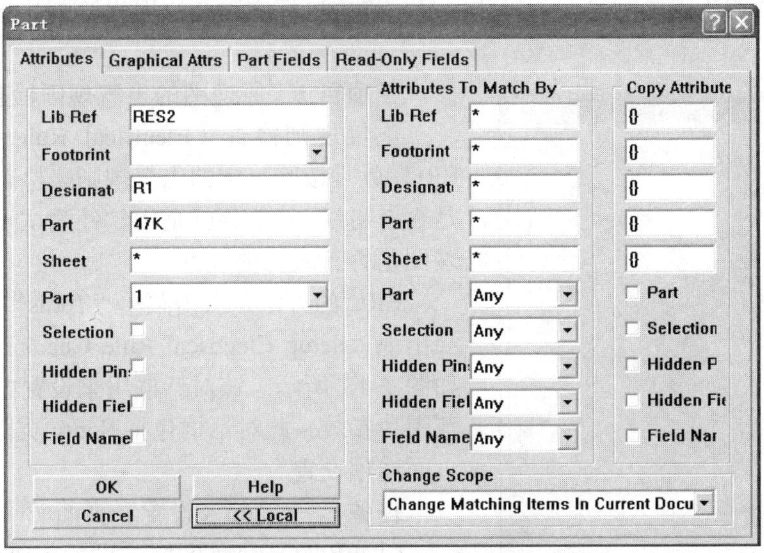

图 2-12　电阻属性全局选项设置窗

- Attributes To Match By：用于设定被修改对象应该满足的条件，即某对象若符合这个条件，其属性就会得到修改。对于有“*”的项目，需要输入选择条件，如果不输入条件，就是认为所有选择条件都必须吻合。对于有下拉式列表框的，需要单击右边的箭头进行选择。其中，Any 表示该项目所有选择条件都满足；Same 表示该项目相同才满足选择条件；Different

表示该项目不同才满足选择条件。

• Copy Attributes：用于设定要修改的属性，就是把对象的属性复制给那些符合条件的对象。其中，大括号中的内容需要输入，如果将（Designator）标号 R 改为 C，就需要在“{ }”内输入条件 R= C，即 { R= C }；若输入的条件没有“=”号，就要将大括号去掉；若不输入，就表示该项目不需修改。

• Change Scope：设定修改属性的范围。修改哪个项目，就点击复选框“Change Scope”下面的箭头，出现下拉式列表选项，共有以下三种情况。

Change This Items Only：仅仅修改本单元。

Change Matching Items In Current Documents：修改当前原理图。

Change Matching Items In All Document：修改所有原理图。

c. 在“Attributes To Match By”（匹配属性）选项框内的 Lib Ref（库参考）文本框内输入 RES2，确定修改范围。

d. 在“Copy Attributes”（复制）属性选项框内，对应的文本框（Footprint）内输入 AXIAL0.4（注意：要将中括号去掉）。

e. 选择修改当前原理图，即 Change Matching Items In Current Documents 选项。

f. 单击“OK”按钮，退出电阻全局选项设置窗，即可观察到图 2-9 编辑区内 R1～R9 电阻封装形式已变为“AXIAL0.4”。

（5）绘制导线 单击“Wiring Tools”工具栏中的≈图标，或执行菜单命令“Place”→“Wire”，光标变成十字形时，在导线的起点和终点处分别单击鼠标左键确定两个端点，然后单击鼠标右键，则完成了一段导线的绘制。如果想继续绘制另一条导线，将光标移到新导线的起点，按前面的步骤绘制另一条导线，最后单击鼠标右键两次退出绘制状态。最终的图形如图 2-1 所示。

子项目 2 原理图的电气规则检查

电气规则检查（Electrical Rule Check），简称 ERC，就是按照一定的电气规则来检查绘好的原理图是否有错误。其任务就是用软件测试设计者设计的原理图是否有人为的疏漏。

ERC 的方法：点击菜单“Tools”→“ERC”，就会出现“Setup Electrical Rule Check”设置对话框，如图 2-13 所示。该对话框用来设置电气规则选项、范围和参数。此对话框包括 Setup 页面、Rule Matrix 页面选项设置。

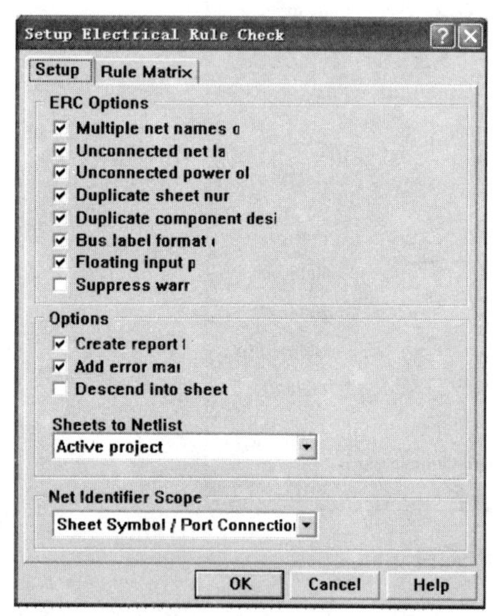

图 2-13 Electrical Rule Check 设置页面

任务一、Setup（设置）页面

（1）ERC Options 区域 设置需要检查哪些项目。

• Multiple net names on net：“同一网络命名多个网络名称”的错误检查。

• Unconnected net labels：“未实际连接的网络标号”的警告性检查。

• Unconnected power objects：“未实际连接的电源图件”的警告性检查。

• Duplicate sheet numbers：“电路图编号重号”检查。

- Duplicate component designator：“元件编号重号”检查。
- Bus label format errors：“总线标号格式错误”检查。
- Floating input pins：“输入引脚浮空”检查。
- Suppress warnings：“检测项将忽略所有的警告性检测项,不会显示具有警告性错误的测试报告”检查。

（2）Options 区域　将给出处理错误的方法。

- Create report file：检查完成后，系统将自动建立“.ERC”的报告文件。
- Add error markers：检查完成后，系统将会自动在错误位置放置错误符号。
- Descent into sheet parts：设定检查范围是否包括图纸符号中的电路。

（3）Sheets to Netlist　设置需要检查的范围。

- Active sheet：只检查当前窗口中的原理图。
- Active project：检查当前项目。
- Active sheet plus sub sheets：检查当前原理图和它的子图。

（4）Net Identifier Scope　设置网络和网络标号的有效范围。

- Net Label and Parts Global：网络标号和端口全局有效。
- Only Parts Global：只有 I/O 端口是全局的。
- Sheet Symbol/Port Connections：表示子图符号 I/O 端口与下一层原理图 I/O 端口同名时，二者在电气上是相连的。

任务二、Rule Matrix（电气规则测试矩阵）页面

Rule Matrix 页面如图 2-14 所示，在该矩阵的横、纵坐标罗列了电路原理图中各种电气特性的管脚、方块电路的 I/O 端口及电路的 I/O 端口。矩阵中每一个方块的颜色表示此方块对应的管脚/端口所连接关系在电气检查中的定义。

- 绿色：No report。
- 红色：Error 错误信息。
- 黄色：Warning 警告信息。

设置规则可设置为红、黄、绿，表示相应项目发生交叉时，显示相应指示。如 Input Pin 和 Output Pin 交点设为红色，则输入输出相连，则发生显示错误。

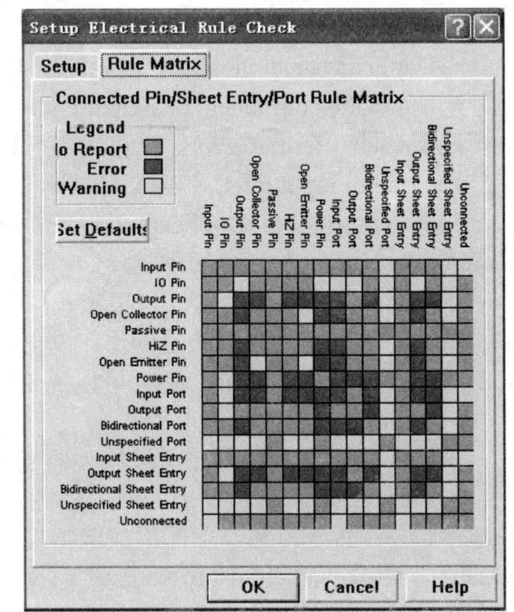

图 2-14　Rule Matrix 页面

在电气测试结果中可能包含两类错误：其中“Warning”是警告性错误（提醒操作者注意）；“Error”是致命性错误，必须认真分析，根据出错原因对原理图进行相应的修改。

在设计文件管理器窗口内，单击相应的原理图文件，将发现有问题的位置均放置了一个红色标记。必要时，可对检查规则作更细致的设置。不过，一般并不需要用户重新设置这些检查规则，因此这里不作详细介绍。

任务三、生成 ERC 报告文件

设置完成后，点击对话框下面的“OK”按钮，就会自动生成 ERC 报告文件，即“两级

放大器. ERC”，即执行完菜单“Tools”→“ERC”命令后，点击“OK”按钮，就会出现如图 2-15 所示的报告文件形式。如果没有错误，在

Error Report For ：Document\两级放大器.Sch

End Report

之间就不会有任何提示。

两级放大器.ddb	Documents	两级放大器.Sch	两级放大器.ERC

```
Error Report For : Documents\两级放大器.Sch     12-Feb-2010   08:00:12

End Report
```

图 2-15　生成的两级放大器.ERC 报告文件

如果原理图有错误，就会在

Error Report For ：Document\两级放大器.Sch

End Report

之间就有错误提示。

错误提示内容有如下几种。

- Multiple net names on net：检测“同一网络命名多个网络名称”的错误。
- Unconnected net labels：“未实际连接的网络标号”的警告性错误。
- Unconnected power objects：“未实际连接的电源图件”的警告性错误。
- Duplicate sheet numbers：“电路图编号重号”错误。
- Duplicate component designator：“元件编号重号”错误。
- Bus label format errors：“总线标号格式”错误。
- Floating input pins：“输入引脚浮接”错误。

常见错误主要有：Duplicate Pin Number（引脚编号重复），No Footprint（没有封装形式），Missing Pin Number（丢失引脚编号）等，应根据错误原因修改元件图形符号。

子项目 3　网络表的生成与导出

编辑原理图的最终目的是制作印制电路板，网络表是一张原理图所有元器件和电气连接关系的列表。网络表文件（.net）可以说是原理图（SCH）与印制板（PCB）之间连接的纽带。

1．生成网络表的步骤

以两级放大器原理图（两级放大器.sch）为例，介绍生成网络表的步骤。

① 元件封装。在画完了电路原理图后，要想生成网络表，就必须对放入原理图中的元件进行封装，否则，从原理图生成网络表就会出错。检查了电路原理图后，就可以通过执行“Design”菜单下的“Create Netlist”命令从原理图中抽取网络表文件（.net），这是获得网络表文件最基本的方法。两级放大器原理图中，元件的封装按照表 2-1 电路图元件属性及所对应的元件库列表中 Footprint 封装形式输入。

★※温馨提示※★

要想真正了解元件的封装形式，就必须知道实际元件的大小、形状及管脚数目、管脚间的距离。

② 执行“Design”菜单下的“Create Netlist”命令。就会出现“Netlist Creation”设置对话框，如图 2-16 所示。

对话框的具体内容如下。

a. Output Format 下拉框：设定网络表文件的输出格式（最好选择 Protel 2，对于 Protel 2

网络表形式，包含元件描述、网络描述及 PCB 布线指示）。

b. Net Identifier Scope 下拉框：设定网络标号、子电路符号、电路 I/O 端口的作用范围。

- Net Label and Ports Global：网络标号和 I/O 端口是全局有效的。
- Only Ports Global：仅仅 I/O 端口是全局有效的。
- Sheet Symbol/Port Connections：表示子图符号 I/O 端口与下一层电路 I/O 端口同名时，二者在电气上是相连的。

c. Sheets to Netlist 下拉框：设定哪些原理图建立网络表。

图 2-16 “Netlist Creation”设置对话框

- Active sheet：只建立当前窗口中原理图的网络表。
- Active project：建立当前项目的网络表。
- Active sheet plus sub sheets：建立当前原理图和它的子图的网络表。

d. Append sheet numbers to local net name：选中此项，自动在网络表名称中加入原理图编号。

e. Descend into sheet parts：选中此项，表示在生成网络表时，系统将深入元器件的内部电路图，将它作为电路的基本单元，一起转化为网络表。

f. Include un-named single pin nets：选中此项，表示在生成网络表时，将电路中没有名称的引脚也一起转换到网络表中。

③ 单击图 2-16 所示“OK”按钮，即可生成“两级放大器.net”文件。如图 2-17 所示。

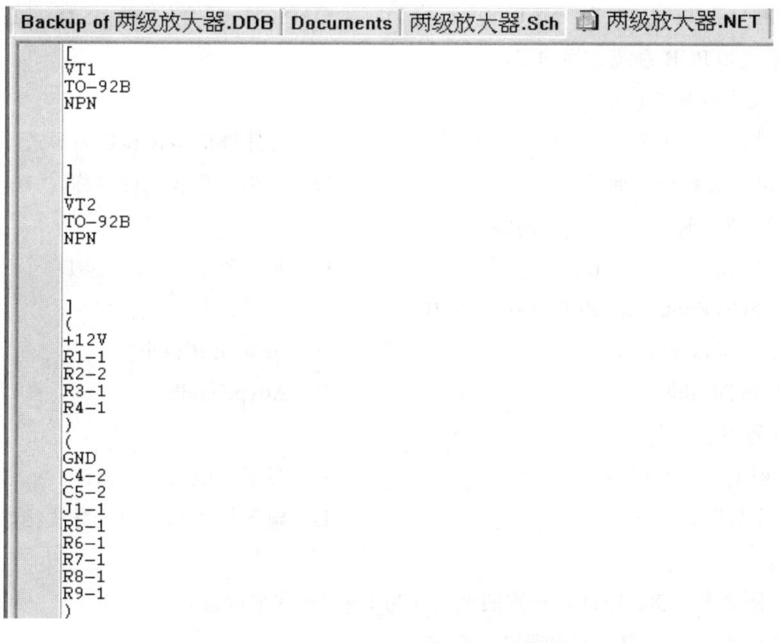

Backup of 两级放大器.DDB | Documents | 两级放大器.Sch | 两级放大器.NET

```
[
VT1
TO-92B
NPN


]
[
VT2
TO-92B
NPN


]
(
+12V
R1-1
R2-2
R3-1
R4-1
)
(
GND
C4-2
C5-2
J1-1
R5-1
R6-1
R7-1
R8-1
R9-1
)
```

图 2-17　Protel 输出格式的网络表文件

2. 网络表文件的格式

包含：元件描述，网络描述及 PCB 布线指示。

（1）元件描述

- [：元件描述开始标志。
- VT1：元器件的标号。
- TO-92B：元器件的封装形式。
- NPN：元器件的注释。
-]：元件描述结束标志。

（2）网络描述

- （：网络描述开始的标志。
- +12V：网络名称。
- R1-1：该网络的端点。
- R2-2：该网络的端点。
- R3-1：该网络的端点。
- R4-1：该网络的端点。
- ）：网络描述结束的标志。

（3）PCB 布线指示　如网络描述中所表述的那样，网络名称是+12V 的所有网络的端点（R1-1、R2-2、R3-1、R4-1），PCB 布线时均连在一起。

2.1.4 测验及评估

测验题目

1. 基本知识选择题：

（1）网络表文件的扩展名是________。

A）PCB　　B）NET　　C）SCH　　D）LIB

（2）SCH 系统和 PCB 系统之间的接口是________ 。

（3）网络表文件的格式包括_____。

A）元件、网络定义和 PCB 布线指示　　B）元件外形名称和封装形式

C）网络定义和封装形式　　D）网络名称和元件名称

（4）网络表元件描述不含有_____内容。

A）元件封装　　B）元件序号　　C）元件值　　D）元件类型

（5）封装库 PCB Footprints.lib 包含在_____中。

A）Transistors.ddb　　B）General IC.ddb

C）DC to DC.ddb　　D）Advpcb.ddb

（6）网络标号表示________。（　　　）

A）多根电气导线相连　　B）多根非电气导线相连

C）连线与管脚相连　　D）电气导线与非电气导线相连

2. 图纸设置

（1）将原理图命名为 X2-1.sch，设置图纸尺寸为 Legal，水平放置。

（2）设置捕捉栅格为 5mil，可视栅格为 9mil。

（3）标题栏设置，标题栏类型选择 ANSI（美国国家标准协会模式标题栏），标题为“运算放大器电路”，

设计者为“Simons”，字体为默认，字体颜色为 45 号。

3．画出运算放大器电路如图 2-18 所示的原理图。原理图命名为“X2-1.sch”。

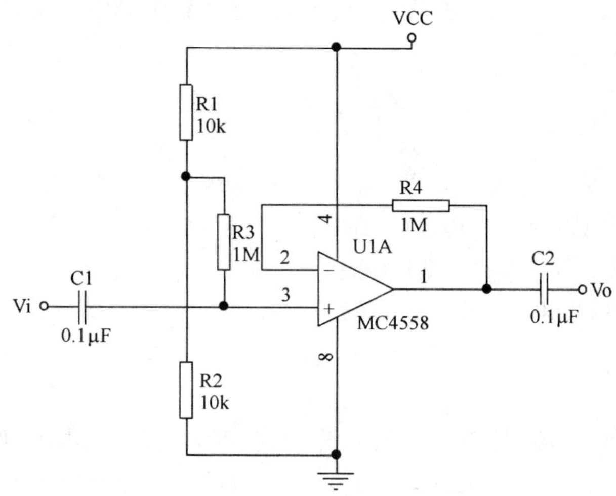

图 2-18　运算放大器电路

（1）列出原理图中所有元件在库中的名称及其所在的元件库名称。

（2）这 4 个电阻要连续放置，采用一次性修改元件封装选项的方法。

（3）绘制原理图。

（4）生成网络表。

评估标准

评估标准见表 2-3。

表 2-3　评估标准

内　容	评 分 标 准	分　值
1．基本知识选择题	每题 5 分	共 30 分
2．图纸设置	（1）5 分 （2）5 分 （3）需要设置 5 项内容，每项 4 分	共 30 分
3．画原理图	新建原理图，正确命名　5 分 列出原理图中所有元件在库中的名称及其所在的元件库名称　5 分 这 4 个电阻要连续放置，采用一次性修改元件封装选项的方法　10 分 绘制原理图　10 分 生成网络表　10 分	共 40 分

学习情境 2.2　两级放大电路 PCB 的单面 PCB 制作

2.2.1　项目描述

在该学习情境中，通过网络表作为原理图与 PCB 图的接口，其任务目标是在“两级放大器.ddb”文件下新建一个“两级放大器.PCB”文件。规划电路板：将板的大小定为 1800mil×2100mil，装入图 2-1 中两级放大器原理图生成的网络表文件（即“两级放大器.net”），手动布局、单层自动布线，完成 PCB 图。将绘成的 PCB 图导出，进行制版、焊接、装配及调试。

2.2.2 学习目标

① 进入 PCB 后，会设置相对原点；能根据要求规划电路板；标注电路板的实际尺寸。

② 对单层布线的电路板，知道需要哪些层，如何确定这些层，熟悉每个层有什么作用。

③ 熟悉手动布局及自动布线绘制电路板的步骤。

④ 按绘成的 PCB 图制版安装调试成最终产品。

2.2.3 技能训练

采用自动布线设计制作电路板的步骤：先新建 PCB 文件（本项目中命名为“两级放大器.PCB”）；再根据电路图中元件的封装形式，装入含有这些元件封装的元件封装库（即 PCB 库）；规划电路板；装入网络表文件，进行元件布局；布局完成后，进行自动布线；布线结束后，制作电路板、焊接及调试，完成了一个简单电子产品的制作，如图 2-19 所示。

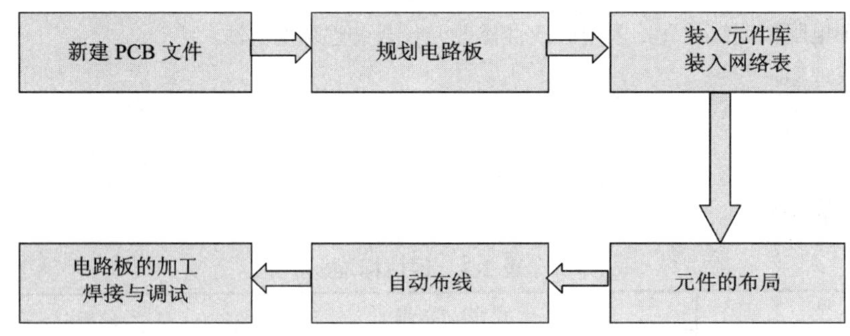

图 2-19 自动布线设计制作电路板的步骤

子项目 1 元件封装库的加载

任务一、新建 PCB 文件

进入 PCB 环境，在“两级放大器.ddb”文件下，新建一个“两级放大器.PCB”文件。

任务二、加载原理图文件

加载需要的 PCB 元件库。执行菜单命令“Design”→“Add”→“Remove Library”，或单击主工具栏的按钮，或在“Browse PCB”窗口中选择“Library”（元件封装库），点击窗口下的“Add”→“Remove”按钮，选择图中需要的元件封装库。

Protel 99 SE 在\Library\Pcb 路径下有三个文件夹，提供三类 PCB 元件封装，即：

- Connector（连接器元件封装）；
- Generic Footprints（普通元件封装）；
- IPC Footprints（IPC 元件封装）。

本项目中需要的元件封装库为“PCB/Generic Footprints/ Advpcb.ddb”，在一般情况下，系统已默认加载了该元件封装库。

子项目 2 网络表的加载

在网络表加载前，需要做好一些准备工作：设置电路板工作层，设置当前原点→绘制边界→恢复绝对原点，然后才能加载网络表。

任务一、设置电路板工作层

1．确定单层电路板需要的工作层

单层电路板：一层放置元件（顶层 Top Layer），一层放置铜膜走线（底层 Bottom Layer），同时需要显示元件的轮廓和标注字符（顶层丝印层 Top OverLayers）。需要规划电路板的边界——物理边界（机械层 1 Mechanical 1）、电气边界（禁止布线层 Keepout Layer）。标注尺寸（ 机械层 Mechanical4），显示焊盘（多层 Multi Layer）。

2．电路板层的设置方法

- Top Layer 与 Bottom Layer：系统默认顶层和底层。
- Mechanical1：执行菜单命令“Design”→“Mechanical Layers”，点击第一个 Mechanical，然后再单击右键，选择“Options” → “Board Options”，点击“OK”按钮，就会在“两级放大器.PCB”绘图区下出现 Mechanical1。Mechanical4 设置方法同 Mechanical1。
- Keepout Layer、Top Over Layers、Multi Layer：单击右键，选择“Options” → “Board Options”，选择相应的层（即在相应的层前有“ √ ”号出现）。

任务二、设置当前原点

- 绝对原点：系统已经定义的坐标系的原点，称为绝对原点。
- 当前原点：用户根据自己的需要而设置的坐标原点称为当前原点。坐标点的显示位置应在工作窗口左下角，有“X:… Y:…”坐标值显示，如果没有坐标值显示，应执行“View” → “Status Bar”。
- 操作步骤：单击放置工具栏中的按钮，或执行菜单命令“Edit”→“Origin”→“Set”，用鼠标左键在某个位置点击一下，该处的坐标就会变成“X:0 Y:0”在左下角显示出来，此处就变成了当前原点。

任务三、绘制电路板的物理边界及电气边界

绘制物理边界：用鼠标点一下 Mechanical1，用鼠标左键点击图 2-20 第一个图标开始画线，如图 2-21 所示。

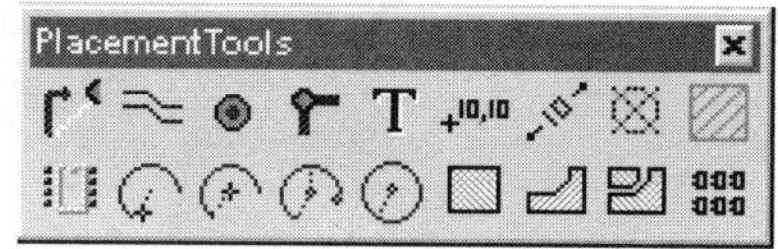

图 2-20 PCB 放置工具栏

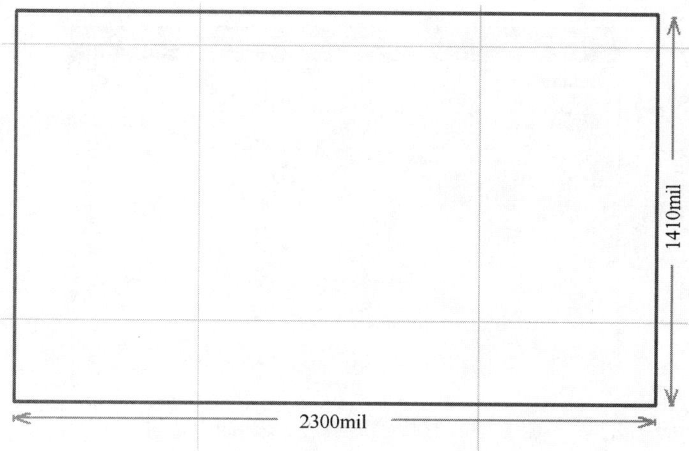

图 2-21 物理边界及电气边界

绘制电气边界：用同样的方法，在 Keepout Layer 层，在同样的位置上（也可以比物理边界小）绘一个如图 2-21 所示的框，表明自动布线只能在该框内进行。

标注尺寸：用鼠标左键点击图 2-20 中图标，在要标注尺寸的起点与终点处，用鼠标左键各点击一次，尺寸就标注出来了。

任务四、恢复绝对原点

执行菜单命令“Edit”→“Origin”→“Reset”，恢复绝对原点。

任务五、加载网络表

网络表是一张电路图中所有元器件和电气连接关系的列表，它主要说明电路中的元器件信息和连接信息，它是连接电路原理图和印刷电路板图的桥梁。

① 执行“Design”→“Load Nets”，将原理图生成的网络表输入进来，屏幕就会出现如图 2-22 所示的加载网络表对话框。

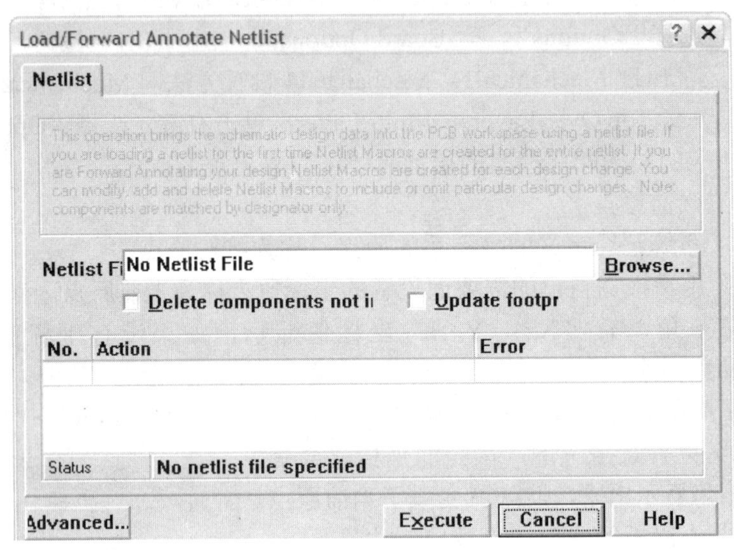

图 2-22 加载网络表对话框

② 点击“Browse”按钮，就会出现如图 2-23 所示的寻找“两级放大器.net”位置对话框。

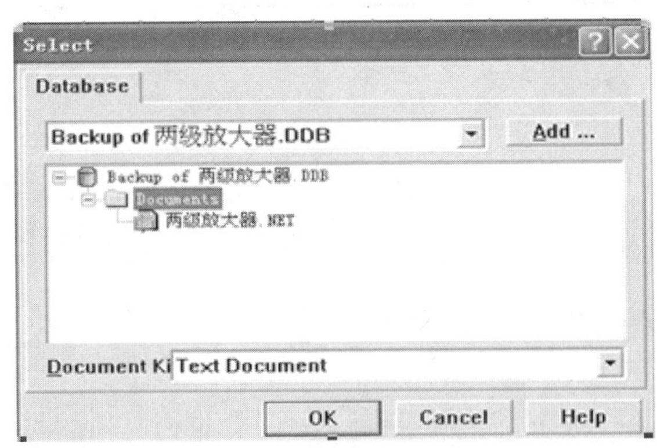

图 2-23 寻找“两级放大器.net”位置

③ 点击“Add”按钮，找到该网络表文件的位置，用鼠标左键双击“两级放大器.net”

图标，如果网络表没有错误提示（即 All macros validated），则如图 2-24 所示。

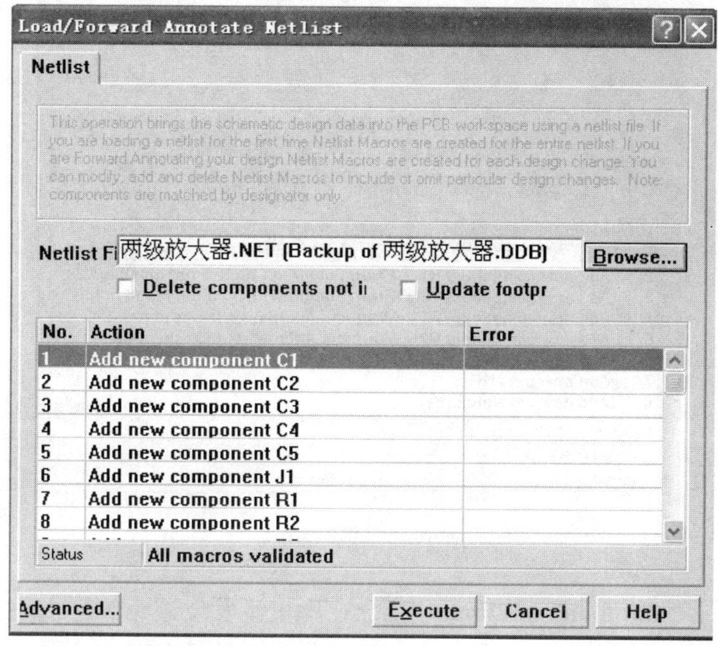

图 2-24　网络表没有错误提示

④ 按下该对话框下方的“Execute”按钮，就会将该网络表装入到“两级放大器.PCB”印刷板电路中，如图 2-25 所示。

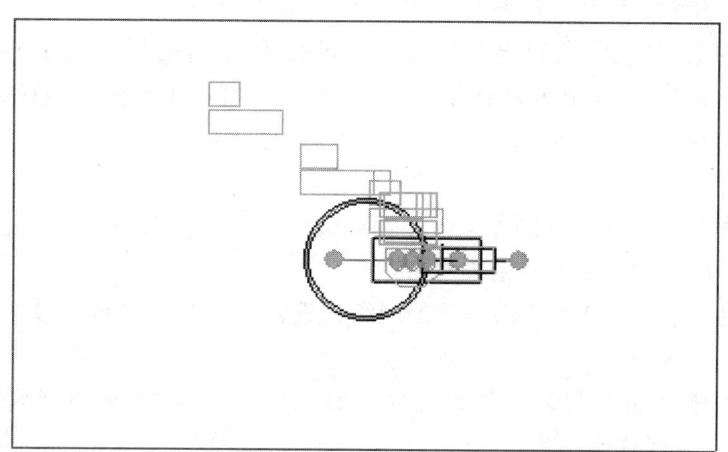

图 2-25　网络表“两级放大器.net”装入后的电路板图

⑤ 若装入网络表时出错，必须将错误改正过来，才能点击“Execute”按钮，否则将无法进行下一步自动布线。如图 2-26 所示出错的提示。

任务六、网络表经常出现的错误、原因及改正的方法

① Component not found(没有找到元件)：产生该错误的原因可能是“Designator”项未填上，或是元件编号不正确。改正办法是回到原理图中重新填写，重新生成网络表即可。

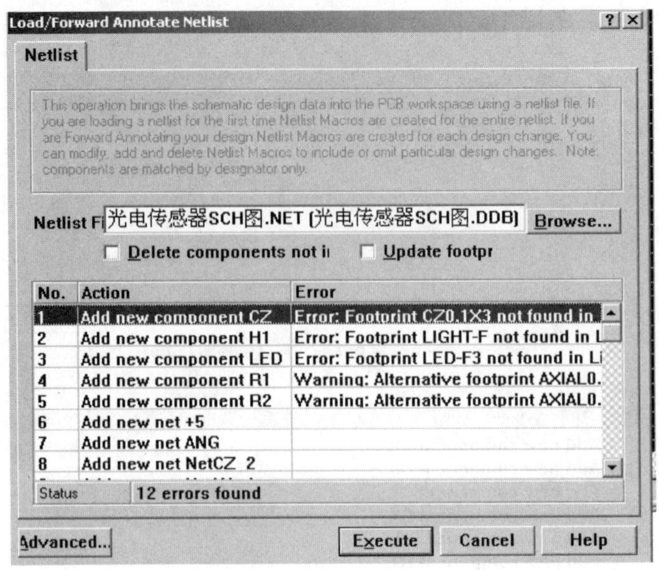

图 2-26 出错的提示

② Footprint……not found in Library (……在库里没发现该元件封装)：一个原因可能是在原理图中没有定义该元件封装；另一个原因可能是需要的PCB库没有打开。

③ Node Not found（引脚没找到）：在确保前两个问题解决以后，如果出现此问题，很可能的原因是：

a. 原理图中的元件使用了PCB库中没有的封装；

b. 原理图中的元件使用了PCB库中名称不一致的封装；

c. 原理图中的元件使用了PCB库中pin number不一致的封装；如二极管在原理图中的引脚号为A、K，但在PCB封装库中为1、2；又如三极管在原理图中的管脚号为e、b、c，但在PCB封装库中为1、2、3，这将在项目3中加以介绍。

改正的方法有以下三种。

① 回到原理图中，将原理图库中该元件编辑器打开，将原理图中该元件的引脚号改为PCB封装库中引脚号，然后重新生成网络表。

② 可以在网络表中改正。将改正后的网络表重新存一下，在PCB文件中重新载入网络表文件即可。

③ 在PCB中修改元件封装,可以直接对PCB界面中的器件封装进行编辑。如对PCB中器件封装增加焊盘，操作步骤为：

a. 增加焊盘，将焊盘设置为被选中状态；

b. 将需要增加的元件设置为原始图素；

c. 选“Tools”→“Convert”→“Add Selected Prmitives to Component”，提问要增加焊盘的元件，确认即可。

子项目3 元件自动布局

任务一、设置自动布局参数

执行菜单命令“Design”→“Rule”，选择Placement选项卡，设置自动布局参数（图2-27）。

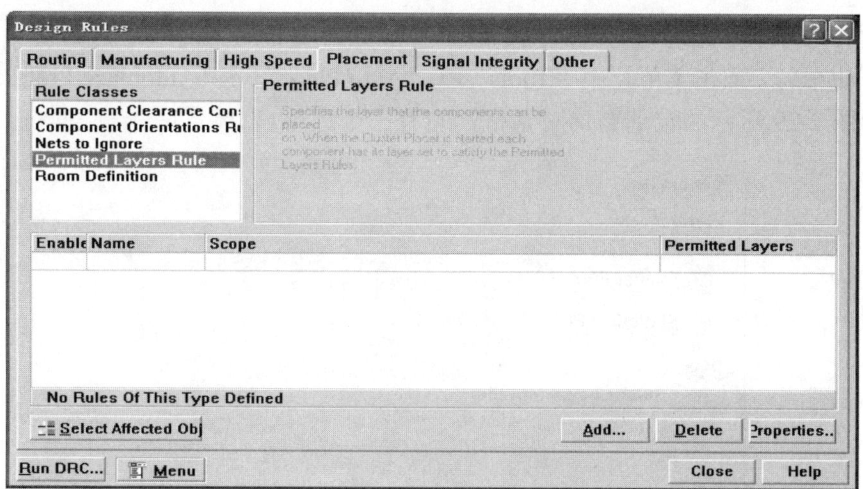

图 2-27　设置自动布局参数对话框

自动布局规则介绍如下。

- Component Clearance Constraint（元件间距临界值）：设置元件之间的最小间距。
- Component Orientations Ruler（元件放置角度）：设置元件的放置角度。
- Nets to Ignore（网络忽略）：设置在利用 Cluster Placer 方式进行自动布局时，应该忽略哪些网络走线造成的影响，这样可以提高自动布局的速度与质量。一般将接地和电源网络忽略掉。
- Permitted Layers Rule（允许元件放置层）：　设置允许元件放置的电路板层。
- Room Definition（定义房间）：设置定义房间的规则　。

在本项目中，只设置“Permitted Layers Rule”项，双击“Permitted Layers Rule”系统弹出图 2-28 所示对话框。

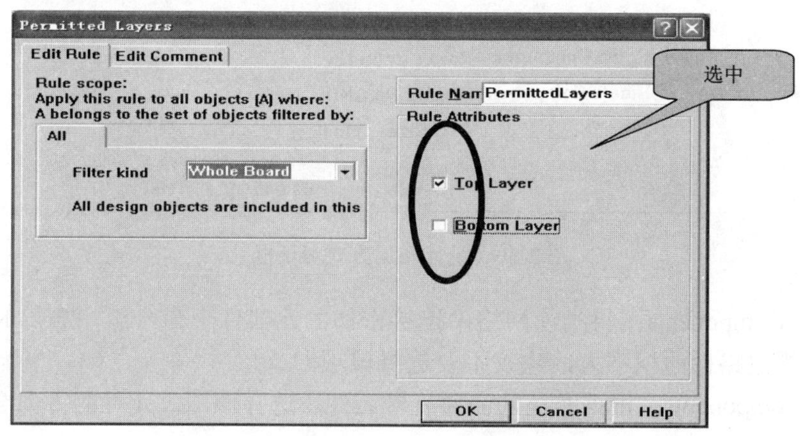

图 2-28　Permitted Layers Rule 对话框

任务二、元件自动布局

元件布局说白了就是在板子上放器件，PCB 图上导入网络表（“Design”→“Load Nets”）后，就会看见器件全堆上去了，各管脚之间还有飞线连接提示。从网络表中载入的元器件都叠加在一起，需要将它们分开，把元器件补设到合适位置上的过程称为元件的布局。

元件的布局分手动布局与自动布局两种。一般先自动布局，然后手动调整。

（1）自动布局　点击菜单栏中“Tools”→“Auto Place”→“Autoplace Preferences”，屏幕上出现如图2-29所示的自动布局对话框，它有三个选项。

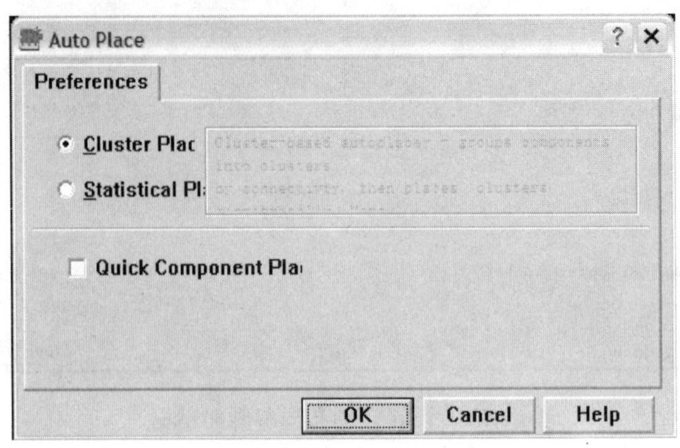

图2-29　自动布局方式对话框

① Cluster Placeration（组布局方式）　这种自动布局方式根据连接关系将元器件划分成组，然后按照几何关系放置元器件组。该方式一般在元器件较少（小于100）的电路中使用。

② Statistical Placer（统计布局方式）　如图2-30所示，这种自动布局方式使用统计算法，遵循连线最短原则放置元器件。超过100个元器件就采用这种布局方式。

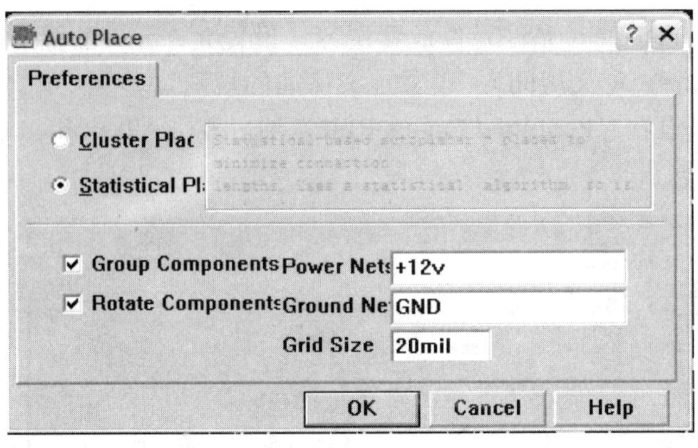

图2-30　统计布局方式对话框

- Groud　Components：将当前网络中连接密切的元器件合为一组，布局时作为一个整体来考虑。如果电路板面积不大，建议不要选择该项。
- Rotate Components：根据布局的需要旋转元件。选择该项，元件的方向会根据布局的需要而旋转。
- Power Nets：输入到该空白处的电源网络名称，如图2-30中的+12V，布局时就不被列为考虑的范围。
- Ground Nets：在此输入接地网络名称，如图2-30中的GND，在布局时就不被列为考虑的范围。
- Grid Size：设置自动布局时的栅格间距，默认为20mil。

当点击图 2-28 中“OK”按钮时，将生成一个临时布局窗口（Place.Plc 文件），同时弹出一个标有“Auto-Place is Finished”的自动布局完成对话框，如图 2-31 所示。按“OK”按钮，将出现如图 2-32 所示的对话框，提示是否将自动布局结果更新到 PCB 文件中。点击“Yes”按钮，更新后系统返回到 PCB 文件窗口。

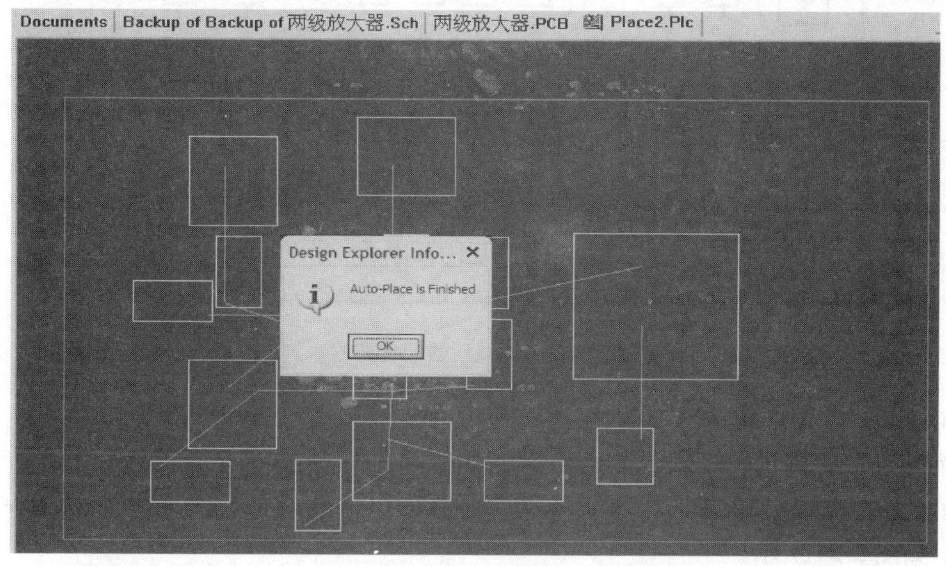

图 2-31　统计布局临时布局窗口

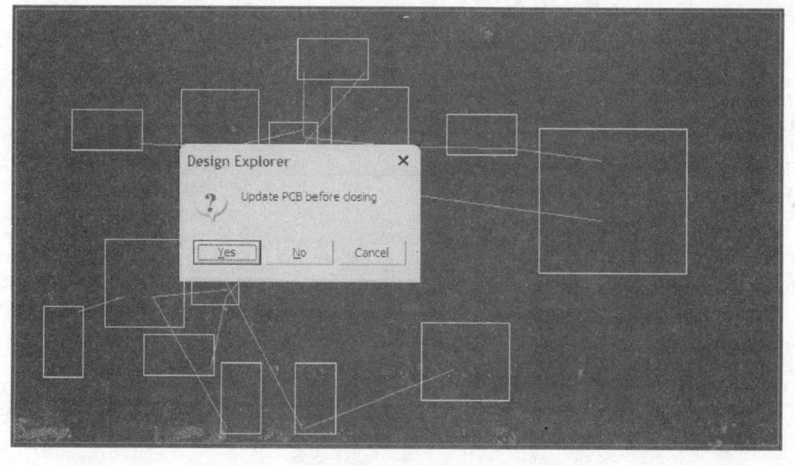

图 2-32　关闭前更新 PCB 文件对话框

（2）手动调整元件布局　布局的最重要的原则之一是保证布线的布通率，移动器件时要注意网线的连接，把有网线关系的器件放在一起，而且能大致达成互连最短（即就近原则）；要注意如果两个器件有多个网线的连接时要通过旋转来使网线的交叉最少，而且要符合信号流原则。

操作：用鼠标左键点击某个元件，点住不放手，直接拖动元件到适当的位置。拖动元件时，飞线（元件之间连接的细线）也随元件一起动，飞线表明了元件之间的电气连接关系（与原理图中元件连接关系一致）。经过调整后，两级放大器元件布局如图 2-33 所示。

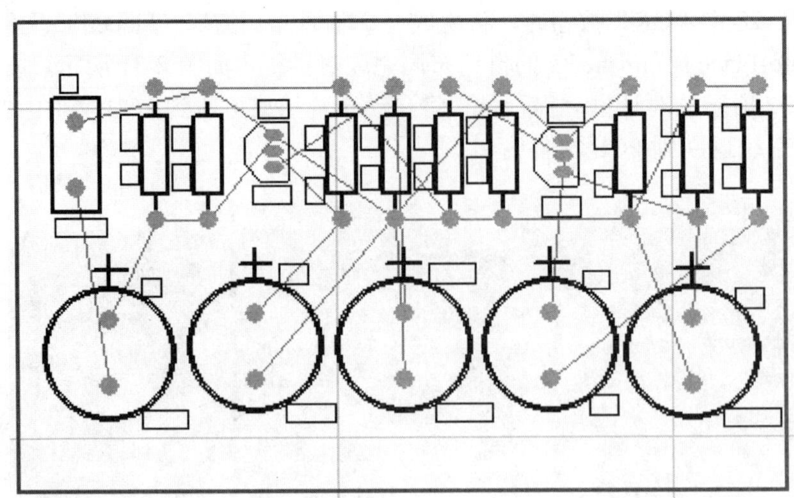

图 2-33　调整后的元件布局

子项目 4　设置自动布线规则

有很多布线规则，本项目中只设置布线层 Routing Layers、布线宽度 Width Constraint。执行菜单命令“Design”→“Rules”，选择 Routing 选项卡。在 Rule Classes 列表框中选择 Routing Layers，如图 2-34 所示。

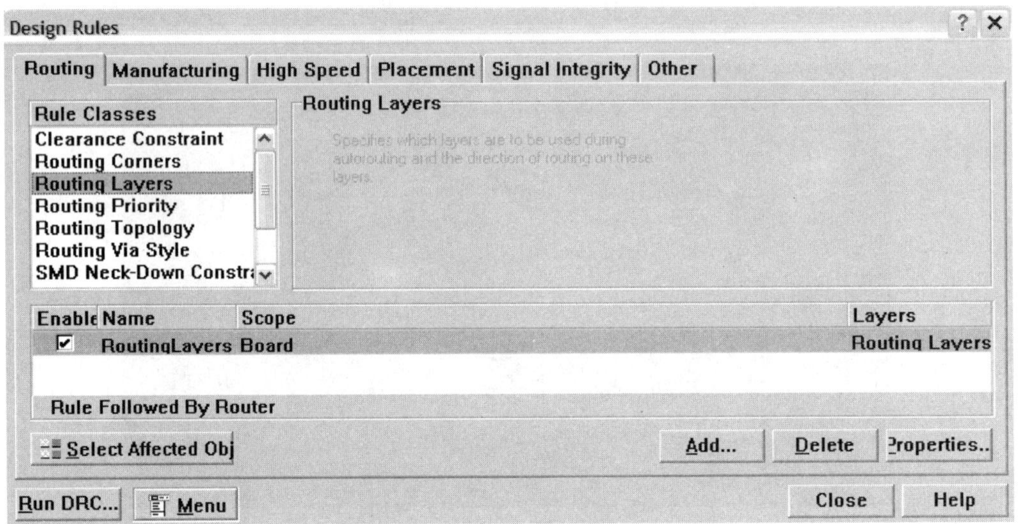

图 2-34　选择 Routing Layers 规则

任务一、设置布线的工作层 Routing Layers 及在该层上的布线方向

在图 2-34 中，单击“Properties”按钮，弹出图 2-35 所示的对话框。

单面板设置如下。

- Top Layer：Not used。
- Bottom Layer：Any。

设置结束点击“OK”按钮，层的设置就结束了。

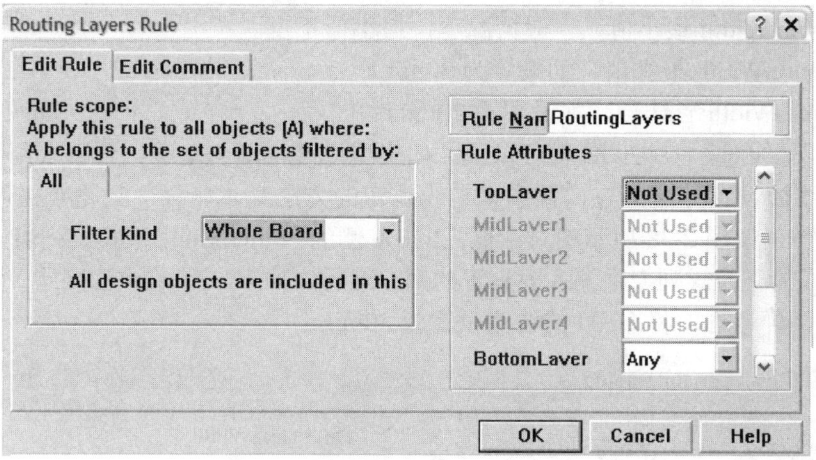

图 2-35 单面板设置对话框

任务二、设置布线宽度 Width Constraint

执行菜单命令“Design”→“Rules”，选择“Routing”选项卡，在“Rule Classes”列表框中选择“Width Constaint”规则，如图 2-36 所示。单击“Properties”按钮，弹出图 2-37 所示的对话框。

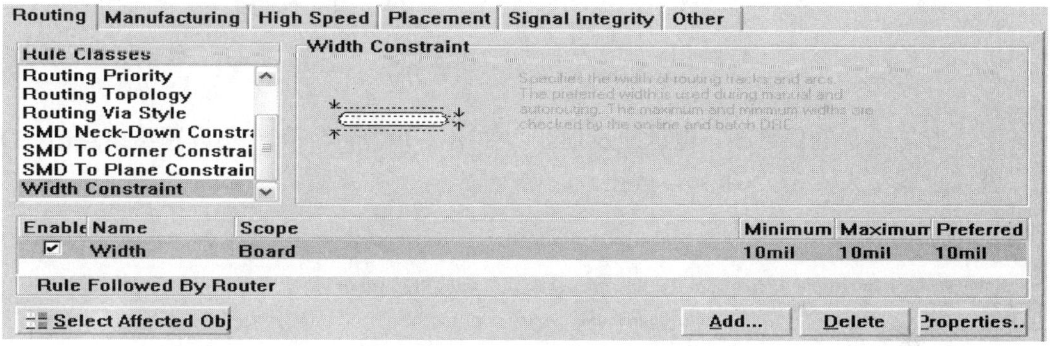

图 2-36 线宽设置对话框

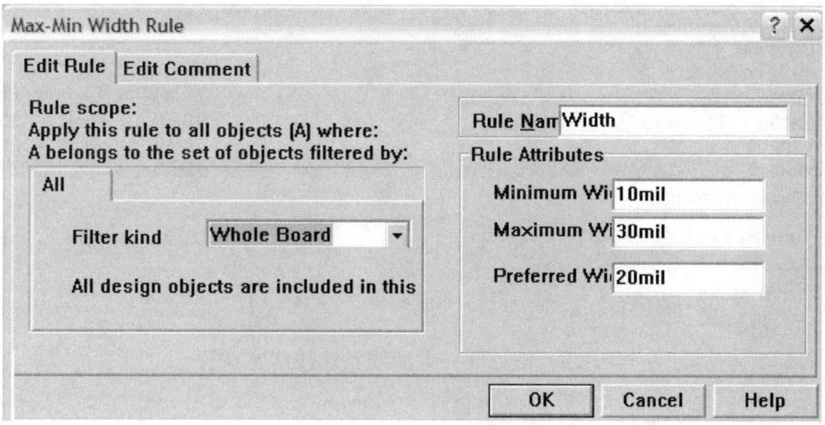

图 2-37 设置线宽

- Minimum Width:最小值，一般情况下，最小值不变。
- Maximum Width:最大值，如设置为 30mil。
- Preferred Width:首选项，如设置为 20mil。

当设置信号线时，如此设置就可以了。如果要设置电源与地线，就要采用下述方法。

电源/地线的设置方法：与设置铜模走线线宽的方法基本一样，只是点击图 2-36 中的“Add”按钮，弹出如图 2-38 所示的对话框，点击左侧的“Filter kind”下拉式列表，选择“Net”，在“Net”下面的下拉式列表中输入要设置的网络名称，如 VCC，将电源网络 VCC 的线宽设置为 20mil。同样道理，将 GND 的线宽设置为 30mil。

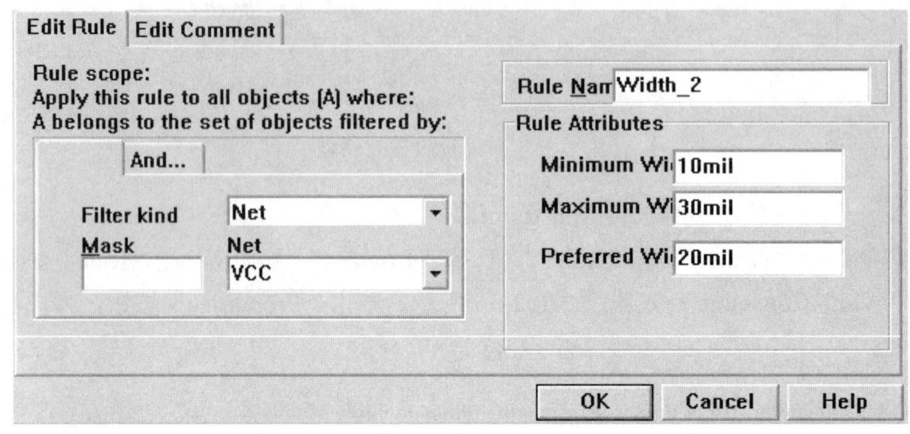

图 2-38 VCC 线宽设置方法

按上述方法设置的信号线、电源线及地线，如图 2-39 所示。每一项设置结束点击“OK”按钮。整体设置结束点击“Close”按钮。

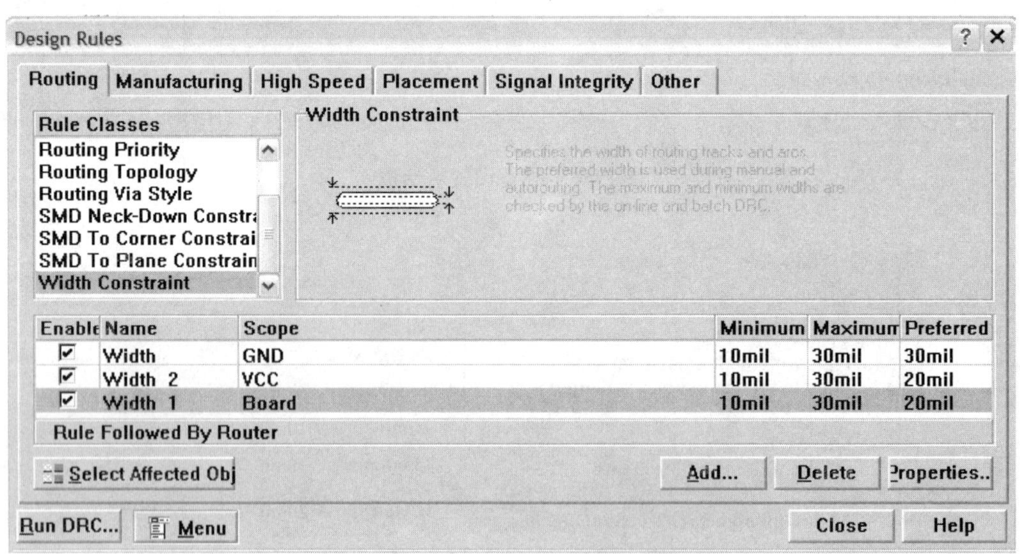

图 2-39 信号线、电源线及地线线宽设置

子项目 5 单面电路板自动布线

① 执行菜单命令“Auto Route”→“All”，系统就会弹出如图 2-40 所示的自动布线设置

对话框。

② 点击“Route All”，布线完毕，系统弹出以下对话框，显示布线结果，如图 2-41 所示。

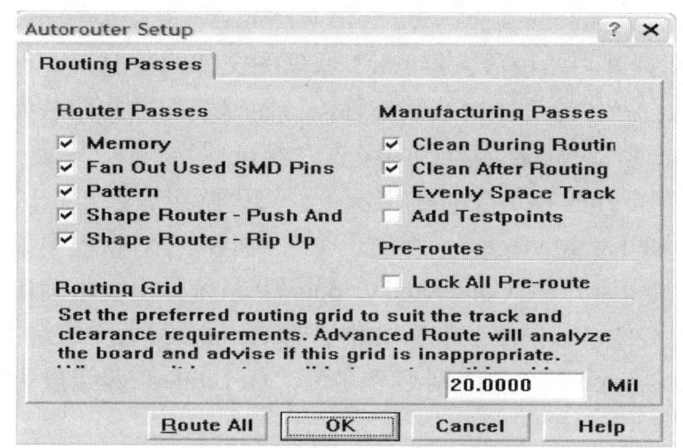

图 2-40　自动布线设置对话框

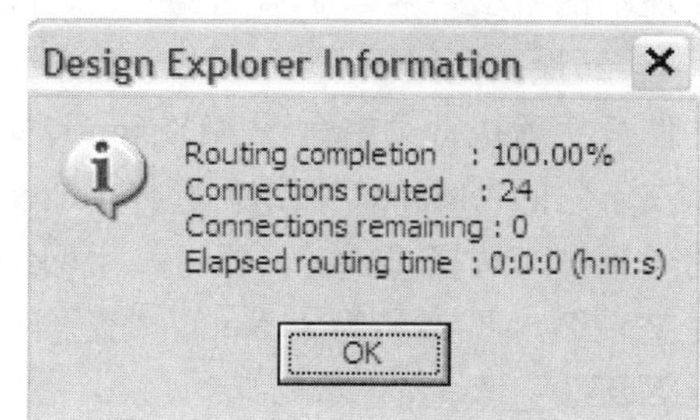

图 2-41　显示布线结果

③ 点击“OK”按钮，出现两级放大器单面板自动布线的结果如图 2-42 所示。

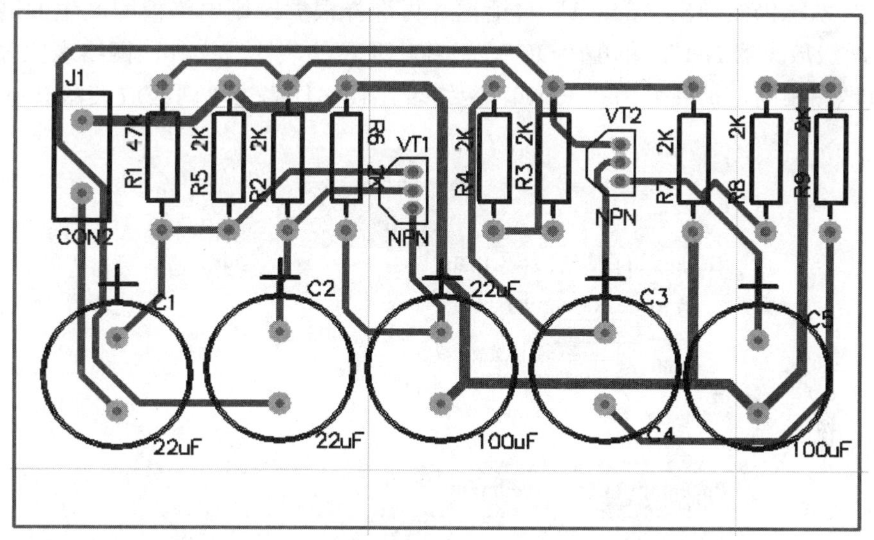

图 2-42　两级放大器单面板自动布线结果

★※温馨提示※★

如果布设的线不理想，可以采用菜单命令“Tools”→“Un-Route”→“All”→全删除；采用“Tools”→“Un-Route”→“Net”删除某个选定的网络；采用“Tools”→“Un-Route”→“Connection”删除某个连接；“Tools”→“Un-Route”→“Component”删除与某个元件连接的线。

子项目 6　检查印刷电路板

任务一、通过两个网络表文件比较产生一个比较文件进行检查

检查的思路是分别根据原理图和印刷板图产生两个网络表文件，再利用系统提供的网络表比较功能检查两图是否一致。如果完全相同，则说明印刷电路板图完全地按照原理图连线

关系进行连线。

下面以两级放大器为例，介绍通过两个网络表比较产生一个比较文件，检查印刷板图是否正确的步骤。

（1）根据原理图产生网络表文件　在打开“两级放大器.sch”原理图文件的情况下，点击菜单“Design”→“Create Netlist”，就会产生原理图网络表文件，该网络表的主文件名为原理图的主文件名，扩展名为“.Net”。原理图网络表名为“两级放大器.net”。

（2）根据电路板图产生网络表文件　在打开的PCB文件的情况下，打开“两级放大器.pcb”文件，然后执行菜单命令“Design”→“Netlist Manager”，弹出一个对话框，在对话框中单击左下角的“Menu”按钮，选择“Create Netlist From Connected Copper”，系统弹出要求确认的对话框，选择“Yes”，即可产生网络表文件，该网络表的主文件名为Generated加PCB的主文件名，扩展名为“.Net”。“两级放大器.pcb”产生的网络表名为“Generated 两级放大器.Net”。

（3）两个网络表文件进行比较产生一个比较文件　打开“两级放大器.sch”原理图文件，执行菜单命令“Reports”→“Netlist Compare”，弹出如图2-43所示的生成网络表比较文件“Select”对话框。在“Select”对话框中选择根据原理图产生的网络表文件“两级放大器.NET”，单击“OK”，系统仍然弹出“Select”对话框，再选择根据印刷电路板图产生的网络表文件“Generated 两级放大器.Net”，单击“OK”，系统产生网络表比较文件，网络表比较文件的主文件名与原理图相同，扩展名为“.Rep”。网络表比较文件名为“两级放大器.Rep”。

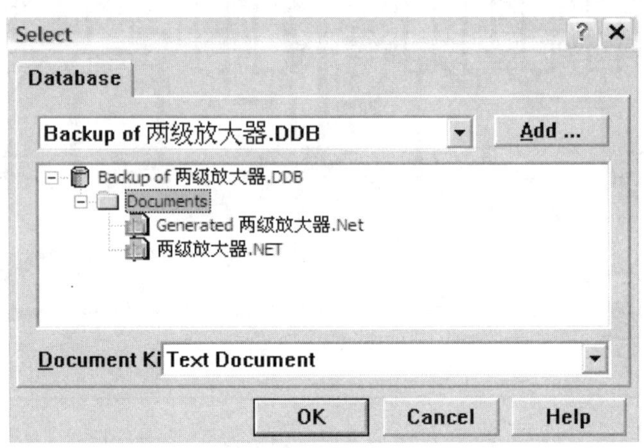

图 2-43　生成网络表比较文件“Select”对话框

图2-44中，“两级放大器.Sch”是原理图文件，“两级放大器.NET”是根据原理图产生的网络表文件；“两级放大器.PCB”是PCB文件，“Generated 两级放大器.Net”是根据PCB图产生的网络表文件；“两级放大器.Rep”是两个网络表比较后产生的网络表比较文件。

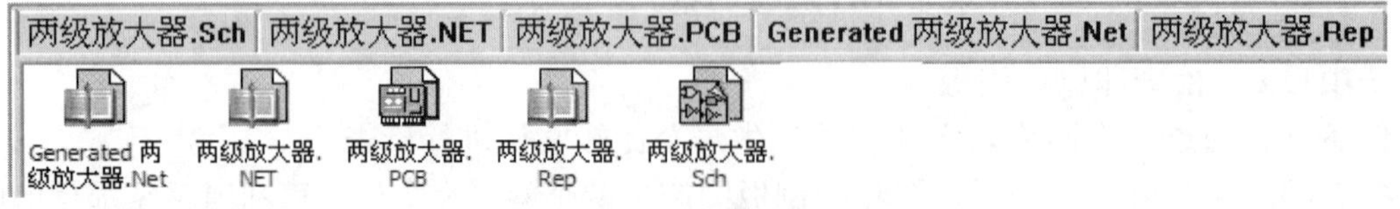

图 2-44　形成的文件

图 2-45 所示是“两级放大器.Rep”网络表文件的内容。

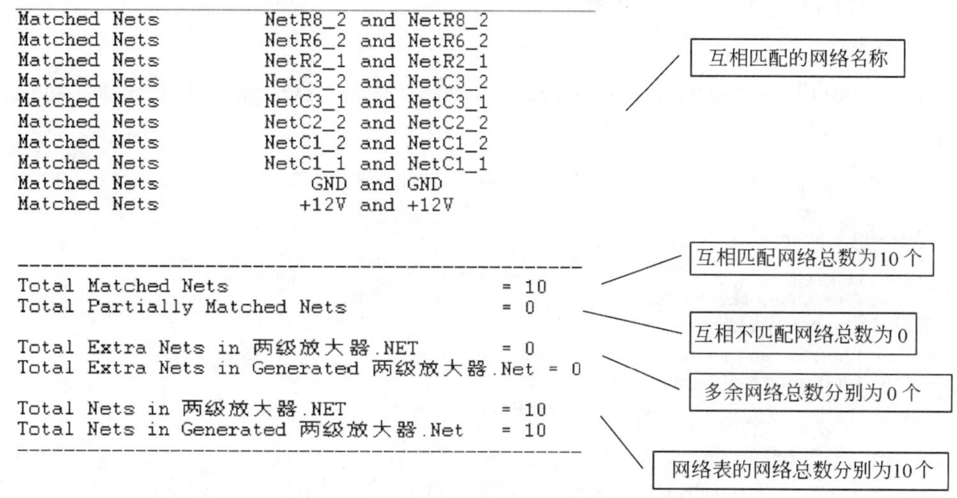

```
Matched Nets          NetR8_2 and NetR8_2
Matched Nets          NetR6_2 and NetR6_2
Matched Nets          NetR2_1 and NetR2_1
Matched Nets          NetC3_2 and NetC3_2
Matched Nets          NetC3_1 and NetC3_1
Matched Nets          NetC2_2 and NetC2_2
Matched Nets          NetC1_2 and NetC1_2
Matched Nets          NetC1_1 and NetC1_1
Matched Nets              GND and GND
Matched Nets             +12V and +12V

------------------------------------------------
Total Matched Nets                          = 10
Total Partially Matched Nets                = 0

Total Extra Nets in 两级放大器.NET            = 0
Total Extra Nets in Generated 两级放大器.Net = 0

Total Nets in 两级放大器.NET                  = 10
Total Nets in Generated 两级放大器.Net        = 10
------------------------------------------------
```


图 2-45　网络表文件内容

在网络比较表中，不匹配网络统计数值应为 0。如果在印刷电路板图中放置了其他对象，并计入了相应网络，有时多余网络统计值不可能为 0，对这种情况应具体分析，不能简单地认为是错误。

任务二、印刷电路板图直接与原理图网络表进行比较

在打开的 PCB 文件的情况下，打开“两级放大器.PCB”文件，然后执行菜单命令“Design”→“Netlist Manager”，弹出一个对话框，在对话框中单击左下角的 Menu 按钮，选择“Compare Netlist To Board”，就会弹出“Select”对话框，如图 2-46 所示，双击“两级放大器.NET”，就会生成比较文件“两级放大器.Rep”。

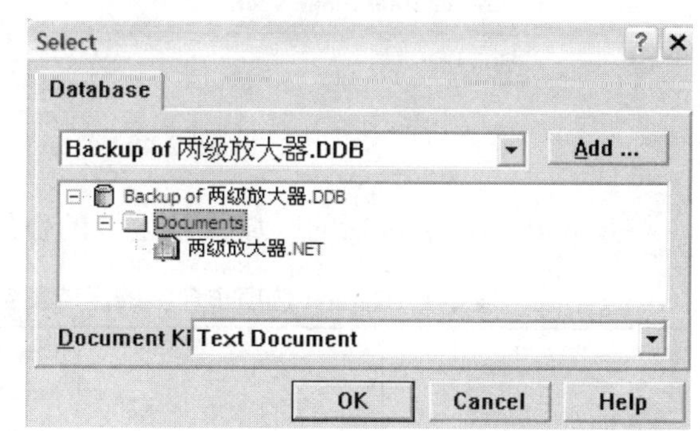

图 2-46　“Select”对话框

比较文件“两级放大器.Rep”内容如图 2-47 所示。

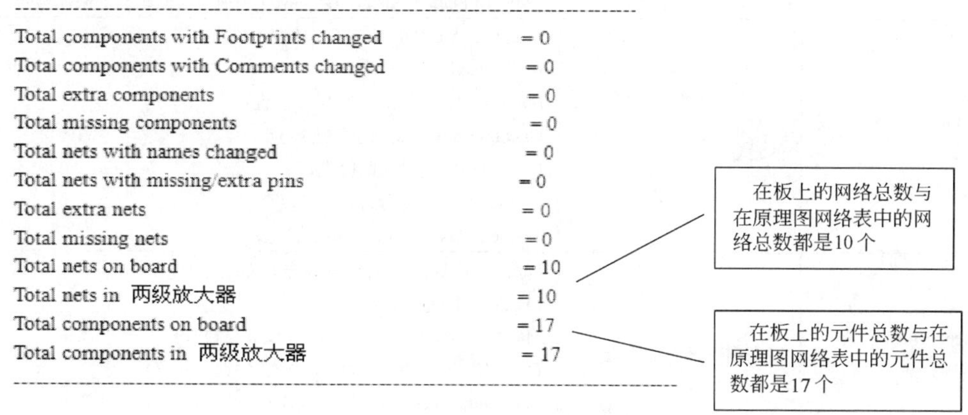

```
----------------------------------------------------------
Total components with Footprints changed        = 0
Total components with Comments changed          = 0
Total extra components                          = 0
Total missing components                        = 0
Total nets with names changed                   = 0
Total nets with missing/extra pins              = 0
Total extra nets                                = 0
Total missing nets                              = 0
Total nets on board                             = 10
Total nets in 两级放大器                         = 10
Total components on board                       = 17
Total components in 两级放大器                   = 17
----------------------------------------------------------
```


图 2-47　“两级放大器.Rep”内容

比较结果表明，在电路板上与在原理图中元件总数相等，网络总数也相等。

任务三、通过 DRC 检查电路板图

① 打开 PCB 文件。

② 执行“Tools”→“Design Rule Check”命令，弹出“Design Rule Check”对话框，如图 2-48 所示。

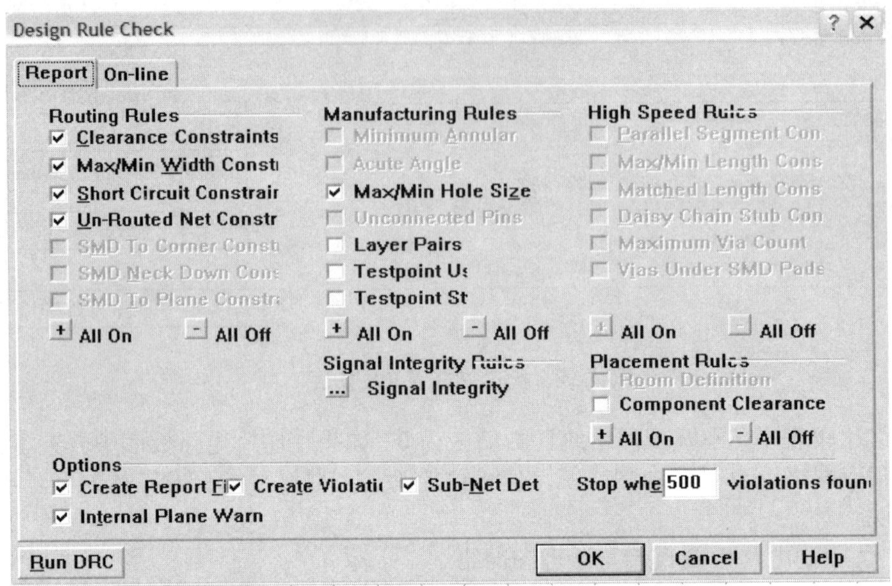

图 2-48　Design Rule Check 对话框

Report 选项卡包括的区域及各区域的作用、每个区域包含的主要内容如表 2-4 所示。

表 2-4　Report 选项卡包括的区域及各区域的作用、每个区域包含的主要内容

Routing Rules 区域 （布线规则）	检查一般性的设计规则	Clearance Constraints（安全间距检查） Max/Min Width Constraints（导线宽度检查） Short Circuit Constraints（短路检查） Un-Routed Net Constraints（没有完成布线的网络进行检查） SMD To Corner Constraints（走线拐弯处与 SMD 的距离检查） SMD Neck Down Constraints（SMD 的瓶颈限制检查） SMD To Plane Constraints（SMD 到地电层的距离的限制检查）
Manufacturing Rules 区域 （制造规则）	检查与制作电路板有关的设置	Minimun Annular Ring（圆环宽度检查） Acute Angle（尖角检查） Max/Min Hole Size(打孔尺寸检查) Unconnected Pins(悬空针脚检查) Layer Pairs (层对规则检查) Testpoint Style（测试点风格检查） Testpoint Usage(测试点用法检查)
High Speed Rules 区域 （高速规则）	对高频规则进行检查	Parallel Segment Constraints(平行布线检查) Max/Min Length Constraints(网络长度检查) Matched Length Constraints(等线调整检查) Daisy Chain Stub Constraints(分支线路的长度检查) Maximum Via Count(导孔数检查) Vias Under SMD Pads(SMD 焊点中放置导孔检查)

续表

Options 区域		Create Report File 项，在规则检查完毕后生成检查报告 Create Violations 项，在电路板里检查出违反规则的地方，用高亮度绿色表示出来 Sub-Net Details 项，对设置的子网络一起检查

③ 单击对话框的“Run DRC”按钮，系统即自动执行设计规则检查，系统在进行检查后，将自动产生一个检查结果报告，主文件名与 PCB 的主文件名一致，扩展名为“.ERC”。运行报告中各项都应该是 0。“两级放大器.ERC”文件如下。

Protel Design System Design Rule Check

PCB File : Documents\两极放大器.PCB

Date　　: 1-Apr-2010

Time　　: 13:34:20

Processing Rule : Hole Size Constraint (Min=1mil) (Max=100mil) (On the board)

Rule Violations :0

Processing Rule : Width Constraint (Min=10mil) (Max=10mil) (Prefered=10mil) (On the board)

Rule Violations :0

Processing Rule : Clearance Constraint (Gap=10mil) (On the board),(On the board)

Rule Violations :0

Processing Rule : Broken-Net Constraint ((On the board))

Rule Violations :0

Processing Rule : Short-Circuit Constraint (Allowed=Not Allowed) (On the board),(On the board)

Rule Violations :0

Violations Detected : 0

Time Elapsed　　　: 00:00:01

各项违规结果均应该是 0，否则，就有可能出现违反设计规则的情况。

子项目 7　电路板的加工焊接与调试

绘好的电路板通过光刻、腐蚀、漂洗，然后进行元件的焊接、组装，最后进行调试。将 +12V 电源与地接好后，加入正弦波输入信号，将输出信号接到示波器上，就会看到输入的波形为正弦波，输出的波形也为正弦波。

2.2.4　测验及评估

测验题目

1．基本知识选择题

（1）如欲对一张原理图通过自动布局和自动布线的方法将其转换为 PCB 图，在绘制原理图时，元件符号中的哪一个属性必须根据实际元件尺寸进行填写（　　）。

A）Lib Ref　　B）Footprint　　C）Designator　　D）Part Type

（2）欲在 PCB 文件中装入网络表，应执行（　　）命令。

A）Design→Options　　B）Design→Load Nets

C）Tools→Preferences　　D）Design→Netlist Manager

(3) 在 PCB 文件的自动布线参数设置中，欲设置为单面板，则应按照（　　）方式进行设置。

A）Top Layer 设置为 Horizontal；Bottom Layer 设置为 Any

B）Top Layer 设置为 Vertical ；Bottom Layer 设置为 Not Used

C）Top Layer 设置为 Horizontal；Bottom Layer 设置为 Vertical

D）Top Layer 设置为 Not Used；Bottom Layer 设置为 Any

(4) 在 PCB 文件中，执行菜单命令“Design”→“Rules”的作用是（　　）。

A）设置自动布局和自动布线的参数　　B）进行自动布局

C）进行自动布线　　D）设置 PCB 环境参数

(5) 自动布局的操作命令是（　　）。

A）Auto Route→All　　B）Tools→Auto Placement→Auto Placer

C）Tools→Preferences　　D）Design→Rules

(6) 要设置自动布线时的线宽，应在 Design Rules 对话框中选择（　　）。

A）选择 Routing 选项卡，选择 Clearance Constraint 规则

B）选择 Routing 选项卡，选择 Width Constraint 规则

C）选择 Placement 选项卡，选择 Permitted Layer Ruler 规则

D）选择 Routing 选项卡，选择 Routing Layers 规则

2. 图 2-49 是文氏桥正弦波振荡器电路原理图。

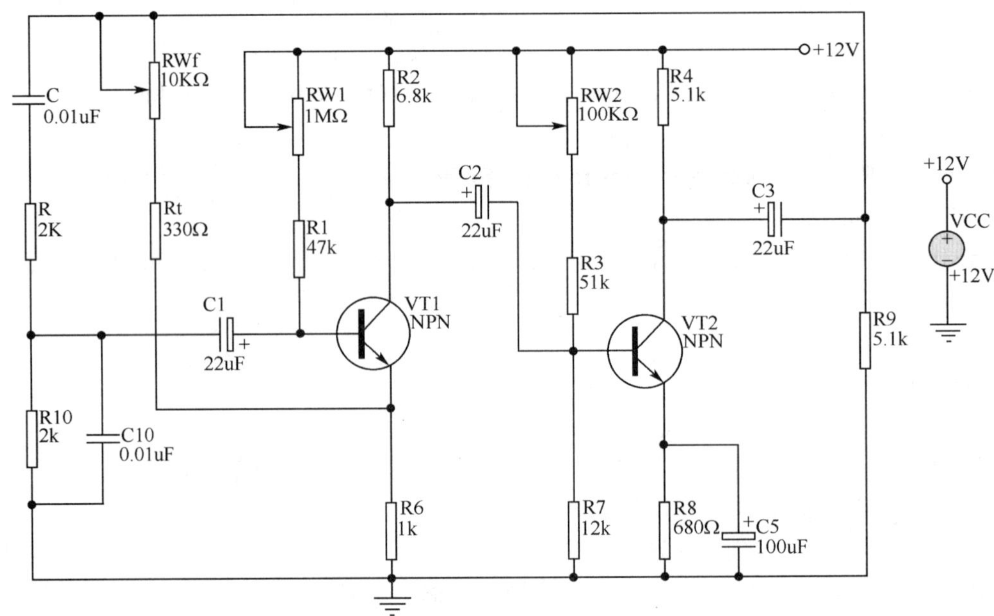

图 2-49　文氏桥正弦波振荡器原理图

(1) 新建原理图，命名为“文氏桥.sch”。

(2) 画出电路图，按图示编辑元件。

(3) 进行元件封装，生成网络表，系统会自动命名为“文氏桥.net”。

(4) 新建电路板图，命名为“文氏桥.pcb”。

(5) 规划电路板，在机械层 1 规划出物理边界（即裁板的依据），禁止布线层画出电气边界（即自动布线的范围），并标注电路板尺寸。

(6) 装入网络表“文氏桥.net”。

(7) 自动布局。

(8) 设置自动布线规则：要求单层自动布线，信号线宽为 20mil，+12V 电源线为 30mil，GND 线宽为

30mil。

（9）自动布线。

（10）将自动布线的结果导出到桌面学号文件夹下。

评估标准

评估采用百分制，标准见表 2-5。

表 2-5　评估标准

内　　容	评 分 标 准	分值
1. 基本知识选择题	每题 5 分	共 30 分
2. 通过自动布线绘制电路板图	新建原理图，命名为“文氏桥.sch”、画出电路图，按图示编辑元件，正确导出到桌面学号文件夹下　10 分 进行元件封装，生成网络表，系统会自动命名为“文氏桥.net”　5 分 新建电路板图，命名为“文氏桥.pcb”　5 分 规划电路板，在机械层 1 规划出物理边界（即裁板的依据），禁止布线层画出电气边界（即自动布线的范围），并标注电路板尺寸　10 分 装入网络表“文氏桥.net”　10 分 自动布局调整元件位置、手动调整元件位置　10 分 设置自动布线规则：要求会设置单层自动布线层及走线方向，信号线宽为 20mil，+12V 电源线为 30mil，GND 线宽为 30mil　10 分 自动布线　5 分 正确导出到桌面学号文件夹下　5 分	共 70 分

项目 3 直流稳压电源的制作

学习情境 3.1 直流稳压电源的电路原理图设计

3.1.1 项目描述

220V 交流市电通过电源变压器变换成交流低压，再经过桥式整流电路 VD 进行整流和滤波电容 C 滤波，在固定式三端稳压器 7805 的 Vin 和 GND 两端形成一个并不十分稳定的直流电压(该电压常常会因为市电电压的波动或负载的变化等原因而发生变化)。此直流电压经过 7805 的稳压在稳压电源的输出端产生了精度高、稳定度好的直流输出电压。本稳压电源可作为 TTL 电路或单片机电路的电源。

本学习情境中的任务一是新建原理图，命名为“直流稳压电源.sch”，设置图纸大小为 C，工作区颜色为 215 号，边框颜色为 6 号；设置系统字体为 Terminal，字号为 15；字形为粗体；设置捕捉栅格为 5mil，可视栅格为 8mil，同时在原理图中看不到栅格线。

任务二是按照图 3-1 所用的元件，找出各元件在原理图库中的名称（即 Lib Ref)、元件在 PCB 库中的元件封装名称（即 Footprint)，同时，按图中给出的序号、标注，列出电路图元件属性表，其中包括元件名、元件序号、标注及元件封装。

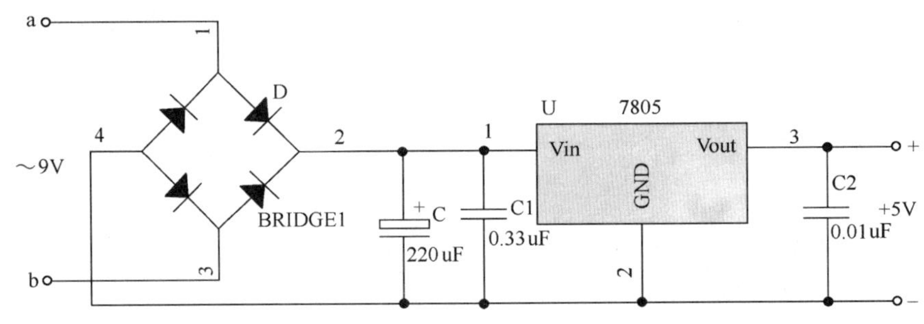

图 3-1 直流稳压电源原理图

任务目标三是找出图 3-1 中所需要的所有元件所在的元件库，添加元件库，放置在“直流稳压电源.sch”中，对元件属性进行整体编辑，将元件序号均设置为字体 Times New Roman、大小 11 号，元件标注均设置为字体 Times New Roman、大小 10 号。

任务目标四是绘出图 3-1 所示的原理图。

任务目标五是对绘制的原理图进行 ERC（即电气规则检查)，针对检查报告中体现出的错误，对原理图进行修改，直到无错误为止。将修改后的原理图文件及生成的电气规则检查文件保存到桌面学号文件夹下，分别命名为“直流稳压电源.sch”、“直流稳压电源.erc”。

任务目标六，对于二极管整流桥这样的元件，在原理图中元件的引脚号为 1、2、3、4，而在 PCB 中封装元件的引脚号为“+”、“–”、“AC”、“AC”，要对它的管脚进行处理，使它的管脚号在原理图与 PCB 文件中一一对应。

任务目标七，生成网络表并导出到桌面学号文件夹下。

3.1.2　学习目标

① 会设置系统字体、字号、字形及捕捉栅格和可视栅格。
② 弄清元件在原理图库中的名称及在 PCB 库中的封装名称。
③ 对放置在原理图中的元件要会进行整体编辑。
④ 绘制电路原理图、对原理图进行电气规则检查，检查出的错误要会修改。
⑤ 二极管整流桥等封装元件与原理图元件中管脚号不一致会进行处理。
⑥ 网络表的生成与导出。

3.1.3　技能训练

子项目 1　绘制电路原理图

任务一、新建原理图、设置纸张大小、系统字体及栅格、颜色

1．新建原理图

双击 Protel 99 SE 图标，点击菜单“File”→“New Design”，出现如图 3-2 所示的新建设计数据库对话框，输入新建的设计数据库名称，如“直流稳压电源.ddb”，这个数据库文件可以通过点击“Database Location”（数据库位置）右下方的“Browse”按钮，选择该数据库所在的位置。如存在 C 盘下。

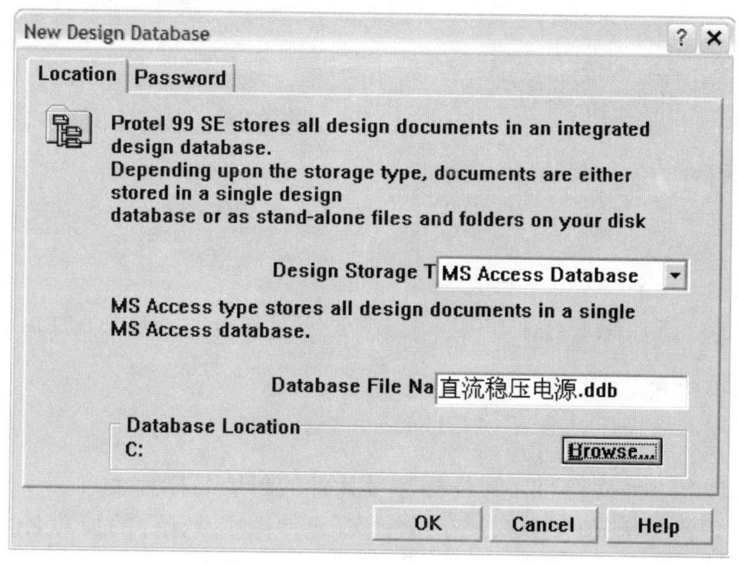

图 3-2　新建直流稳压电源设计数据库

在“直流稳压电源.ddb”的 Document 下，点击“File”→“New”，新建“直流稳压电源.sch”原理图。

2．设置纸张大小、系统字体及栅格、颜色

在“直流稳压电源.sch”原理图文件绘图区单击右键，选择“Document Options”，就会出现“Document Options”对话框，在“Sheet Options”下进行系统设置。

① 在“Standard Style”下拉列表中，选择纸张的大小为“C”。

② 点击“Change System Font”（改变系统字体），就会出现字体对话框，在此将系统字体设置为“Terminal”、字号为“15”，字形为“粗体”。

③ 在“Grids”下方，有两个栅格，一个是捕获栅格“Snap Grids”，另一个是可视栅格“Visible Grids”。在“Snap Grids”空白处输入 5mil，在“Visible Grids”空白处输入 8mil。为了看不到栅格线，将“Visible Grids”前面的“√”号点掉。

④ 点击“Sheet”（工作区）后的颜色，就会出现颜色设置对话框，选择 215 号；同样方法点击“Border”（边框）后的颜色区，选择 6 号。

任务二、查找元件库、添加查找的元件库

要想查找元件所在的库，必须知道元件的名称，如 VOLTREG，查找方法如下。

① 点击菜单“Tools”→“Find Component”，或点击左侧的“Browse Sch”窗口，将“Browse”下的下拉列表选为“Library”（库），在“Library”下方的元件区点击“Find”按钮，就会出现如图 3-3 所示的元件查找对话框。

② 在“By Library Reft”中输入想要的元件，如 VOLTREG，然后点“Find Now”就可以找到该元件所在的元件库，如图 3-4 所示。我们会看到“Found Libraries”（找到的库）下方出现了 VOLTREG 元件所在的库，点击其下方的“Add To Library List”，就加载了 VOLTREG 元件所在的库。

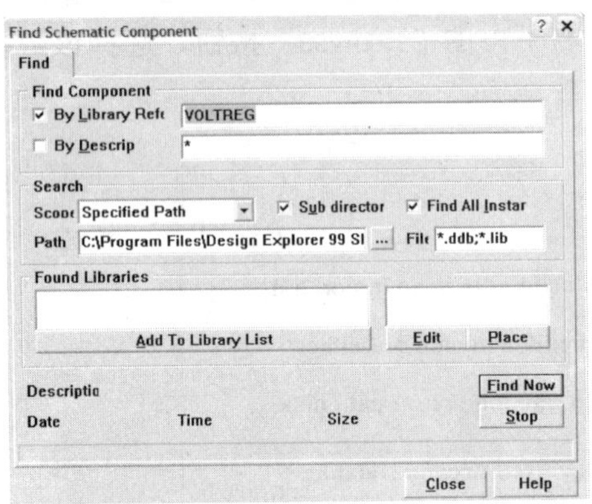

图 3-3　元件查找对话框

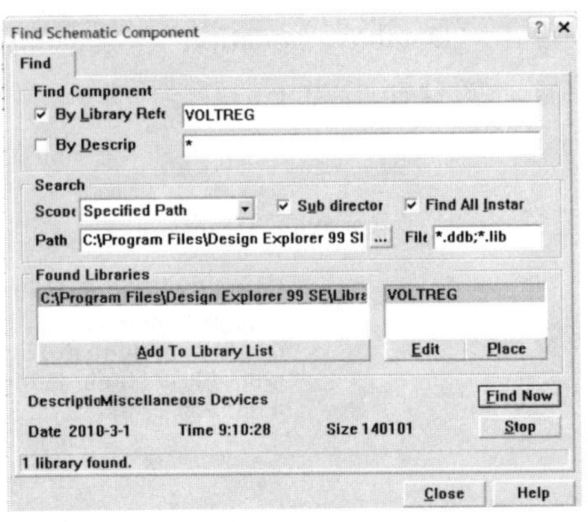

图 3-4　查找 VOLTREG 对话框

★※温馨提示※★

在英文输入状态下，也可按 CTRL + F 查找元件。

任务三、元件名、元件符号、元件标注及元件的封装名称列表

在图 3-1 中，将各个元件名称、元件符号、元件标注及元件的封装名称列表，如表 3-1 所示。

表 3-1　电路图元件属性列表

Lib Ref（元件名）	Designator（元件序号）	Part Type（元件标注）	Footprint（元件封装）
BRIDGE1	D	BRIDGE1	D-37

续表

Lib Ref（元件名）	Designator（元件序号）	Part Type（元件标注）	Footprint（元件封装）
VOLTREG	U	7805	TO-220
ELECTRO1	C	220μF	RB.2/.4
CAP	C1	0.33μF	RAD0.1
CAP	C2	0.01μF	RAD0.1
元件库 Miscellaneous Devices.ddb			除 D-37 在 Intrnational Rectifier.ddb 库中，其余元件在 Advpcb.ddb 库中

任务四、元器件的整体编辑

按照表 3-1 中的元件名，将元件从原理图库中调出来，摆放好，如图 3-5 所示。

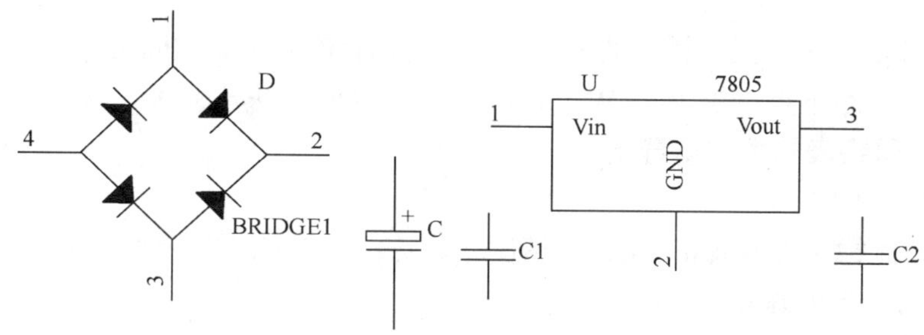

图 3-5　直流电源元件摆放图

点击任何一个元件的序号，如点击二极管桥序号 D，弹出如图 3-6 所示元件序号设置对话框，点击“Properties”（属性）中“Font”（字体）后的“Change”按钮，就会弹出字体设置选项，按要求设置字体为“Times New Roman”、大小 11 号，再点击“Global>>”按钮，就会弹出如图 3-7 所示的整体编辑对话框，在对话框中，将“Attributes To Match By”下方的“Font”下拉列表选为“Same”，再点击“OK”按钮，就会将元件序号由图 3-5 所示的字体及大小变为如图 3-8 所示的字体与大小。

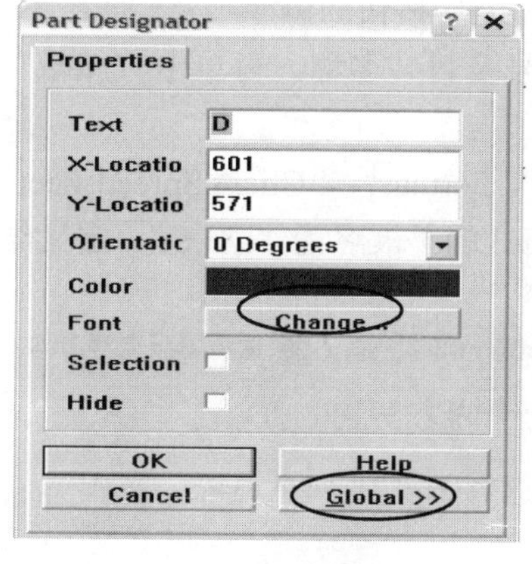

图 3-6　元件序号修改

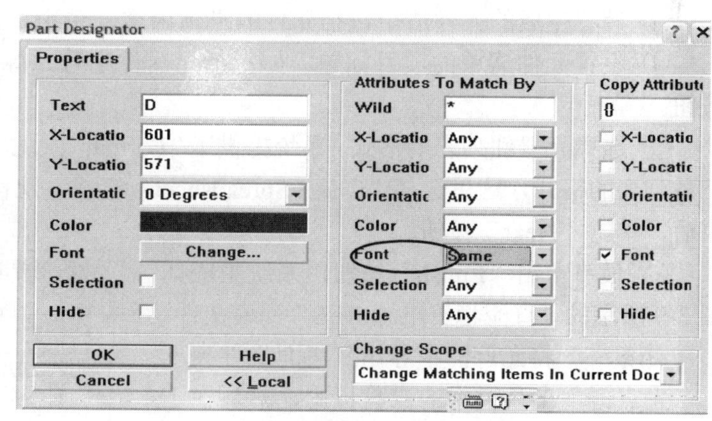

图 3-7　元件序号整体修改

元件标注均设置为字体“Times New Roman”、大小 10 号。元件标注的字体与大小的设置方式同元件序号的设置方法一样。

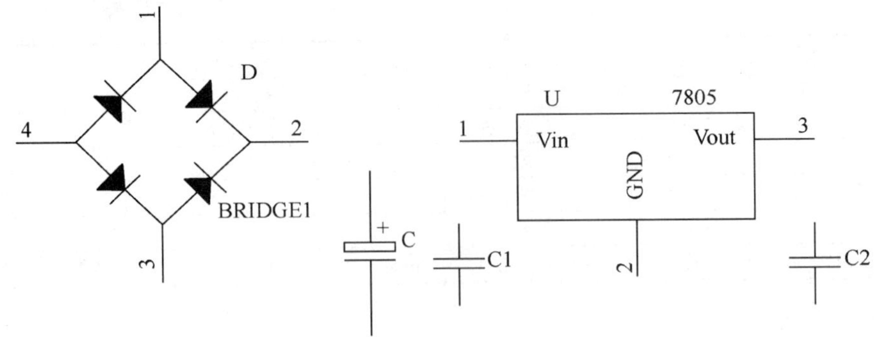

图 3-8 元件序号整体修改后的电路图

任务五、连线

单击“Wiring Tools”工具栏中的 图标，或执行菜单命令“Place”→“Wire”，或者在字体输入为英文状态下点击键盘 P+W，光标变成十字形，开始画线。

子项目 2 网络表的生成与导出

任务一、生成网络表

在打开“直流稳压电源.sch”文件的情况下，点击“Design”→“Create Netlist”，生成网络表文件“直流稳压电源.net”。

任务二、导出网络表

先点击主工具栏中的磁盘标志，然后在工作窗口要导出的“直流稳压电源.net”图标上单击右键，选择“Export”命令，就可以导出到所需要的文件夹下，命名为“直流稳压电源.net”。

子项目 3 产生元件清单和导出元件清单

任务一、产生元件清单

① 打开“直流稳压电源.sch”文件。

② 执行菜单命令“Report”→“Bill of Material”，选择“Project”（整个项目的元件清单）或“Sheet”（当前电路图的元件清单），单击“Next”按钮。

③ 设置生成的元件清单包括元件的具体内容，单击“Next”按钮。

④ 设置元件清单的项目标题，如包括元器件序号、标号及封装名称，再单击“Next”按钮。

⑤ 选择元器件列表的格式。系统提供了“Format”、“CSV Format”、“Client Spreadsheet”三种列表的格式，这里选择“Client Spreadsheet”格式，此格式的扩展名为“.XLS”。定义结束后，单击“Next”按钮。

⑥ 最终单击“Finish”按钮，系统生成如图 3-9 所示的“直流稳压电源.XLS”列表文件。

流稳压电源.DDB | Documents | 直流稳压电源.XLS

A1 | Part Type

	A	B	C	D	E
1	Part Type	Designator	Footprint		
2	0.01uF	C2	RAD0.2		
3	0.33uF	C1	RAD0.2		
4	220uF	C	DB.2/.4		
5	7805	U	TO-220		
6	BRIDGE1	VD	D-37		

图 3-9 直流稳压电源.XLS 列表文件

任务二、将元件清单导出到桌面文件夹下

先点击主工具栏中的磁盘标志，然后在工作窗口要导出的“直流稳压电源.XLS”的图标上单击右键，选择“Export”命令，就可以导出到所需要的文件夹下。命名为“直流稳压电源.XLS”。

3.1.4　测验及评估

测验题目

1．基本知识选择题

（1）Grids 是栅格的意思。为了看不到栅格线，应将________前面的“√”号点掉。

A）Snap Grids　　B）Visible Grids　　C）Enable

（2）要想查找元件所在的库，点击菜单________，输入要查找的元件名后，点击“Find”按钮。

A)“Tools”→“Find Component”　　B）“Tools”→“ERC”　　C）“Tools”→“Annotate”

（3）对元器件标注进行整体编辑，双击任何一个元件的标注，点击“Font”（字体）后的“Change”按钮，将字体更改后，再点击“Global”按钮，将________选为“Same”。

A）Font 后的下拉列表　　B）Color 后的下拉列表

C）Selection 后的下拉列表　　D）Hide 后的下拉列表

（4）如要对所绘制的原理图进行电气规则检查，应执行的菜单操作是________。

A）“Tools”→“Annotate...”　　B）“Tools”→“ERC...”

C）“Edit”→“Select”　　D）“Place”→“Sheet Symbol”

（5）“Wiring Tools”工具栏和“Drawing Tool”工具栏都有画直线的工具，它们的区别是________。

A）都没有电气关系　　B）前者有电气关系后者没有

C）后者有电气关系前者没有　　D）都有电气关系

（6）在原理图中执行菜单命令“Reports”→“Bill of Material”的功能是________。

A）根据原理图产生网络表文件　　B）根据原理图产生元件清单

C）根据原理图产生网络比较表　　D）根据原理图产生元件引脚列表

2．图 3-10 是 LM317 构成的将正负 12V 转成正负 5V 电路，该电路优点是加入二极管做保护，同时配有发光二极管做指示，方便查看，如果需要输出其他电压，可以通过调整可调电阻 VR1 和 VR2 得到（针对 LM317，需要输入的元件名为 VOLTREG）。

LM317 如果使用 TO-220 封装，不装散热片情况下输出几百毫安电流就比较热了，因此，LM317 用 TO220H（在 Transistor.lib 库中）封装。图 3-11 为按上述原理图连接关系在万能板上安装好器件直接进行焊接的样图。

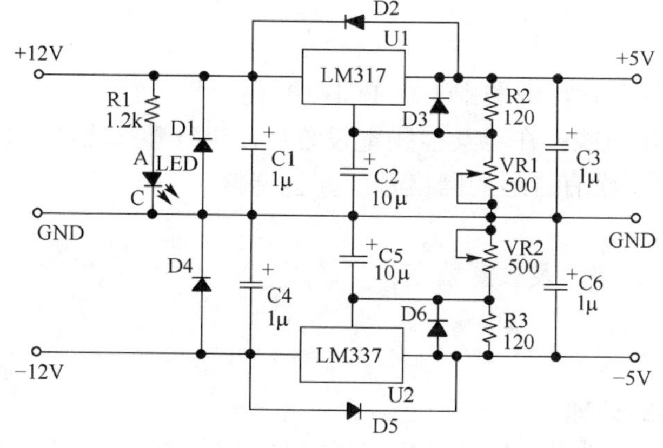

图 3-10　LM317 构成的稳压电源

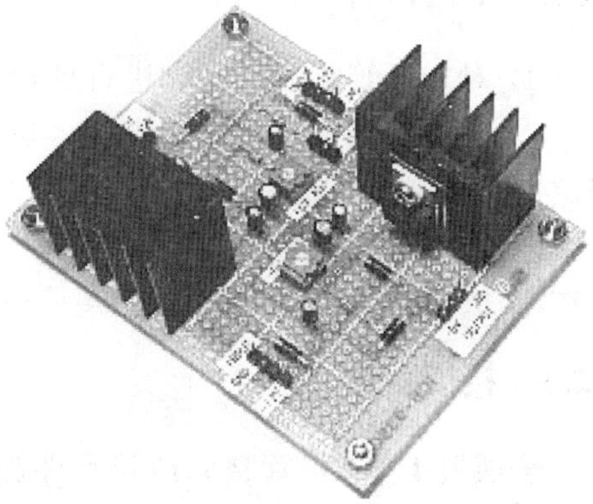

图 3-11　LM317 构成的稳压电源安装样图

（1）新建原理图，命名为“LM317 稳压电源.sch”。

（2）画出电路图，按图示编辑元件。

（3）将元件标注均设置为字体 Times New Roman、大小 14 号。

（4）进行元件封装，生成网络表，系统会自动命名为“LM317 稳压电源.net”。

（5）生成元件清单“LM317 稳压电源. XLS”。

（6）将“LM317 稳压电源.net”及“LM317 稳压电源.XLS”导出到桌面学号文件夹下。

评估标准

采用百分制，标准见表 3-2。

表 3-2 评估标准

内 容	评 分 标 准	分 值
1. 基本知识选择题	每题 5 分	共 30 分
2. 原理图绘制	新建原理图，命名为“LM317 稳压电源.sch” 5 分 画出电路图，按图示编辑元件 20 分 将元件标注均设置为字体 Times New Roman、大小 14 号 10 分 进行元件封装，生成网络表，系统会自动命名为“LM317 稳压电源.net” 15 分 生成元件清单，系统会自动命名为“LM317 稳压电源. XLS” 10 分 将“LM317 稳压电源.sch”、“LM317 稳压电源.net”导出到桌面学号文件夹下 10 分	共 70 分

学习情境 3.2 直流稳压电源的单面 PCB 制作

3.2.1 项目描述

5V 直流稳压电源可作为 TTL 电路或单片机电路的电源。要想制作 5V 直流稳压电源，电路板的制作最重要。在该教学情境中，直流稳压电源的单面 PCB 在电路图中含有整流桥那样的元件，在生成网络表之前，应编辑其管脚号，保证在原理图中与在 PCB 图中该元件的管脚号一致。采用单面板，单层布线。网络名为“+”的线宽设置为 20mil，网络名为“–”的线宽设置为 30mil，利用自动布线功能，完成 PCB 设计。补滴泪利用焊盘将 9V 交流电、5V 直流电引出；在板的四周放置矩形填充。

3.2.2 学习目标

① 对二极管整流桥管脚进行处理，使其在原理图中与在 PCB 中管脚号一致。

② 对电源线宽进行优先设置，进行预布线；在对其他线宽设置后，进行整体布线时，锁定预布线；布线结束后对变绿的线，由于没有合适的网络号，要会调整。

③ 对引出端要会处理。

④ 会放置螺丝孔（安装孔）、补泪滴、包地及放置填充。

3.2.3 技能训练

子项目 1 二极管整流桥等元件管脚的处理

由于在原理图中整流桥 BRIDGE1 管脚号为 1、2、3、4，而在 PCB 图中 D-37 封装元件的管脚号为“+”、“–”、“AC”、“AC”，如图 3-12 所示，这样，绘好的原理图封装好后，生成网络表时，在网络表中整流桥管脚在网络中描述为 VD-1（VD 的第 1 引脚）、VD-2（VD 的第 2 引脚）、VD-3（VD 的第 3 引脚）、VD-4（VD 的第 4 引脚）；当在 PCB 文件下装入网络表时，由于整流桥的封装为 D-37，其管脚号为“+”、“–”、“AC”、“AC”，导致装入网络表时出现了四个错误（4 errors found）的提示，如图 3-13 所示。对于初学自动布线的人员来讲，不知道是怎么回事，解决这个问题时无从下手。

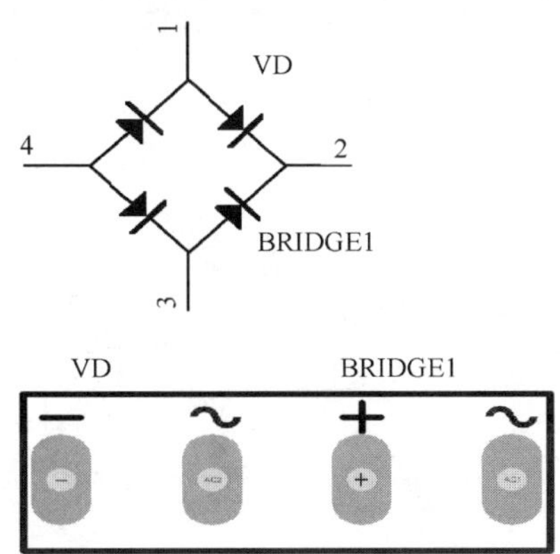

图 3-12 元件符号与封装符号中管脚的序号

如果不考虑错误提示，点击“Execute”（执行）按钮，将重叠在一起的元件封装 VD 拉出来，如图 3-14 所示，整流桥 VD 四个引脚上无连接线，从而影响了自动布线，必须进行处理。

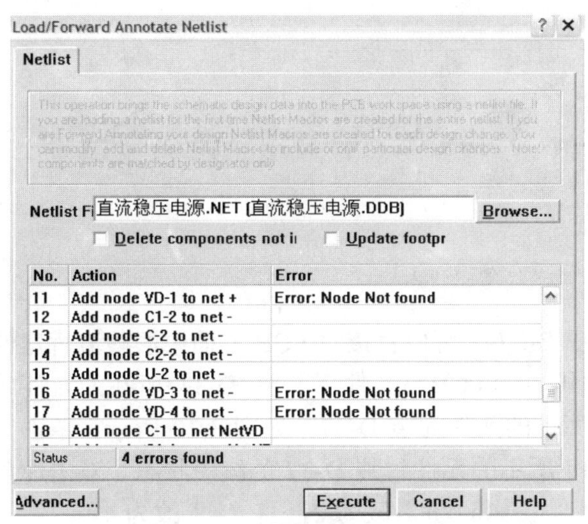

图 3-13 装入的网络表前没处理管脚出现的错误

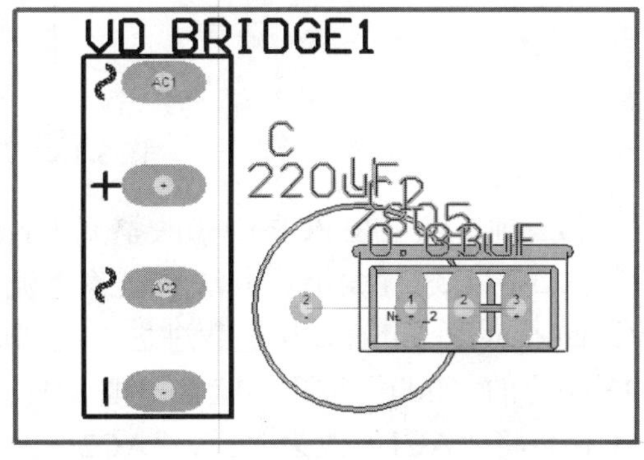

图 3-14 没处理错误装入网络表的结果

处理的方法有以下三种。

第一种方法 回到原理图中，将原理图库中整流桥（BRIDGE1）编辑器打开，找到整流桥，如图 3-15 所示。点击图 3-15 下方的“Edit”按钮，就会进入到整流桥（BRIDGE1）管脚编辑状态，如图 3-16 所示。在整流桥（BRIDGE1）编辑状态下，将管脚号进行编辑。将原理图中整流桥的引脚号 1、2、3、4 改为 PCB 封装库中引脚号“+”、“–”、“AC”、“AC”。由于 1、3 是交流电引脚，所以，双击管脚 1，将其管脚号更改为“AC”，同理，将管教 3 更改为“AC”。由于 2、4 是直流引脚，2 是“+”，4 是“–”，同样方法，将引脚 2 改为“+”，将引脚 4 改为“–”。然后重新生成网络表。

第二种方法 可以在网络表中改正。将改正后的网络表重新保存一下，在 PCB 文件中重新载入网络表文件即可。这种方法必须在绘图者能熟练使用 Protel 99 SE 的情况下运用。

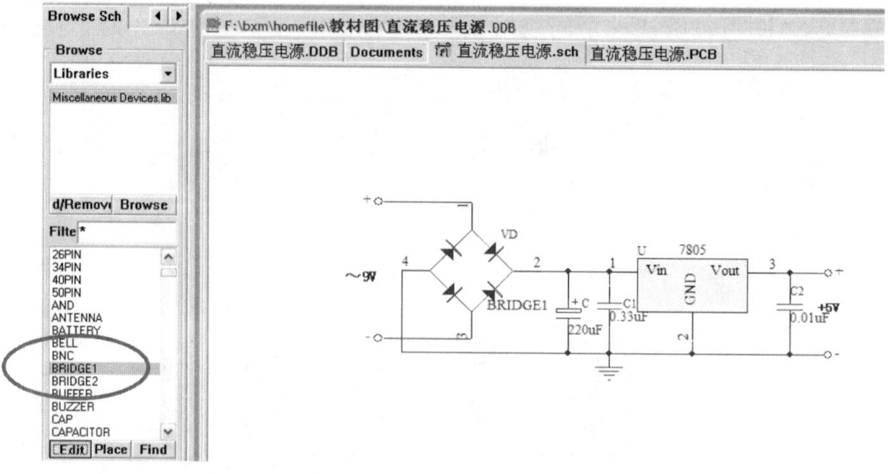

图 3-15 找到整流桥 BRIDGE1

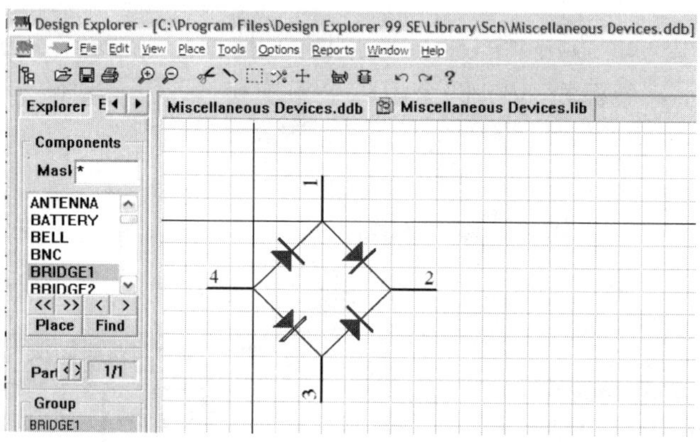

图 3-16 进入整流桥编辑状态

第三种方法 在 PCB 中修改整流桥封装（D-37），可以直接对 PCB 界面中的整流桥器件封装（D-37）进行编辑。方法是在“直流稳压电源.PCB”文件下，将 D-37 所在的元件库 International Rectifiers.lib 加载进去，找到该库下的元件封装 D-37，如图 3-17 所示。单击图 3-17 下方的“Edit”按钮，就会出现如图 3-18 所示的元件封装 D-37 的编辑状态。双击焊盘“AC1”，将“AC1”改为“1”，“AC2”改为“3”；将“+”改为 2，将“–”改为 4。

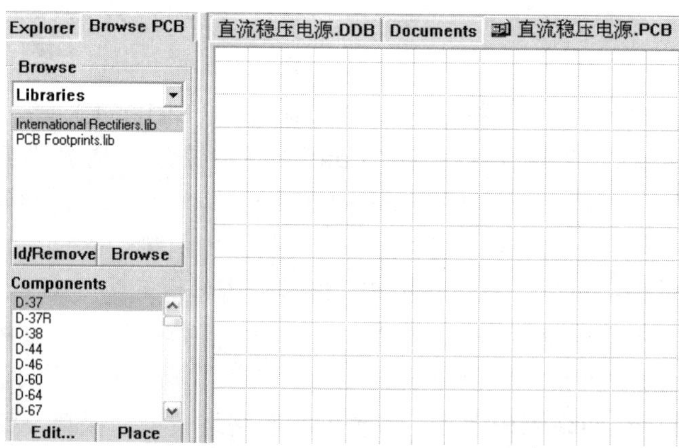

图 3-17 找到整流桥元件封装 D-37

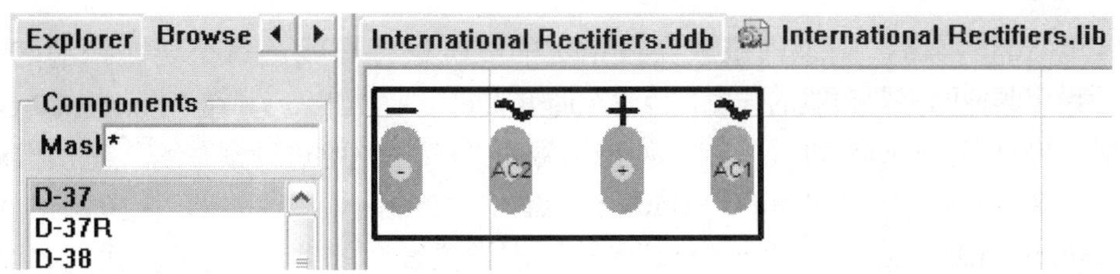

图 3-18　进入元件封装 D-37 的编辑状态

子项目 2　网络表的加载

处理了管脚号不一致的错误后，执行“Design”→“Load Nets”，将原理图生成的网络表装入进来。将整流桥 VD 拉出来，整流桥 VD 的引脚上就会出现飞线连接，如图 3-19 所示。

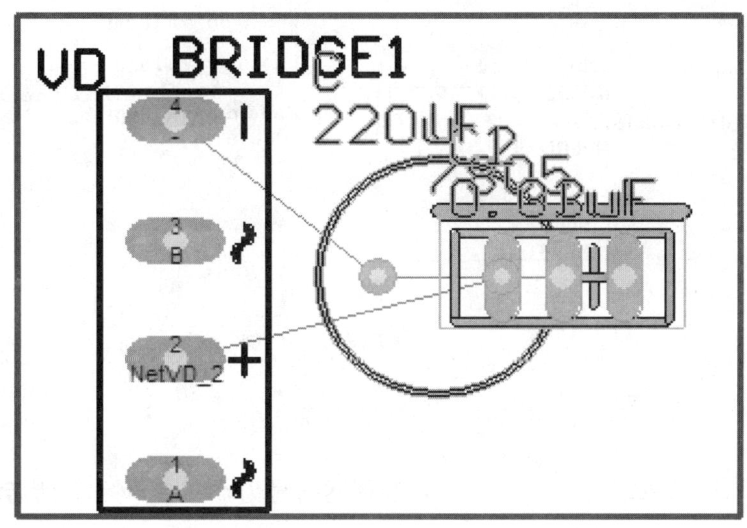

图 3-19　管脚修改后加载网络表的结果

子项目 3　元件布局

① 按照电路的流程安排各个功能电路单元的位置，使布局便于信号流通，并使信号尽可能保持一致的方向。

② 以每个功能电路的核心元件为中心，围绕它来进行布局。元器件应均匀、整齐、紧凑地排列在 PCB 上。尽量减少和缩短各元器件之间的引线和连接。

③ 尽量加宽电源、地线宽度，最好是地线比电源线宽，它们的关系是：地线>电源线>信号线。通常信号线宽为 0.2～0.3mm，最细宽度可达 0.05～0.07mm，电源线为 1.2～2.5mm，用大面积铜层作地线用，在印制板上把没被用上的地方都与地相连接作为地线用。做成多层板，电源、地线各占用一层。

④ 由于元件较少，元件布局可以采用手动方式布局。

子项目 4　单面电路板自动布线（预布线、线宽设置）

任务一、预布线

预先满足指定网络的线宽要求，先设定要布线的线宽（Design→Rules→Routing→Width Constraint），输入要求的线宽。点 Edit→Jump→Net 后，点 Auto Route→Net，输入要求布线的网络名，点击该网络，则该网络就会按指定的线宽进行布线。每个要布线的网络照此做完后，重新设定其他网络要布线的线宽，点“Auto Route”→“All”后，在“Lock All Pre-route”前打“√”号，再点击“Route All”。例如，对网络号为“+”的网络进行预布线，点击“Design”→“Rules”→“Routing”→“Width Constraint”，单击“Properties”按钮，更改网络号为“+”的线宽为 20mil。先选择左侧“Filter Kind”（筛选出设置线宽的类别）的下拉式列表中的“Net”（网络），如图 3-20 所示。如果不筛选，默认为“Whole Board”（整个电路板），所以对某个网络进行预布线之前，必须首先确定要布线的区域。

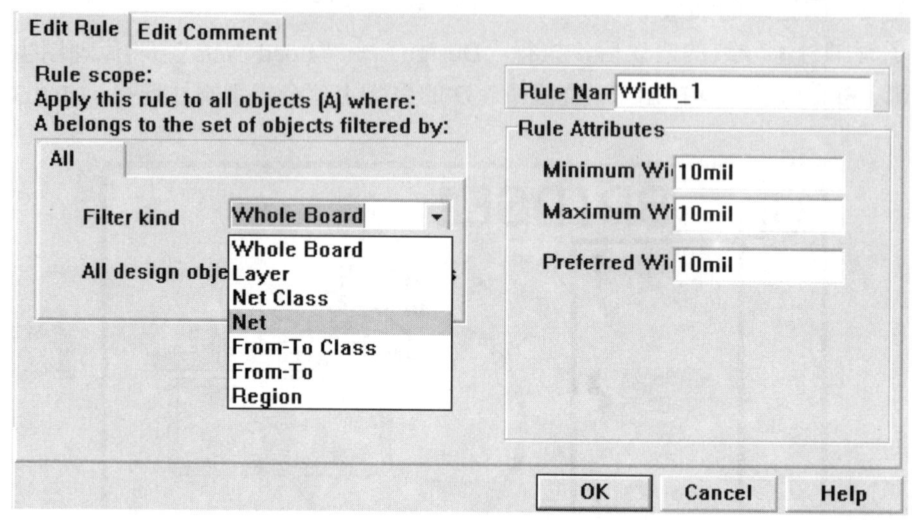

图 3-20 筛选出要布线的区域

在“Mask”后的“Net”下拉式列表中，选择网络号为“+”的网络，然后将线宽设置好，如图 3-21 所示。

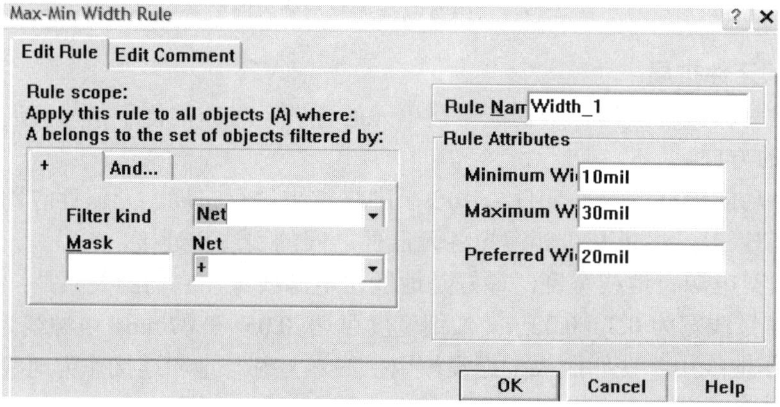

图 3-21 设置网络号为“+”的网络线宽

设置好线宽后，将顶层设置为“Not Used”，底层设置为“Any”。点击菜单“Edit”→“Jump”→“Net”后，输入网络名“+”，将鼠标跳到要进行预布线的网络名“+”上；点击菜单“Auto Route”→“Net”，当光标变成十字时，在网络名为“+”的网络上点击一下，系统就会自动对“+”这个网络进行布线。如图 3-22 所示。

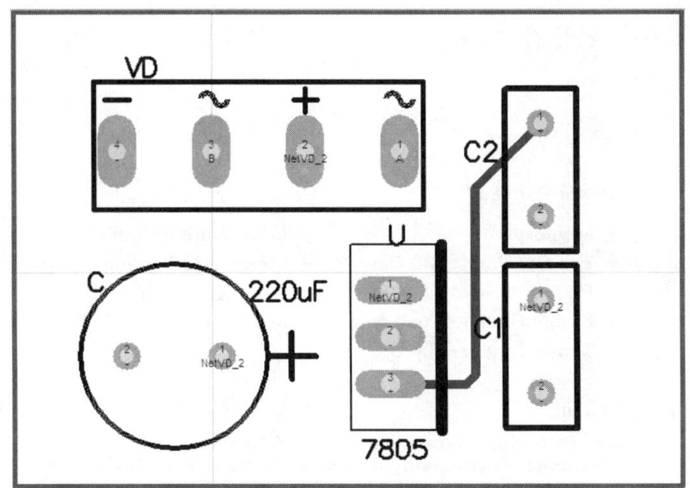

图 3-22　对网络名为“+”的网络进行预布线

任务二、锁定预布线，布设其余网络线

① 重新设置线宽，将网络名为“–”的线宽设置为 30mil，点击“Add”，将其他网络的线宽设置为 20mil，如图 3-23 所示。

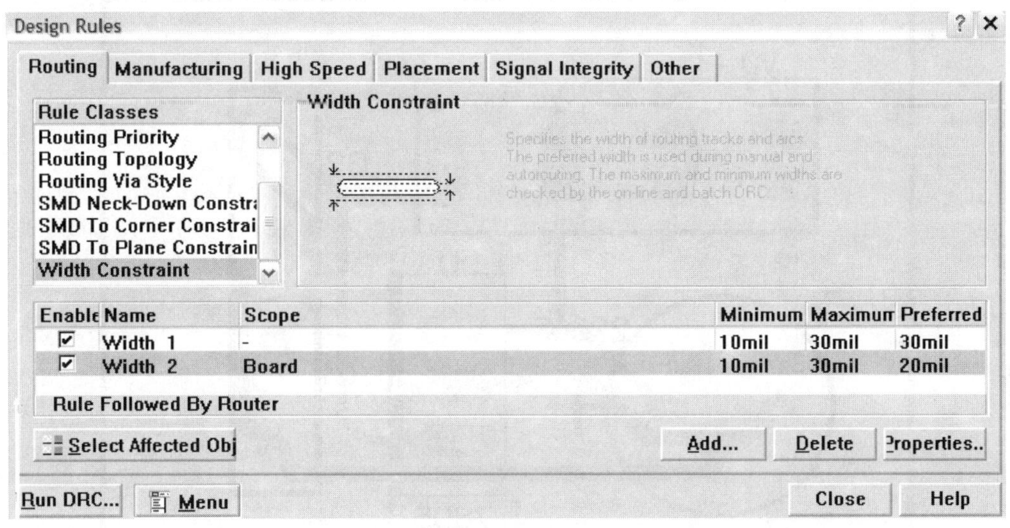

图 3-23　设置除预布线之外的网络线宽

② 点击菜单“Auto Route”→“All”，出现如图 3-24 所示对话框，为了不改变预先布的线，需要锁定预布线网络，即在“Pre-routes”下将“Lock All Pre-route”前选中，即有“√”号出现。

③ 点击“Route All”，系统就会对其余网络按线宽设置进行布线。布线结果如图 3-25 所示。

任务三、手工调整（修改没有网络名的线）

如果自动布线结果出现有的线是绿色的，就说明绿色的线无网络名称，需要双击该线，将网络名称改为与实际连接的网络名一致。例如，图 3-25 中与网络名称“–”连接的线是绿的，双击该线，将其网络名称在“Net”下拉式列表中选为“–”即可。

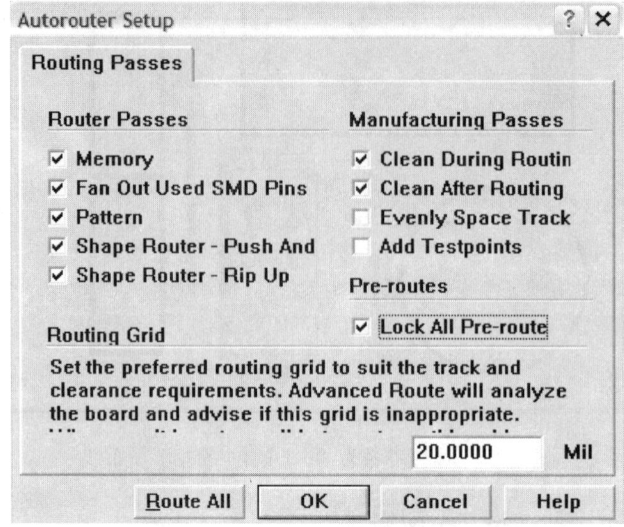

图 3-24 除预布线的网络外的布线设置

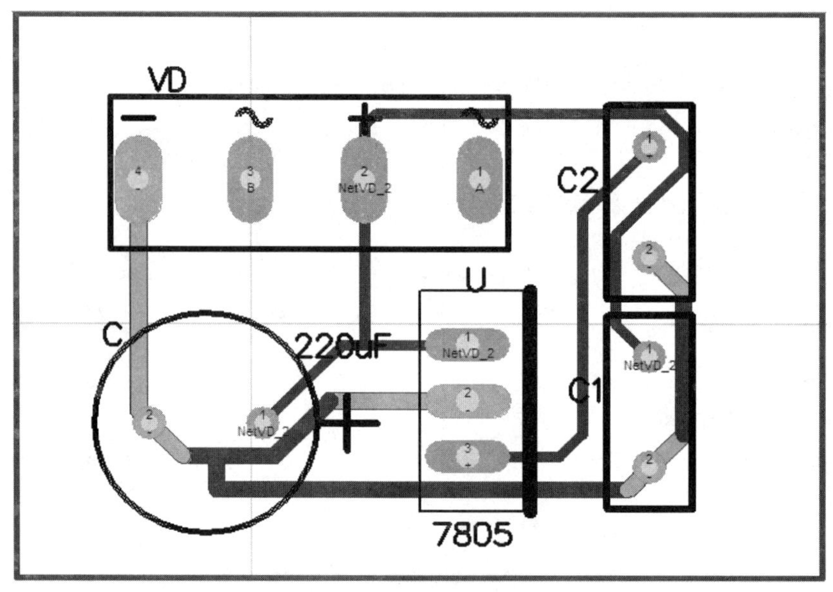

图 3-25 布线结果

任务四、采用集中设置线宽进行整体布线

在图 3-22 设置线宽的基础上，再将网络名为“+”的线宽设置为 20mil，方法同任务二中线宽的设置方法。

设置完整个网络线宽后，如图 3-26 所示。

点击“Close”，就将线宽设置好了。在设置好单层布线的情况下，点击菜单“Auto Route”→“All”，系统就会对所有网络按线宽设置进行布线。由于没有预布线，所以不需要在预布线前打“√”，直接点击“Route All”就会出现系统自动布线结果。将没有网络名称的绿线按照任务三的修改方法修改好。结果如图 3-27 所示。

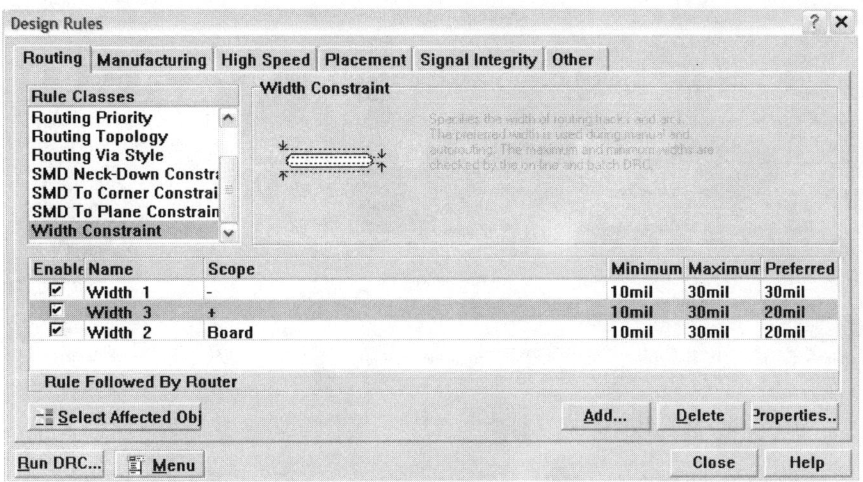

图 3-26 整体设置线宽

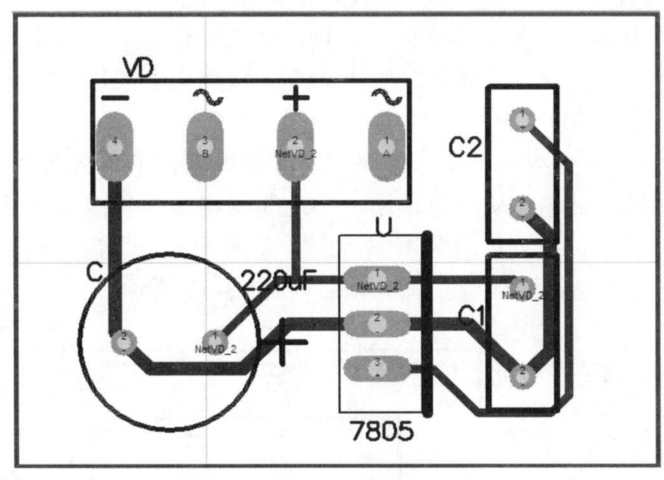

图 3-27 整体设置线宽自动布线结果

子项目 5 印刷电路板引出端的处理

在实际电路板设计中，电源、地及信号的输入输出等与外界相连的端，必须通过一定的引出方式引出来，便于同外界相连。引出方式：可以通过焊盘引出，也可以通过插接件引出。

利用焊盘引出与外界相连端的方法如下。

1．设置焊盘孔的颜色

为了看得清楚，点击菜单“Tools”→“Preferences”→“Colors”，将“Pad Holes”（焊盘孔）的颜色设置成黑色，如图 3-28 所示焊盘孔颜色设置对话框。

2．放置焊盘

用焊盘引出 9V 交流信号输入端的操作：单击放置工具栏中的 ◉ 按钮，或执行菜单命令“Place”→“Pad”，如图 3-29 所示。

- X-Size：焊盘 X 轴方向的尺寸。

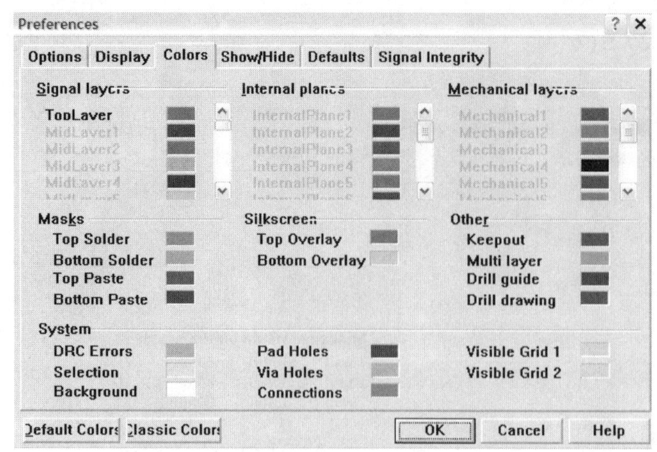

图 3-28 焊盘孔颜色设置对话框

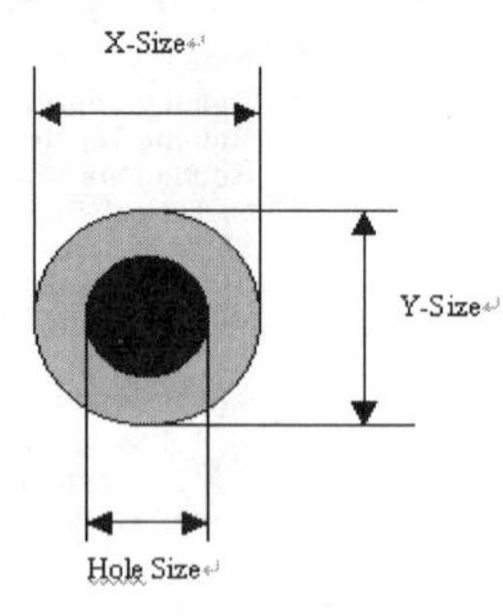

图 3-29 焊盘

- Y-Size：焊盘 Y 轴方向的尺寸。
- Hole Size：焊盘孔的尺寸。

3．设置焊盘的属性使焊盘与内部应该相连的网络相连

当焊盘处于选中状态时，按键盘上的 Tab 键，或放完焊盘后，双击焊盘，就会弹出属性设置对话框，点击“Advanced”选项卡，在“Net”下拉列表中选择“A”，就会出现如图 3-30 所示焊盘的网络名设置结果。

点击“OK”按钮，该焊盘就产生一条飞线，即该焊盘有了网络名“A”之后，就会与电路内部网络“A”连接在一起，从而出现了一条飞线。将该焊盘按照飞线指示就近放好。再放置一个焊盘，如此方法，设置焊盘为网络“B”，从而在两个焊盘上就出现了两条飞线。使用同样方法，通过焊盘引出了两个输入输出端。如图 3-31 所示。

图 3-30 焊盘的网络名设置对话框

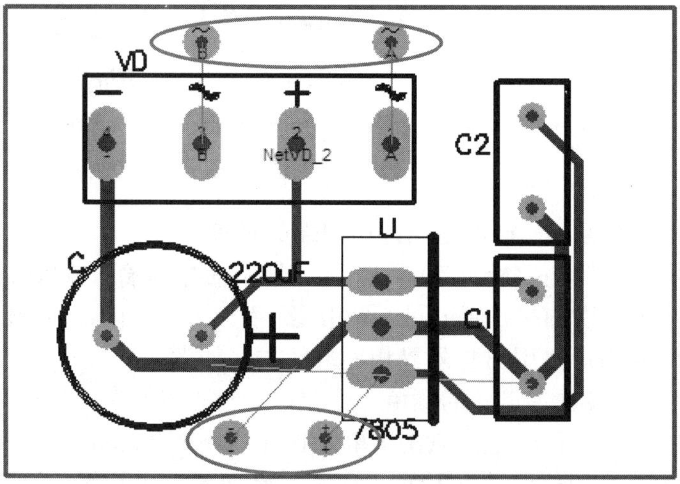

图 3-31 利用焊盘引出交流输入端、直流输出端的效果

4．对焊盘进行标注

通过放置字符串，对焊盘进行标注。字符串没有电气意义，一般放置在 Top Over Lay。标注的方法：单击放置工具栏的按钮 T，或执行菜单命令“Place”→“String”，按 Tab

键，就会弹出字符串属性设置对话框，将字符串的内容设置为“a”，如图 3-32 所示。

- Text：字符串的内容。
- Height、Width：字体大小。
- Font：字体、字号修改。
- Layer：字符串所在工作层。
- Rotation：字符串的旋转角度。
- Mirror：字符串的镜像。

点击“OK”，将字符串“a”放置在焊盘“A”左侧，同样方法，放置标注“b”、“9V”、“+”、“–”、“5V”，如图 3-33 所示。

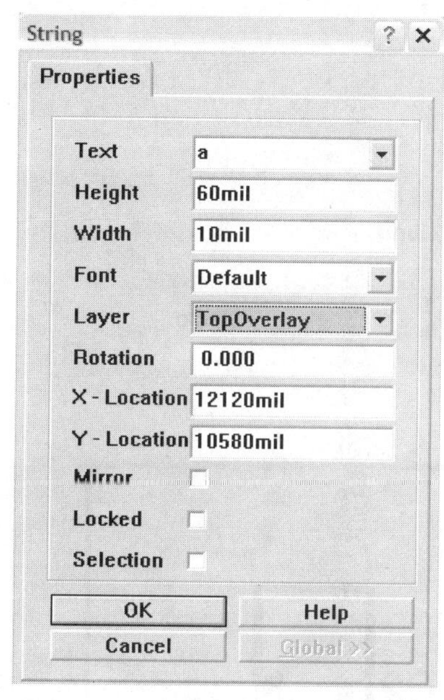

图 3-32　字符串属性设置对话框

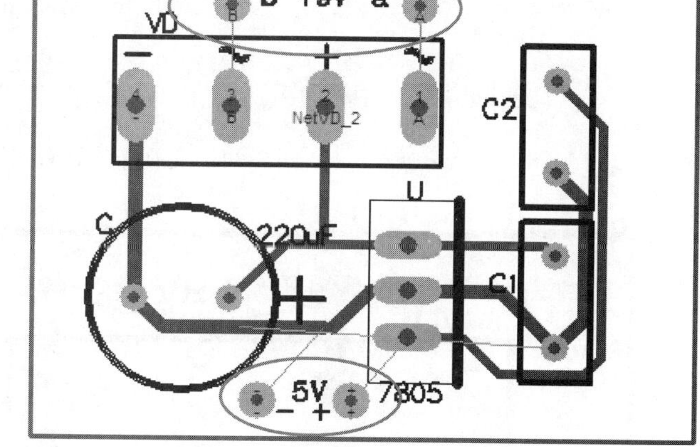

图 3-33　引出的焊盘进行标注的结果

5．引出端飞线的处理

利用交互式布线对飞线进行处理。处理的方法：单击放置工具栏中的按钮，或执行菜单命令“Place”→“Interactive Routing”（交互式布线），在要画线的一端用鼠标左键点击一下，然后按下 Tab 键，进入“Interactive Routing”（交互布线）设置对话框，如图 3-34 所示。

- Layer（层）：在右侧下拉列表中选择 BottomLayer。
- Trace Width（跟踪的线宽）：在自动布线的 PCB 文件中，跟踪的线宽不必设置，点击在哪个网络上，就与哪个网络的线宽相同，单击“OK”按钮，上述设置只是选择画线层。

最简单的方法是在“直流稳压电源.PCB”文件区下方，单击“BottomLayer”按钮，再单击放置工具栏中的按钮，按照飞线的提示将线画好，如图 3-35 所示。

子项目 6　补泪滴、包地

1．补泪滴

在电路板设计中，为了让焊盘更坚固，防止机械制板时焊盘与导线之间断开，常在焊盘和导线之间用铜膜布置一个过渡区，形状像泪滴，故称做补泪滴（Teardrops）。

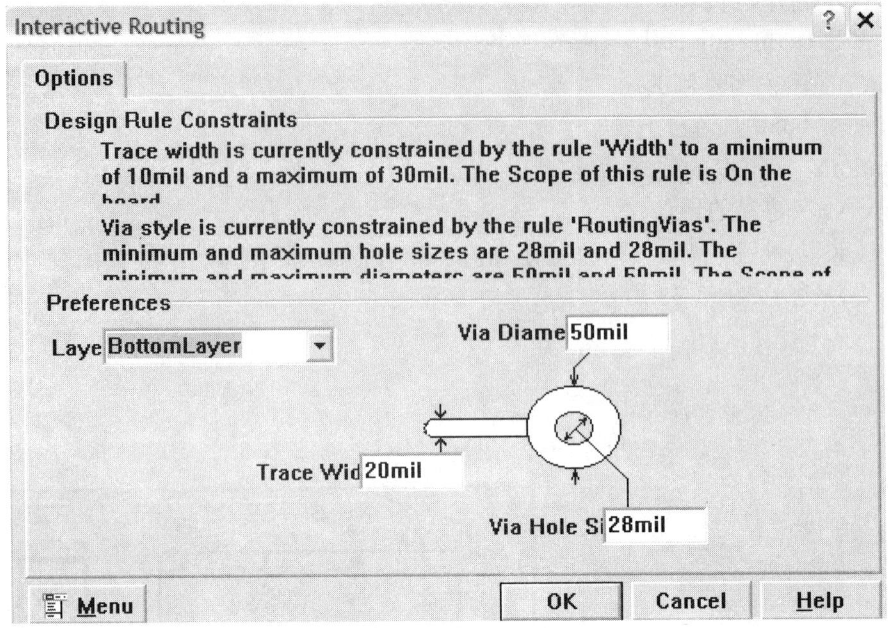

图 3-34 交互布线设置对话框

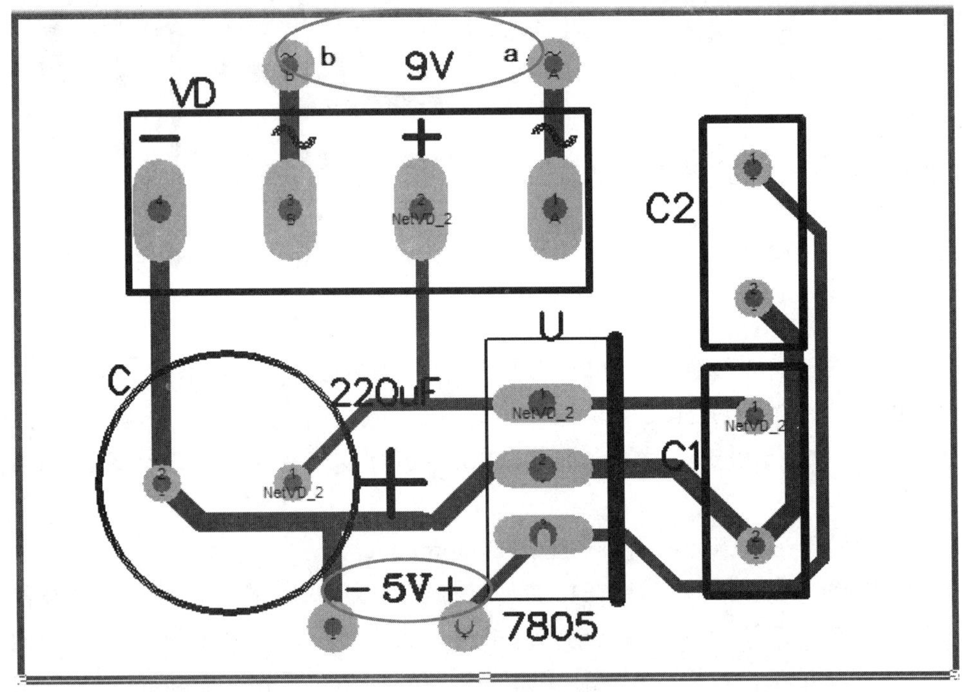

图 3-35 处理好引出端的直流稳压电源

执行菜单命令“Tools”→“Teardrops”，弹出泪滴属性设置对话框进行设置，如图 3-36 所示。

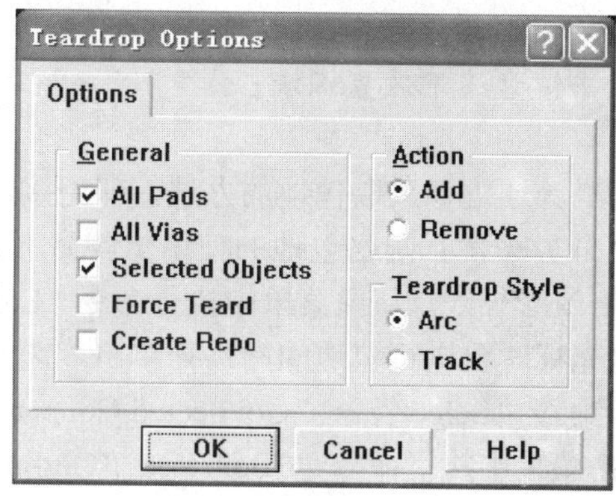

图 3-36　泪滴设置对话框

- General 选项区

All Pads：对所有焊盘进行补泪滴操作。

All Vias：对所有过孔进行补泪滴操作。

Selected Objects Only：只对选取的对象进行补泪滴操作。

Force Teardrops：将强迫进行补泪滴操作。

Create Report：把补泪滴操作数据存成一份“.Rep”报表文件。

- Action 选项区

Add：补泪滴操作。

Remove：删除泪滴操作。

- Teardrops Style 选项区

Arc：用圆弧导线进行补泪滴操作。

Track：用直线导线进行补泪滴操作。

如图 3-36 中设置好后，单击“OK”按钮，使用圆弧形补泪滴的方法操作，结束后如图 3-37 所示补完泪滴的“直流稳压电源.PCB”。

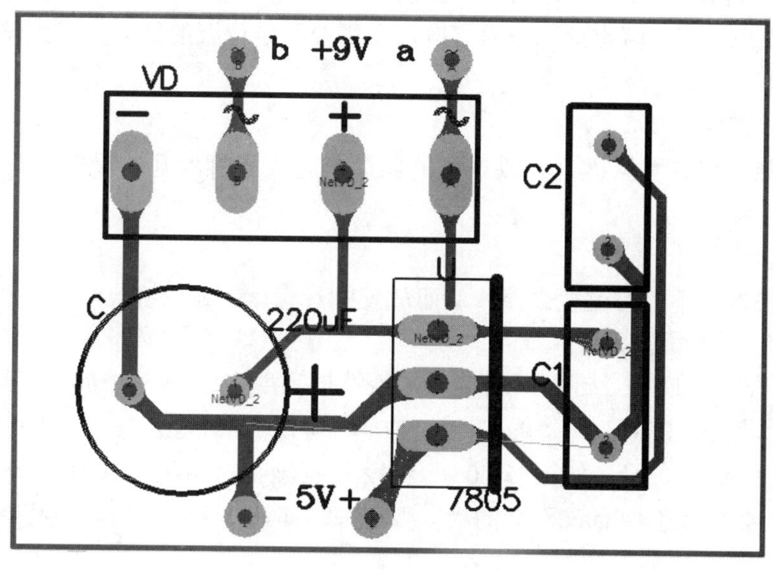

图 3-37　补完泪滴的直流稳压电源.PCB

★※温馨提示※★

在英文状态下，点击键盘 T-T 放置泪滴。

2．包地

电路板设计中抗干扰的措施还可以采取包地的办法，即用接地的导线将某一网络包住，采用接地屏蔽的办法来抵抗外界干扰。网络包地的使用步骤如下。

① 选择需要包地的网络或者导线。从主菜单中执行命令“Edit”→“Select”→“Net”，光标将变成十字形状，移动光标对要进行包地的网络处单击，选中该网络。如果是元件没有定义网络，可以执行主菜单命令“Select”→“Connected Copper”选中要包地的导线。

② 放置包地导线。从主菜单中执行命令“Tools”→“Outline Selected Objects”，系统自动对已经选中的网络或导线进行包地操作。包地操作前和操作后如图 3-38 和图 3-39 所示。

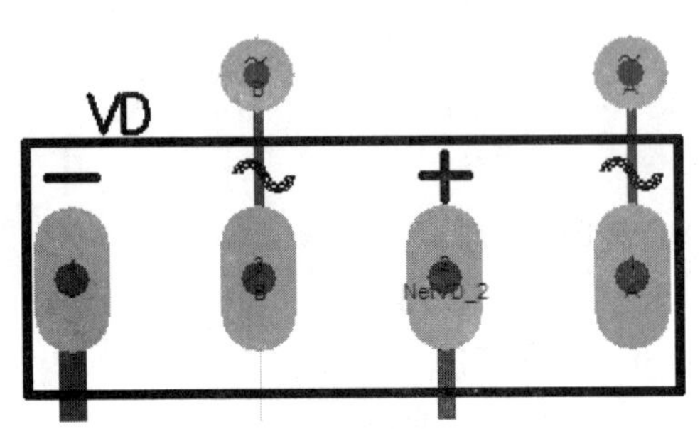

图 3-38 包地操作前效果图

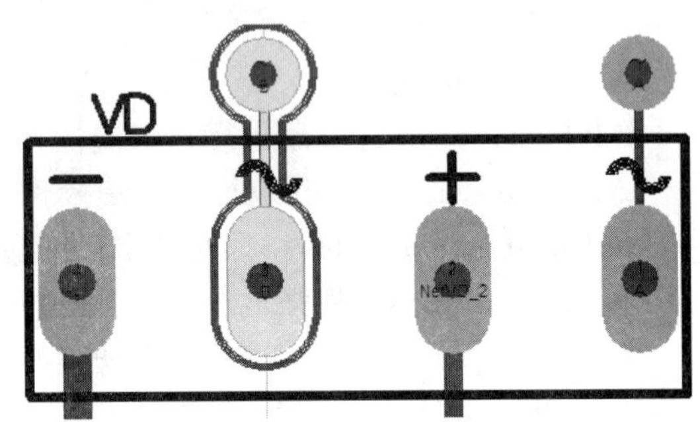

图 3-39 包地操作后效果图

③ 包地结束后须将选中的网络取消，点击主工具栏上的按钮即可。

④ 对包地导线的删除：如果不再需要包地的导线，可以在主菜单中执行命令“Edit”→“Select”→“Connected Copper”，此时光标将变成十字形状，移动光标选中要删除的包地导线，按“Delect”键即可删除不需要的包地导线。

子项目 7 放置螺丝孔、放置填充（铺铜）

自动布线结束，引出端也处理好后，应该在需要固定位置的地方放置螺丝孔。为了避免干扰，需要铺铜。

任务一、放置螺丝孔

实际上，是通过放置焊盘，修改焊盘的属性来完成了螺丝孔的设置。设置需注意以下两点。

第一点：修改尺寸。

第二点：将焊盘壁上的电镀去掉，从而放置的焊盘就为螺丝孔。

放置螺丝孔的操作过程如下。

在 PCB 文件下，在输入法为英文状态下，连续按键盘 P-P，或单击放置工具栏中的按钮，或执行菜单命令“Place”→“Pad”，按“Tab”键，将“X-Size”、“Y-Size”、“Hole Size”三个尺寸均设置为 100mil，如图 3-40 所示设置螺丝孔对话框。尺寸设置完成后，单击“Advanced”选项卡，将“Plated”后的“√”点掉，即该项无效，取消通孔壁上的电镀，如图 3-41 所示。

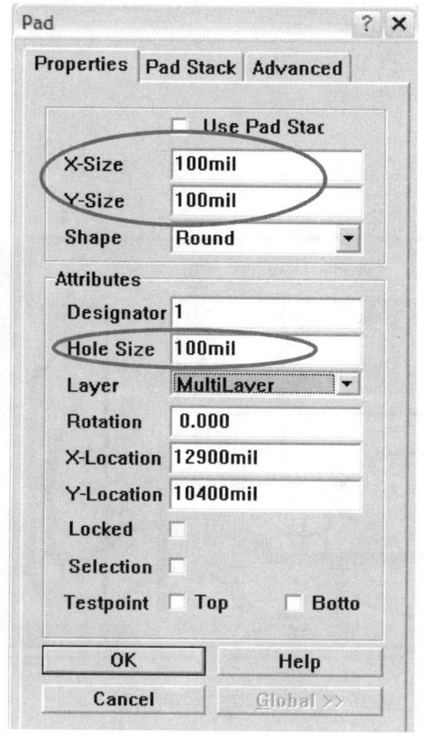

图 3-40　螺丝孔设置对话框

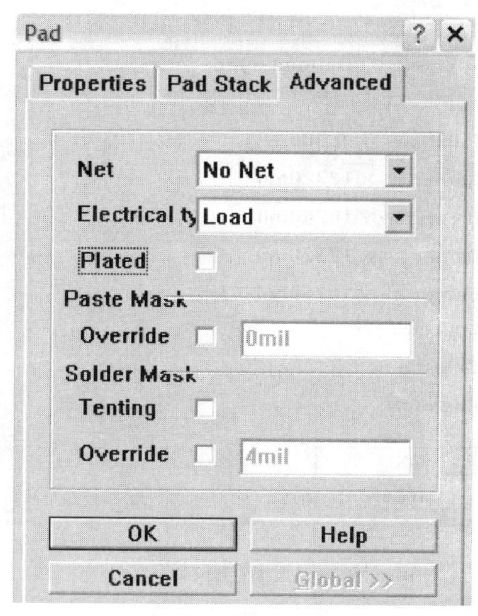

图 3-41　取消螺丝孔内壁上的电镀

任务二、放置填充（铺铜）

1．放置矩形填充

（1）矩形填充的方法　单击元件放置工具栏中的“Place Fill”按钮，或执行菜单命令“Place”→“Fill”，进入放置填充状态后，鼠标变成十字光标状，将鼠标移动到合适的位置拖动出一个矩形范围，完成矩形填充的放置。

（2）矩形填充的属性设置　填充的属性设置有以下两种方法。

① 在用鼠标放置填充的时候按 Tab 键，将弹出“Fill”（矩形填充属性）设置对话框进行设置。

② 对已经在 PCB 板上放置好的矩形填充，直接双击也可以弹出矩形填充属性设置对话框，如图 3-42 所示。

- Layer：用于选择填充放置的布线层。
- Net：用于设置填充的网络。
- Rotation：设置矩形填充的旋转角度。
- Corner1-X、Corner1-Y：设置矩形填充的左下角的坐标。
- Corner2-X、Corner2-Y：设置矩形填充的右上角的坐标。
- Locked 复选项：用于设定放置后是否将填充固定不动。
- Keepout 复选项：用于设置是否将填充进行屏蔽。

（3）矩形填充的选取、缩放和旋转

- 选取：直接用鼠标左键单击。
- 缩放：鼠标左键单击某个控制点。

- 旋转：先单击要旋转的填充，再按空格键旋转 90°。

“直流稳压电源.PCB”矩形填充后的结果如图 3-43 所示。

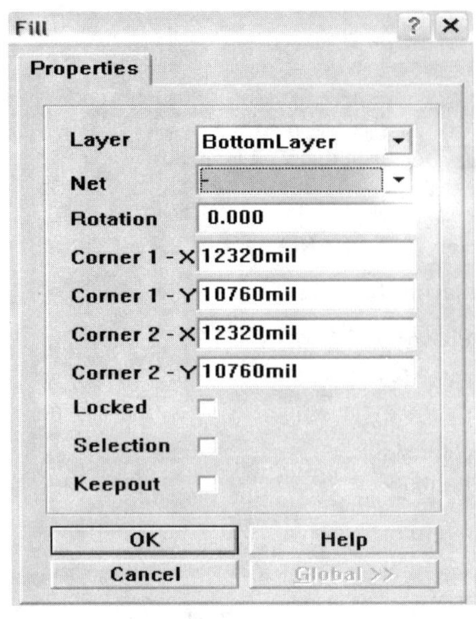

图 3-42 矩形填充属性设置

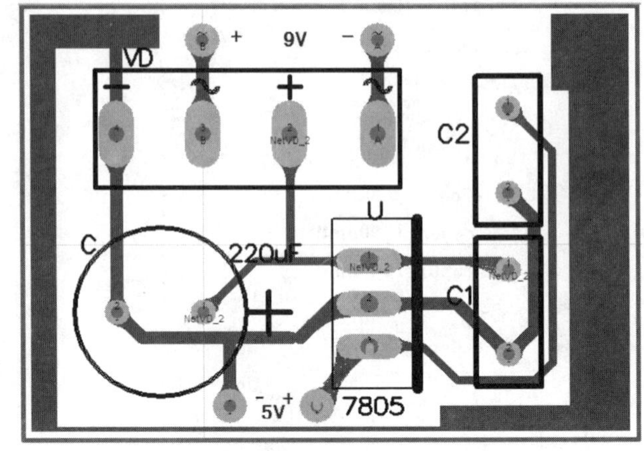

图 3-43 矩形填充后的结果

2．放置多边形平面填充（敷铜）

通常的 PCB 电路板设计中，为了提高电路板的抗干扰能力，将电路板上没有布线的空白区间敷满铜膜。一般将所铺的铜膜接地，以便于电路板能更好地抵抗外部信号的干扰。

（1）敷铜的方法 从主菜单执行命令“Place”→“Polygon Plane”，也可以用元件放置工具栏中的“Place Polygon Plane”按钮，进入敷铜状态，系统将会弹出“Polygon Plane”（敷铜属性）设置对话框，如图 3-44 所示。其中包括五个区域，五个区域中各项如表 3-3 所示。

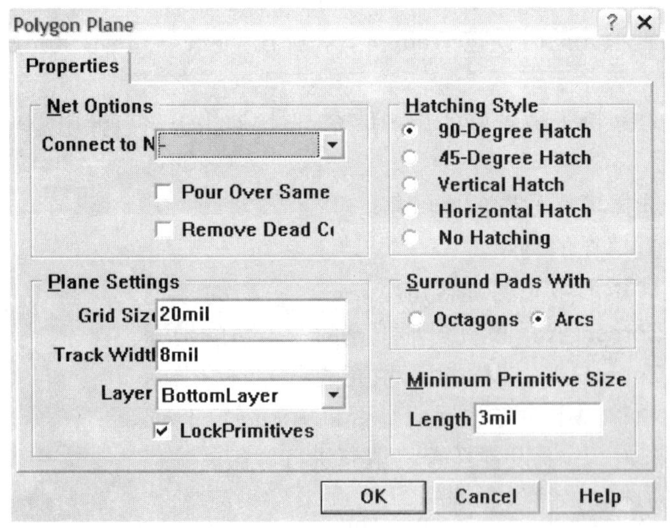

图 3-44 敷铜属性设置对话框

表 3-3　敷铜属性框信息选项及功能

区　域	区域功能	信息选项	信息功能	本项目需选中项
Net Options	设定所敷的铜膜与网络之间的关系	Connect to Net	设定所敷的铜膜，要和哪一条网络连接。如果不与其他网络连接的话，可选择“No Net”选项，接下来的两个选项就没有作用了	选择 GND
		Pour Over Same Net	设定敷铜时，如果遇到该敷铜所连接的网络铜膜走线时，判断要不要把它覆盖过去，如果设定本选项的话，将会以敷铜覆盖相同网络的铜膜	选中
		Remove Dead Copper	设定是否要删除死铜，也就是被孤立的敷铜	选中
Place Setting	设定所敷铜的格点间距与板层	Grid Size	设定敷铜的格点间距，即敷铜密度	20mil
		Track Width	设定敷铜的线宽，此栏所设定的值与敷铜的格点间距关系密切。如果线宽大于或等于敷铜的格点间距，则可铺满铜。否则所铺的铜膜，将是格状的	8mil
		Layer	设定要在哪一个板层敷铜	Bottom Layer
		Lock Primitives	本选项设定所敷的铜膜为铜膜或只是一般的走线，通常是要设定本选项，所敷的铜膜才具有敷铜的属性。如果不设定本选项的话，这些敷铜将被当成一般的走线，将引发错误	选中
Hatching Style	设定所敷铜的型式	90-Degree Hatch	设定敷 90°线的铜膜	选中
		45-Degree Hatch	设定敷 45°线的铜膜	
		Vertical Hatch	设定敷垂直线的铜膜	
		Horizontal Hatch	设定敷水平线的铜膜	
		No Hatching	设定敷透空的铜膜	
Surround Pads with	设定敷铜与焊点间的环绕方法	Octagon	设定采用八角形环绕	
		Arc	设定采用圆弧环绕	选中
Minimum Primitives Size	设定最短的铜膜线	Length	设定长度	3mil

（2）放置敷铜　设置好敷铜的属性后，鼠标变成十字光标状，将鼠标移动到合适的位置，单击鼠标确定放置敷铜的起始位置。再移动鼠标到合适位置单击，确定所选敷铜范围的各个端点。必须保证的是，敷铜的区域必须为封闭的多边形状，例如电路板设计采用的是长方形电路板。敷铜区域最好沿长方形的四个顶角选择，即选中整个电路板。敷铜区域选择好后，右击鼠标退出放置敷铜状态，系统自动运行敷铜并显示敷铜结果。将“直流稳压电源.PCB”图敷铜后的效果如图 3-45 所示。

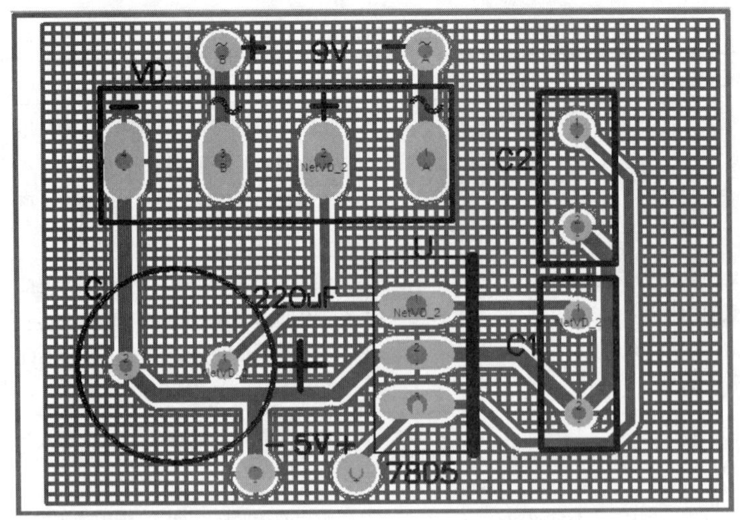

图 3-45 “直流稳压电源.PCB”图敷铜后的效果

子项目 8 电路板的加工焊接与调试

首先，设计者将电路板原料放在制板机上，打开绘制好的“直流稳压电源.PCB”图，制板机就会按照设计者绘制好的 PCB 图，通过光刻、腐蚀、漂洗，制成了 PCB 板。

其次，进行元件的焊接、组装。

最后，将交流端 9V 电源接好，在输出端上用直流电压表进行测量，就会看到有 5V 电压产生。

3.2.4 测验及评估

测验题目

1．基本知识选择题

（1）元件在原理图中的管脚号与 PCB 封装中不一致的情况下，__________。

A）需要更改为一致的管脚号　　B）不需要更改为一致的管脚号

（2）对管脚号不一致的处理方法有__________。

A）可以在原理图中编辑管脚　　B）可以在 PCB 中编辑管脚

C）可以在网络表中更改管脚　　D）以上三种均可

（3）为了增强电路板的抗干扰能力，可以采用__________方法。

A）放置螺丝孔　　B）铺铜、包地　　C）补泪滴

（4）补泪滴是为了__________。

A）增强电路板的抗干扰能力　　B）增强铜膜导线与焊盘（或过孔）连接的牢固性

（5）铺铜的方法有两种：__________。

A）包地与敷铜　　B）放置螺丝孔与包地

C）放置矩形填充与多边形平面填充

（6）引出端飞线绘成实线的处理方法是__________。

A）单击放置工具栏中的按钮，或执行菜单命令 Place→Interactive Routing

B）单击放置工具栏中的按钮，或执行菜单命令 Place→Wire

2．图 3-46 所示是声光控制楼道灯电路图。

（1）新建原理图，命名为“SGD.sch”。

（2）画出电路图，按图示编辑元件。

（3）进行元件封装，将二极管 VD1～VD5 及光敏器件进行管脚处理，使处理后的管脚在原理图中与 PCB 图中的一致。处理前的管脚如图 3-47、图 3-48 所示。

（4）生成网络表，系统会自动命名为“SGD.net”。

（5）新建电路板图，命名为“SGD.pcb”。

（6）规划电路板，在机械层 1 规划出物理边界（即裁板的依据），禁止布线层画出电气边界（即自动布线的范围），并标注电路板尺寸。

（7）装入网络表“SGD.net”。

（8）自动布局、手工调整。

（9）设置自动布线规则：要求单层自动布线，信号线宽为 20mil，+12V 电源线为 30mil，GND 线宽为 30mil。

（10）自动布线。

（11）将自动布线的结果导出到桌面学号文件夹下。

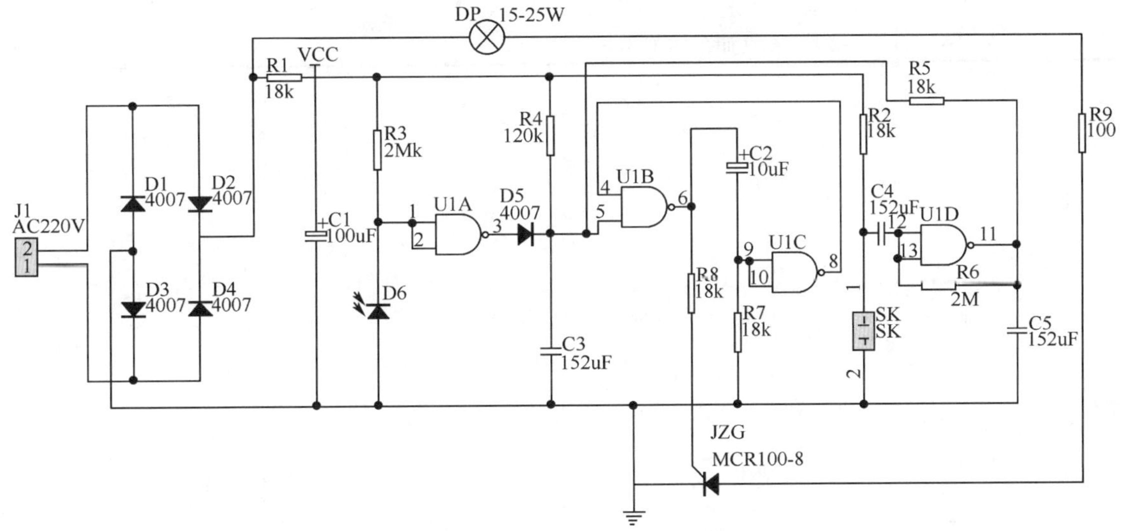

图 3-46　声光控制楼道灯电路图

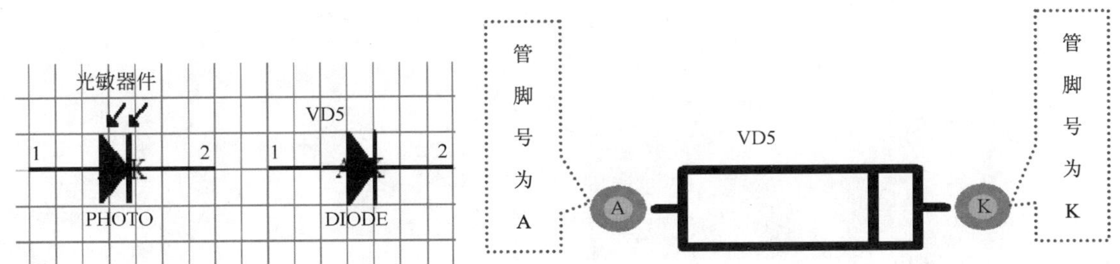

图 3-47　光敏器件及二极管在原理图中的管脚　　图 3-48　光敏器件及二极管在 PCB 封装中的管脚

评估标准

评估采用百分制，标准见表 3-4。

表 3-4 评估标准

内　　容	评 分 标 准	分　　值
1．基本知识选择题	每题 5 分	共 30 分
2．通过自动布线绘制电路板图	新建原理图，命名为“SGD.sch”、画出电路图，按图示编辑元件，正确导出到桌面学号文件夹下　10 分 进行元件封装，将二极管 VD1～VD5 及光敏器件进行管脚处理　10 分 生成网络表，系统会自动命名为“SGD.net”　5 分 新建电路板图，命名为“SGD.pcb”　5 分 规划电路板，在机械层 1 规划出物理边界（即裁板的依据），禁止布线层画出电气边界（即自动布线的范围），并标注电路板尺寸　10 分 装入网络表“SGD.net”　5 分 自动布局调整元件位置、手动调整元件位置　10 分 设置自动布线规则：要求会设置单层自动布线层及走线方向，信号线宽为 20mil，+12V 电源线为 30mil，GND 线宽为 30mil　5 分 自动布线　5 分 正确导出到桌面学号文件夹下　5 分	共 70 分

项目 4　数字频率计的制作

学习情境 4.1　数字频率计的原理图设计

4.1.1　项目描述

数字频率计是用于测量方波、正弦波或其他脉冲信号的频率，并用十进制数字显示。在电子测量领域中，频率测量的精确度是最高的，因此，在生产过程中许多物理量，例如温度、压力、流量、液位、pH 值、振动、位移、速度、加速度，乃至各种气体的百分比成分等均用传感器转换成信号频率，然后用数字频率计来测量，以提高精确度。它具有精度高、测量迅速、读数方便等优点。本项目制作的是一个测量范围为 0～9999Hz 的简易数字频率计，其读数主要由 4 个七段 LED 数码管显示。

本学习情境中的任务目标主要是利用电子 CAD 软件 Protel 99 SE 完成简易数字频率计的电路图绘制，如图 4-1 所示。本项目与前面项目的区别在于该电路中的 3 个元件符号在程序自带的元件库中找不到，必须自制元件符号，其中包括绘制新的原理图器件符号，根据已有元器件符号编辑新元件符号；同时对于多条导线并行连接时，采用总线结构，加以网络标号，使电路真正连接在一起。通过本项目的学习使大家对原理图元件符号的自定义绘制以及总线结构的原理图绘制有个初步的认识，为今后学习其他类似项目打下基础。学完本项目，要求能绘制出图 4-1 所示的电路原理图。

4.1.2　学习目标

① 熟悉启动原理图元件符号的编辑器的方法，理解元件符号编辑器各个窗口栏的功能。
② 学会绘制、编辑元件符号。
③ 掌握加载自建元件库的方法。
④ 学会绘制带有自定义元件符号的电路图。
⑤ 学会复合式元件和总线结构的原理图绘制。

4.1.3　技能训练

子项目 1　原理图元件符号的自定义绘制

绘制简易数字频率计电路原理图时，在放置元器件之前，常常需要添加元器件所在的库，这样方便我们设计时使用。尽管 Protel 99 SE 内置的元器件库相当完整，但我们还是无法从这些元器件库中找到图 4-1 中所示的 CD40110、4017 以及数码管符号。在以后的项目中还有可能遇到某些特殊的元件或新开发出来元件也在元件库中找不到，或者元件符号尺寸偏大，引脚太长，占用图纸面积多，不满足用户要求，或者一些元件符号和 GB 4728—85 标准不一致，需要修改等。在这种情况下，要么到 Protel 公司的网站下载最新的元件库进行补充，要么就必须自己绘制原理图元件符号以及创建元器件库。

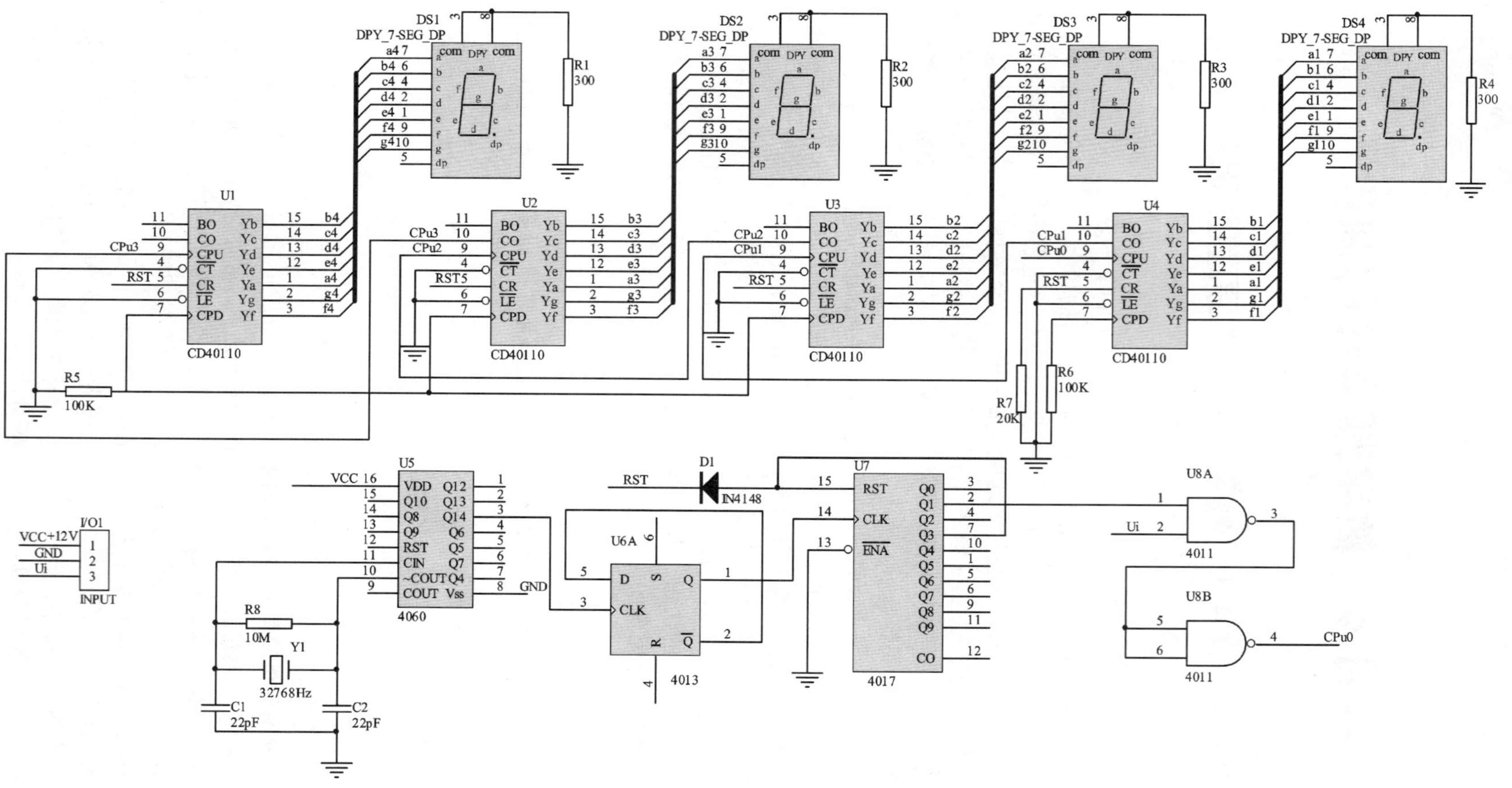

图 4-1 简易数字频率计电路

任务一、启动原理图元件符号的编辑器

在绘制原理图元件符号之前，首先建立设计数据库，创建元器件库。具体操作如下。

① 启动“Protel 99 SE”，新建（New Design）一个名为“Pinlvji.ddb”的设计数据库保存在“D:\”内，如图 4-2 所示。

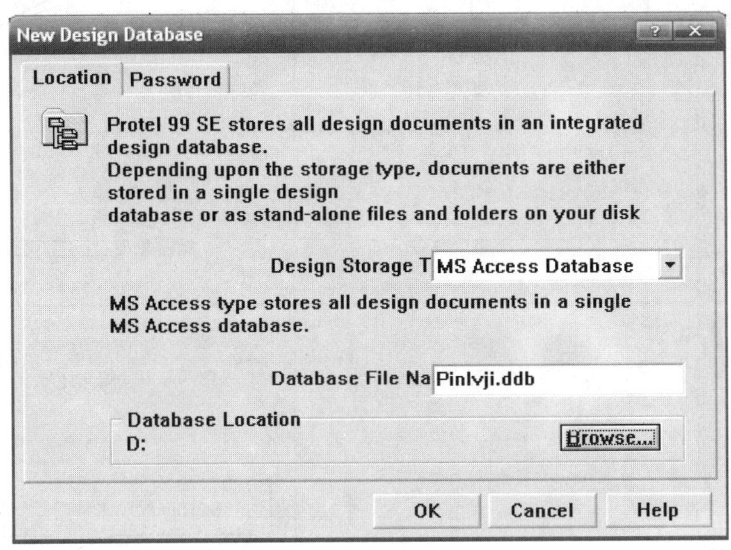

图 4-2　新建设计数据库命名

② 点击“Pinlvji.ddb”内的“Documents”，打开后在“Documents”内新建（“File”→“New”）一个名为“PLJ.lib”的元件库文件。

新建元件库与新建原理图的方法类似，在“Documents”内单击“File”，在下拉菜单中单击“New”，在弹出的“New Documents”框中点击“Documents”，从对话框中选择“Schematic Library Document”（原理图元件库文档）图标，双击图标或单击“OK”按钮。如图 4-3 所示。

系统在“Documents”内出现自动默认名为“Schlib1.Lib”的文件图标，在蓝色框内改名为“PLJ.Lib”，或以后单击右键，选择重命名为“PLJ.Lib”，如图 4-4 所示。双击“PLJ.Lib”文件图标，即可进入元件符号编辑环境，如图 4-5 所示。这种方法常用于创建新的元件电气图形符号库文件。

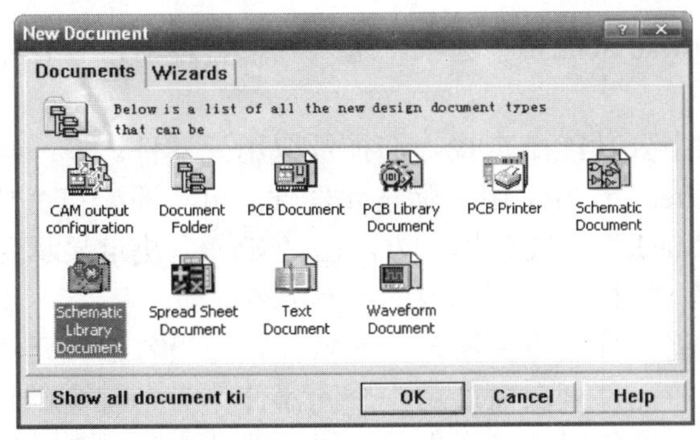

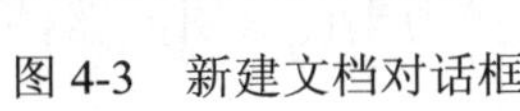
图 4-3　新建文档对话框

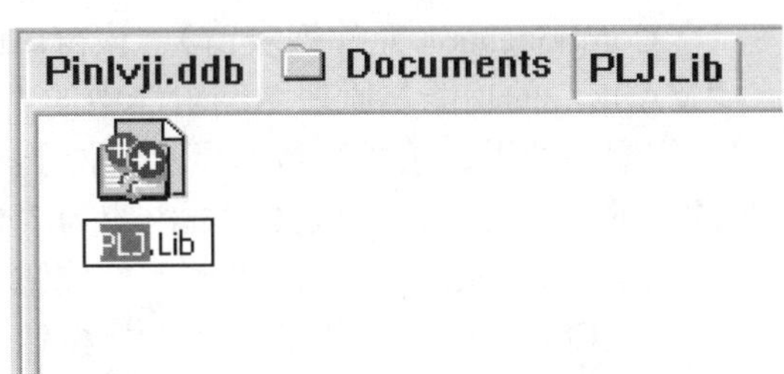

图 4-4　新建元件库文件命名

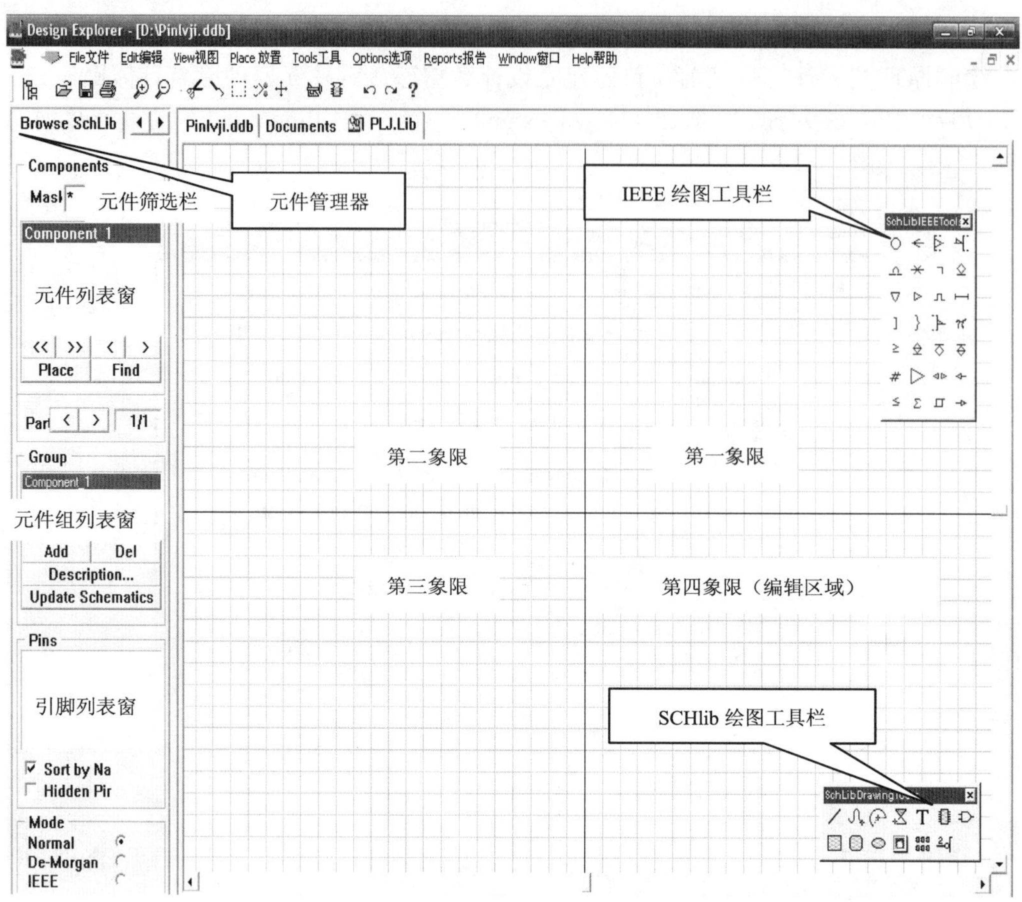

图 4-5 原理图元件库文件编辑器界面

原理图元件库编辑器界面与原理图设计编辑器相似,主要由元件管理器、主工具栏、菜单栏、常用工具栏和编辑区等组成。原理图元件库编辑器界面也有两个窗口，左边为管理窗口，右边为编辑窗口，原理图元件符号即在编辑窗口的图纸区域内绘制，也可以通过菜单或按键进行放大、缩小屏幕的操作。不同的是在编辑区的中心有一个十字坐标轴，将元件编辑区划分为四个象限，这里使用菜单命令“View”→“Zoom In”或按 PageUp 键将元件绘图页的四个象限相交点处放大到足够程度，一般在第四象限靠近坐标原点的位置进行编辑，而象限交点即为元件基准点。一个画面只对应一个元件符号。

点击图 4-5 所示的元件库编辑器中的“Browse SchLib”选项，进入元件管理器，它有四个窗口，每个窗口详细说明如下。

① Components（元件列表窗） 该窗口的主要功能是查找、选择及取用元器件。

“MASK”的功能与原理图编辑器中的“Filter”一样，用于筛选元器件，可与通配符“*”和“？”配合使用，元器件名称显示区位于“Mask”设置项的下方，由“Mask”决定显示元器件库里的元器件名。当该文本框内容为“*”，将显示元件库内的所有元件。

单击“Components”下的“＜＜”按钮，将元件列表窗第一个元器件作为当前编辑元器件。单击“Components”下的“＞＞”按钮，将元件列表窗最后一个元器件作为当前编辑元器件。单击“＜”按钮，将元件列表窗内的上一个元器件作为当前编辑元器件。单击“＞”按钮，将元件列表窗内的下一个元器件作为当前编辑元器件。

单击“Place”按钮，是将所选元器件放置到电路图中。单击该按钮后，系统自动切换到原理图设计界面，同时原理图元器件编辑器退到后台运行。“Find”（查找）按钮的作用与原理图编辑器中“Find”按钮一样，但自动查找速度太慢，最好人工查找。

“Part”按钮是针对复合封装元器件而设计的，“＜”按钮和“＞”按钮用于选择复合封装元器件中的元件。其右边有一个状态栏，其中分子表示当前的单元号，分母表示集成的元器件数。

② Group（元件组列表窗）　该窗口用于查找和选择共用元件组。所谓共用元件组就是共用元件符号的元件。

单击“Add”按钮，是将另一个元件符号加入到一个元件组内，避免了原理图元件符号库的冗余。单击“Del”按钮是将一个元件从一个元件组内删除。单击“Description”按钮是输入元件的文本栏信息。文本栏信息的输入窗口见图 4-6 所示，在窗口中共有“Designator”、“Library Fields”和“Part Field Names”三个页面。

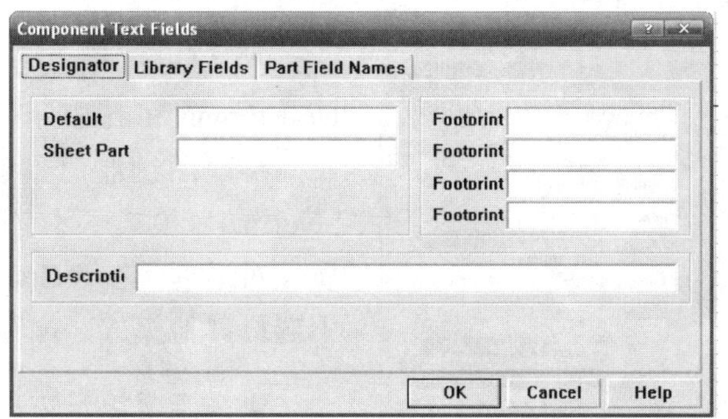

图 4-6　文本栏信息的输入窗口

点击“Designator”，进入图 4-6 页面。

- “Default”栏用来填写“缺省流水号”，格式一般都用约定的英文字头加问号“?”，该流水号是显示在原理图中元件旁的，只要在此处设置了合适的缺省流水号，在原理图里取用该元件时就会自动跟上该流水号。
- “Sheet Part”栏是图纸元件的文件名。
- “Footprint”栏是填写元件的封装形式，有些元件有多种封装，这里最多只能填写四种。在原理图中用填过此封装的元件时，其元件属性对话框的“Footprint”栏下拉菜单中将会出现相应的选项。
- “Description”栏是元件说明，一般用来说明元件的功能等基本特性。

点击“Library Fields”，进入图 4-7 页面，“Text Fields1”以及到“Text Fields 8”是用户可以随意输入的文字栏，每一个栏可以输入 255 个字符。

点击“Part Field Names”，进入图 4-8 页面，“Part Field Name1”以及到“Part Field Name16”是填入元件栏的名字，每个栏的字符数不超过 255 个。

“Update Schematic”按钮是更新原理图中的当前元件符号，将该元件的改动反映到原理图中的元件上。如果发现电路图中自制元件符号不满足要求，重新修改后直接单击该按钮，则电路图中的元件将自动更新为新符号，而不需要删除后重新放置，可提高效率。

③ Pins（引脚列表窗）　该窗口用于显示编辑区元件（或子件）的全部引脚的信息。

选中“Sort by Name”，将引脚按引脚名称排序，引脚名称在前，引脚序号在后。出现个别引脚名称没有的现象是可以的，但引脚序号必须有，否则将给后续的 PCB 制造麻烦。未选中“Sort by Name”时，按引脚序号排序。“Hidden Pins”用来设置引脚是否隐藏或显示。因为很多集成芯片的电源和地引脚一般是隐藏的，选中此处表示显示，否则是隐藏。

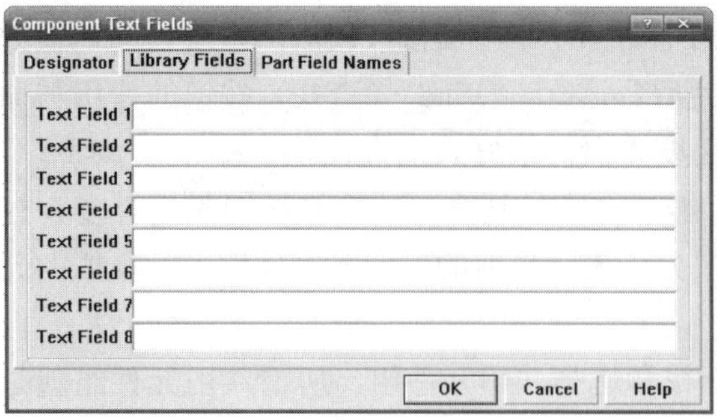

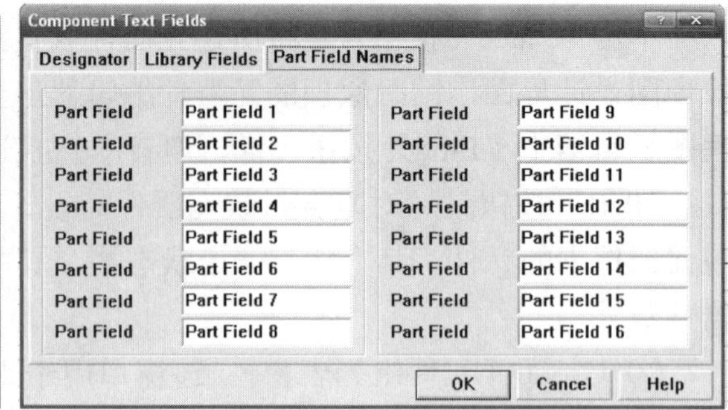

图 4-7 Library Fields 页面

图 4-8 Part Field names 页面

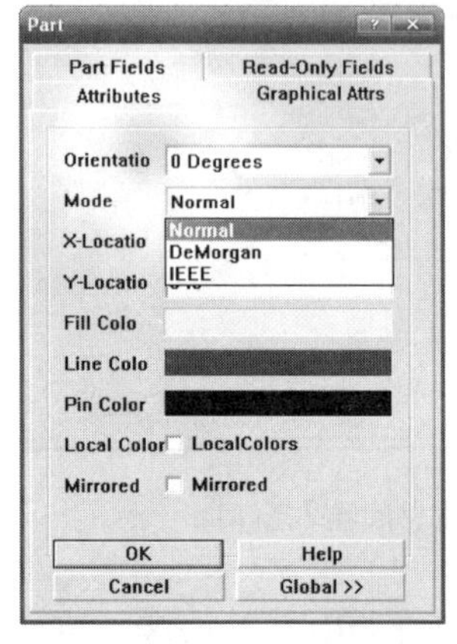

图 4-9 元件符号模式选择

④ Mode（模式列表窗） 该窗口用于指定元件模式，有 Normal、De-Morgan 和 IEEE 三种模式可选。

原理图绘制时默认的是“Normal”模式，很多元件只有在“Normal”模式下才有图。如果要显示其他模式，必须双击打开其属性对话框，在“Graphical Attrs”选项卡中的“Mode”下拉箭头中选择其他模式，如图 4-9 所示。

★※温馨提示※★

进入原理图元件库文件编辑器环境,除了上述的这种方法外，还有其他两种常用的方法。

① 从原理图编辑器切换到原理图元器件库编辑器。在原理图编辑状态下，在“Browse Sch”窗口中的元件列表窗内找出并单击需要修改的元件后，再单击元件列表窗下的“Edit”按钮，即可启动元件电气图形符号编辑器并直接进入该元件电气图形符号编辑。这种方法适用于系统元器件库元器件的编辑操作。

② 通过系统元器件库进入元器件库编辑器。执行“File”菜单下的“Open”命令，在“Open Design Database”窗口内，打开元件电气图形符号库文件包（缺省时，Protel 99 SE 元件电气图形符号库文件存放在 Design Explorer 99 SE\Library\Sch 文件夹内）。

任务二、元件符号的自定义绘制

自定义元件符号的绘制有两种情况：一是绘制库内没有的全新的符号，二是复制库内已有的类似的元件符号，再作稍加修改。本项目中的 CD40110 属于第一种情况，4017 和数码管就属于第二种情况。

1．绘制 CD40110 元件符号

在制作简易频率计电路原理图时，打开原理图编辑器，在左边的原理图管理器“Browse Sch”窗口单击“Find”，在系统弹出的“Find Schematic Component”框中的“By Library Reference”栏写入“40110”，单击“Find Now”，如图 4-10 所示，在 Protel 99 SE 元件库里找不到 40110，如图 4-11 所示，所以需要自定义绘制元件符号。其步骤如下。

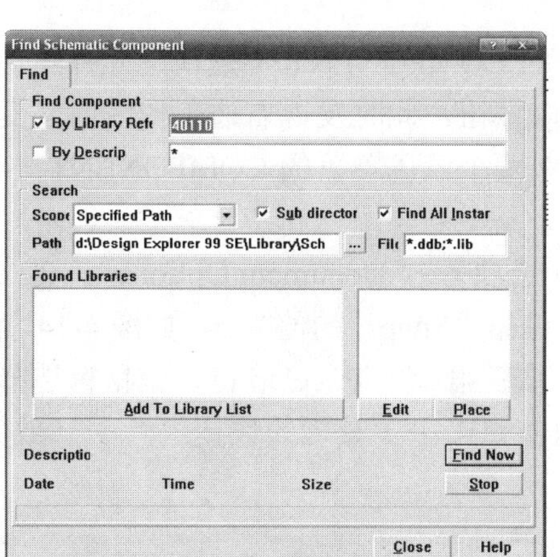

图 4-10　查找 40110

图 4-11　查找 40110 结果

① 分析芯片资料，设计芯片符号。CD40110 为十进制可逆计数器/锁存器/译码器/驱动器，具有加减计数、计数器状态锁存、七段显示译码器输出等功能。它有 2 个计数时钟输入端 CPU 和 CPD 分别用作加计数时钟输入和减计数时钟输入。由于电路内部有一个时钟信号预处理逻辑，因此当一个时钟输入端计数工作时，另一个时钟输入端可以是任意状态。CD40110 的进位输出 CO 和借位输出 BO 一般为高电平，当计数器从 0~9 时，BO 输出负脉冲；从 9~0 时 CO 输出负脉冲。在多片级联时，只需要将 CO 和 BO 分别接至下级 CD40110 的 CPU 和 CPD 端，就可组成多位计数器。图 4-12 是该芯片的引脚图，表 4-1 所示是该芯片的引脚描述。

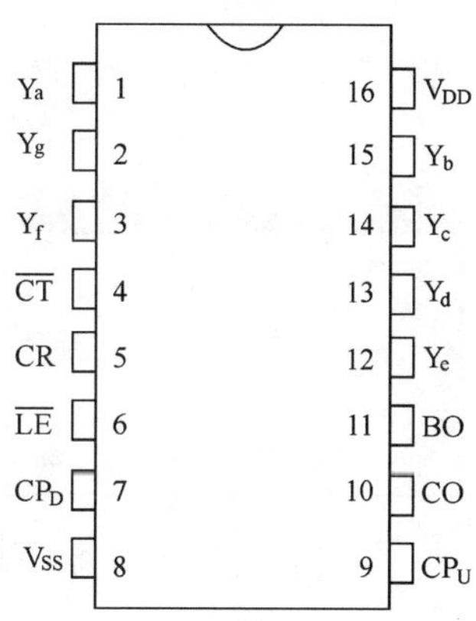

图 4-12　CD40110 引脚分布

表 4-1　CD40110 引脚描述

引脚序号	符　号	引脚描述	引脚序号	符　号	引脚描述
1	Y_a	锁存译码输出端 a	9	CP_U	加计数器时钟输入端
2	Y_g	锁存译码输出端 g	10	CO	进位输出端
3	Y_f	锁存译码输出端 f	11	BO	借位输出端
4	$\overline{CT}$	计数允许端	12	Y_e	锁存译码输出端 e
5	CR	清除端	13	Y_d	锁存译码输出端 d
6	$\overline{LE}$	锁存器预置端	14	Y_c	锁存译码输出端 c
7	CP_D	减计数器时钟输入端	15	Y_b	锁存译码输出端 b
8	V_{SS}	地	16	V_{DD}	正电源

图 4-12 给出的 CD40110 引脚分布是按照芯片的实际引脚分布排序的，在元件绘制时一般按引脚特性进行重新分布。通常习惯把输入引脚放在左侧，输出引脚放在右侧，设计的 CD40110 元件符号如图 4-20 所示，这样在电路图绘制完成后有利于识图。

② 元件符号命名。打开如图 4-5 所示的原理图元件库文件编辑器界面，由于新建元件库时就自动生成了一个新元件，所以绘制第一个元件符号时不再需要新建元件，只需单击菜单栏的“Tools”（工具），在其下拉菜单中选择“Rename Component”（重命名），单击后，系统

弹出“New Component Name”对话框，对话框中的 COMPONENT_1 是新建元件默认名，将其改为“CD40110”，如图 4-13 所示，单击“OK”按钮，此时发现右边工作区内又变成空白的了，左边的元件管理器“Browse SchLib”窗口中两个蓝色覆盖的 COMPONENT_1 都同时变为 CD40110，则当前绘制的就是 CD40110 了。

③ 设置栅格尺寸。执行菜单命令“Options”（选项）→“Document Options”（文档选项），在“Library Editor Workspace”对话框中设置锁定栅格“Snap”的值为 5，如图 4-14 所示。锁定栅格小一些，便于绘图。单击“OK”按钮后，按键盘上的 PageUp 键，或鼠标选择菜单命令“View”（视图）→“Zoom In”（放大），或者直接点击主工具栏的快捷工具 ，放大屏幕，直到屏幕上出现栅格。

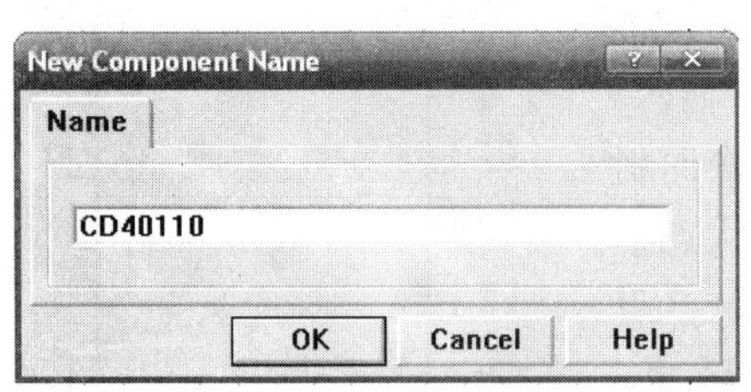

图 4-13 元件命名对话框

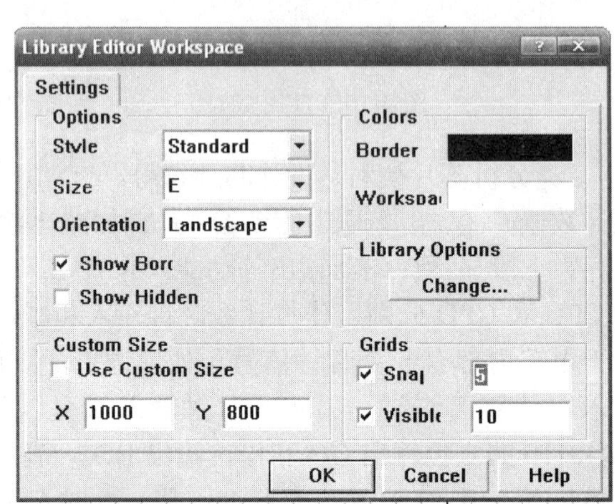

图 4-14 设置栅格尺寸

★※温馨提示※★

本项目中也可以不更改栅格尺寸，用系统默认的“Snap”的值 10 也不影响。

④ 绘制元件形状。使用 Sch Lib 绘图工具栏的工具进行绘图。如果“Sch Lib Drawing Tools”（SCH lib 绘图工具栏）没有出现在窗口中，则执行菜单命令“View”（视图）→“Toolbars”（工具条）→“Drawing Toolbar”（绘图工具条），如图 4-15 所示。

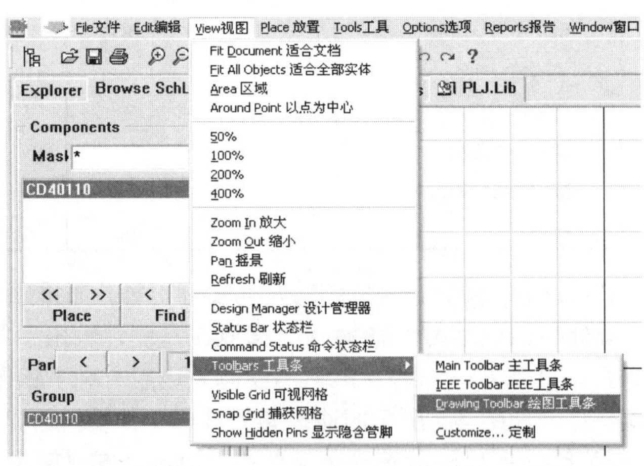

图 4-15 显示 Sch Lib 绘图工具栏步骤

弹出的“Sch Lib Drawing Tools”文本框是活动框，如图 4-16 所示，可以用鼠标拖拽到窗口的任意位置。只不过当占用窗口四周中某一边界时，Sch Lib 绘图工具栏自然从编辑区内消失，显示在这个边界内。也可以用鼠标从这个边界内拖到编辑区中。同样方法，也可以在窗口中显示 IEEE Toolbar（IEEE 工具条）栏。

执行菜单命令“Edit”→“Jump”→“Origin”，将光标定位到原点处。在 Sch Lib 绘图工具栏中单击矩形绘图按钮，或执行菜单命令“Place”→“Rectangle”，或直接在键盘上按 P-R 字母，就立刻处于画矩形状态。此时鼠标指针旁边会多出一个大“十”字符号，一个矩形方块跟着鼠标移动，将方块移动到第四象限，使方块左上角的大“十”字与坐标中心的原点重合，单击鼠标将左上角固定，然后鼠标就自动移动到方块的右下角，移动鼠标确定方块尺寸大小为 5 格×9 格后，单击鼠标将方块右下角确定，如图 4-17 所示。单击鼠标右键取消画矩形状态。

图 4-16　Sch Lib 绘图工具栏

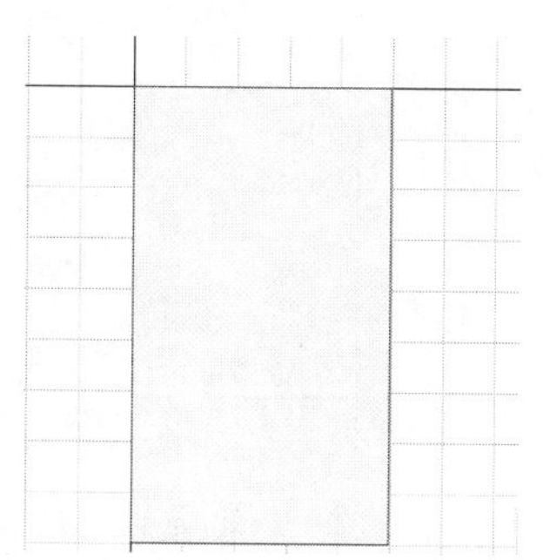

图 4-17　绘制 5 格×9 格方块图

★※温馨提示※★

先画适当大小方块，以后也可以调整大小为 5 格×9 格。

⑤ 放置元件引脚。在 Sch Lib 绘图工具栏中单击放置引脚按钮，或执行菜单命令“Place”→“Pins”，或直接在键盘上按 P-P 字母，就切换到放置引脚模式。此时鼠标指针旁边会多出一个大“十”字符号及一条短线，这条短线就是一个引脚，没有连着大“十”字的另一端有一个黑点，表示该端具有电气属性，必须使该端放置在元件外侧，连着大“十”字的一端没有电气含义，必须放置在元件内侧，如图 4-18 所示。将鼠标移动到该放置管脚的地方，单击鼠标将引脚一个接一个地放置，注意用键盘上的空格键调整管脚的方向。放置时按键盘左 Tab 键，或放置引脚后，双击引脚，或用鼠标右击引脚，选择“Properties”，弹出 Pin 属性设置对话框，如图 4-19 所示。

★※温馨提示※★

调节引脚放置位置，选中某一引脚，按住鼠标左键不放，同时按空格键，每按一次元件旋转 90°；或者在按住鼠标左键不放时，同时按下 X 键或 Y 键。当按下 X 键时，元件左右翻转 180°；当按下 Y 键时，元件上下翻转 180°。

对话框中主要选项含义如下。

- “Name”栏是要填入的引脚名字。一般为字符串，如 Ya、Yb、Yc、BO、CO 等，也可以是数字，甚至空白。若要在引脚名上放置上划线，表示该引脚低电平有效，可使用字符

“\”来实现。其中$\overline{CT}$在 Name（引脚名）处应输入 C\T\、$\overline{LE}$ 在 Name 处应输入 L\E\，选中最上面的“Show”的复选框，显示引脚名字，否则将会隐藏。本项目中所有引脚都选中这个“Show”的复选框。

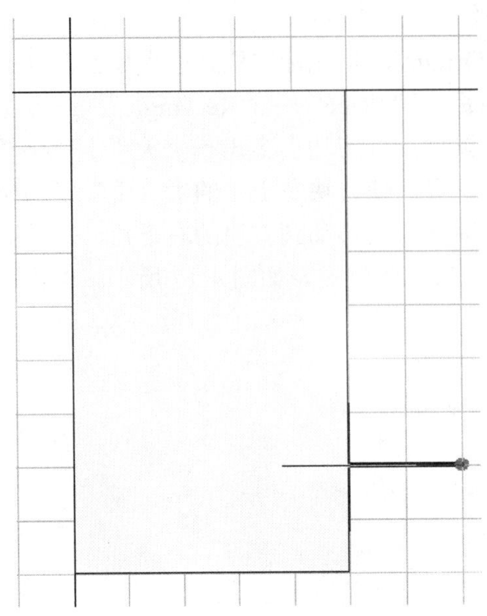
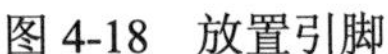

图 4-18　放置引脚

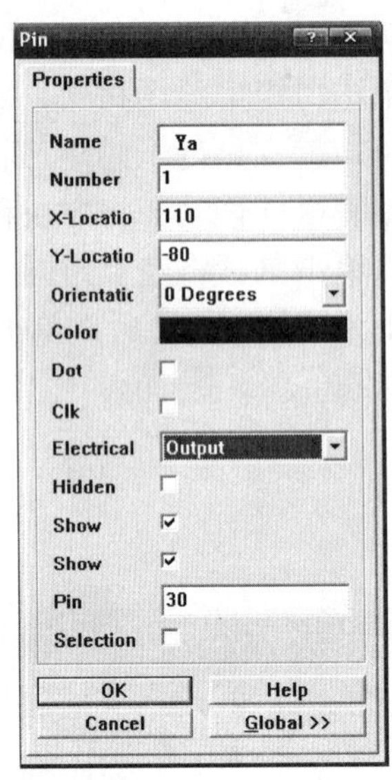

图 4-19　Pin 属性设置对话框

- “Number”栏表示的是引脚序号，一般用数字，如 1、2、3 等，但不能重复，每个引脚必须有，因为从原理图更新到 PCB 图就是通过元件序号与 PCB 元件封装的焊盘序号建立一一对应关系的，故不能省略。但也可以用字符串。选中最下面的“Show”的复选框，显示引脚序号，否则，将会隐藏。本项目中所有引脚都选中这个“Show”的复选框。
- “Dot”复选框表示的是引脚是否具有反向标志（负逻辑标志）。对于集成电路中低电平有效的输入端，一般会使该项被选中。当该项选中时，在引脚非电气端将出现一个小圆圈。本项目中的$\overline{CT}$和$\overline{LE}$ 引脚选中此项。
- “Clk” 复选框表示的是引脚是否具有时钟标志，对于集成电路中时钟等输入引脚，一般会使该项被选中。当该项选中时，在引脚非电气端将出现一个“＞”。本项目中的 CPD 和 CPU 引脚选中此项。
- “Electrical”栏是选择引脚电气性质。一共有八种选择：Input 表示输入引脚；IO 表示输入输出引脚，双向；Output 表示输出引脚；Open Collector 表示集电极开路输出；Passive 表示被动引脚，当引脚的输入输出特性不能确定时，可定义为被动特性，一般对于不易判断电气特性的引脚均选择“Passive”，如电阻、电容、电感、三极管等分立元件的引脚；HiZ 表示三态，输出；Open Emitter 表示发射极开路输出；Power 表示电源引脚。知道电气特性引脚的直接在下拉选项中选中，特别是集成芯片中隐藏的电源和地引脚，必须将“Electrical”栏选为“Power”属性，否则电路图绘制中很容易遗忘连线，导致出现错误，而明确选为“Power”属性后，则该引脚的名称被自然默认为网络标号，将自动与电路中的同名网络相连。本项目中 CPD 和 CPU 引脚选择“Input”，Ya～Yg、BO 和 CO 引脚都选择“Output”，VDD 和 VSS 引脚都选择“Power”。

- “Hidden”复选框表示的是引脚是否被隐藏。当选中时隐藏该引脚，否则显示。集成电路芯片的电源（VCC）引脚、地线（GND）引脚常常处于隐藏状态。本项目中的 VDD 和 VSS 引脚均选中此项。
- “Pin”栏是要填入的引脚长度。因为 SCH 编辑器栅格锁定距离一般取 5mil 或 10mil，为保证连线对准，引脚长度一般取 5 或 10 的整数倍，所以引脚长度通常取 20mil 或 30mil。本项目中所有引脚在“Pin”栏都取 30。

在放置完 16 个引脚后，修改引脚 1 如图 4-19 所示，依此类推，对所有引脚属性作修改，其修改方式如表 4-2 所示。

表 4-2　引脚的重要属性

引脚	Name	Number	Dot	Clk	Electrical	Hidden	Show	Show	Pin
1	Ya	1			Output		√	√	30
2	Yg	2			Output		√	√	30
3	Yf	3			Output		√	√	30
4	$\overline{\text{CT}}$	4	√		Passive		√	√	30
5	CR	5			Passive		√	√	30
6	$\overline{\text{LE}}$	6	√		Passive		√	√	30
7	CP_D	7		√	Input		√	√	30
8	V_SS	8			Power	√	√	√	30
9	CP_U	9		√	Input		√	√	30
10	CO	10			Output		√	√	30
11	BO	11			Output		√	√	30
12	Ye	12			Output		√	√	30
13	Yd	13			Output		√	√	30
14	Yc	14			Output		√	√	30
15	Yb	15			Output		√	√	30
16	V_DD	16			Power	√	√	√	30

⑥ 定义元件属性。单击元件管理器中的“Description”按钮，系统将弹出元件文本设置对话框，如图 4-6 所示，设置“Default Designator”栏为“U？”（元件默认编号），“Footprint”栏为“DIP-16”，也可以在“Description”栏中填入“十进制可逆计数器/锁存器/译码器/驱动器”，单击“OK”按钮确定，完成的 CD40110 元件符号如图 4-20 所示。再去掉“Browse SchLib”元件管理器中的“Hidden Pins”框中的“√”，电源引脚隐藏的 CD40110 元件符号如图 4-21 所示。

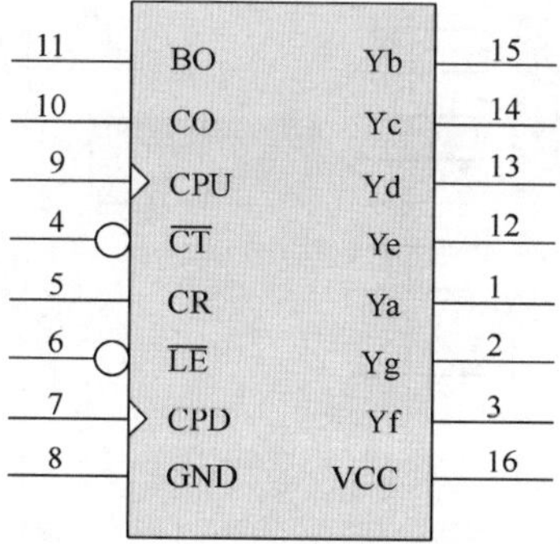

图 4-20　CD40110 元件符号

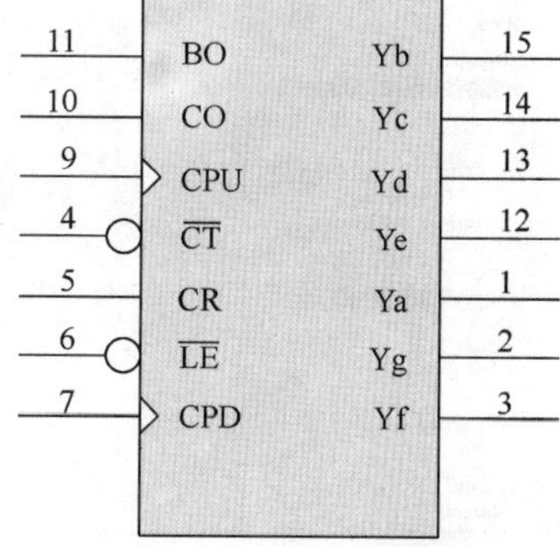

图 4-21　电源引脚隐藏的 CD40110 元件符号

单击主工具栏上的保存按钮或执行菜单命令 File→Save，保存该元件。

2．修改 4017 相近元件符号

在制作如图 4-1 所示的简易数字频率计电路原理图时，在 Protel 99 SE 元件库里找到的 4017 与图 4-1 中的 4017 非常接近，但有点差异，就是个别引脚分布顺序不一样。其实不用重新绘制，可以直接从 Protel 99 SE 元件库里复制出该元件，粘贴到自己创建的“PLJ.Lib”元件库内稍作修改即可。具体操作如下。

① 若要在现有的元件库加入新设计的元件，只要打开自己创建的“PLJ.Lib”的元件库文件，进入元件编辑器窗口。在“Sch Lib Drawing tools”上单击添加新元件按钮，或执行菜单命令“Tools”→“New Component”，或直接在键盘上按 T+C 键，就可以按照前面的步骤进行新建元件符号命名，这里命名为“4017_1”。进入 4017_1 元件符号编辑窗口。单击左边元件管理器“Browse SchLib”窗口中的“Find”，按照前面图 4-10 的步骤，输入“4017”，查找结果如图 4-22 所示，结果显示三个库里都有 4017，其实，第一次操作时一般只显示“Found Libraries”中前面两个元件库中存在 4017，第三个库只是一个临时文件，打不开 4017。因此任意选择两者之一（第一个和第二个库的 4017 仅是 13 引脚名字不一样，但功能一样）。这里选择第一个库，单击“Edit”，进入如图 4-23 所示的界面，在编辑区显示 Protel 99 SE 元件库中的 4017 元件符号。

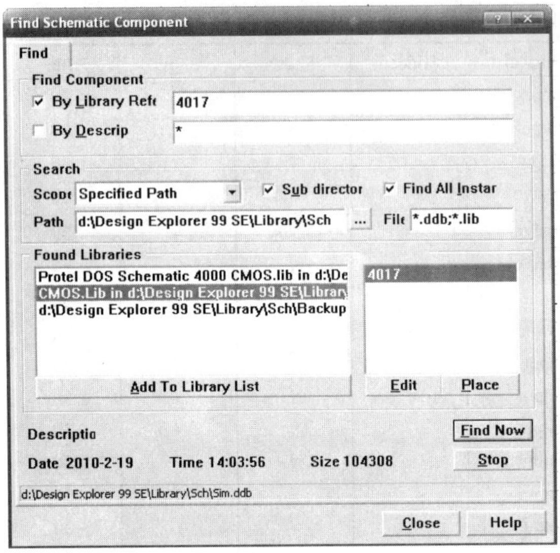

图 4-22　查找到 4017 结果

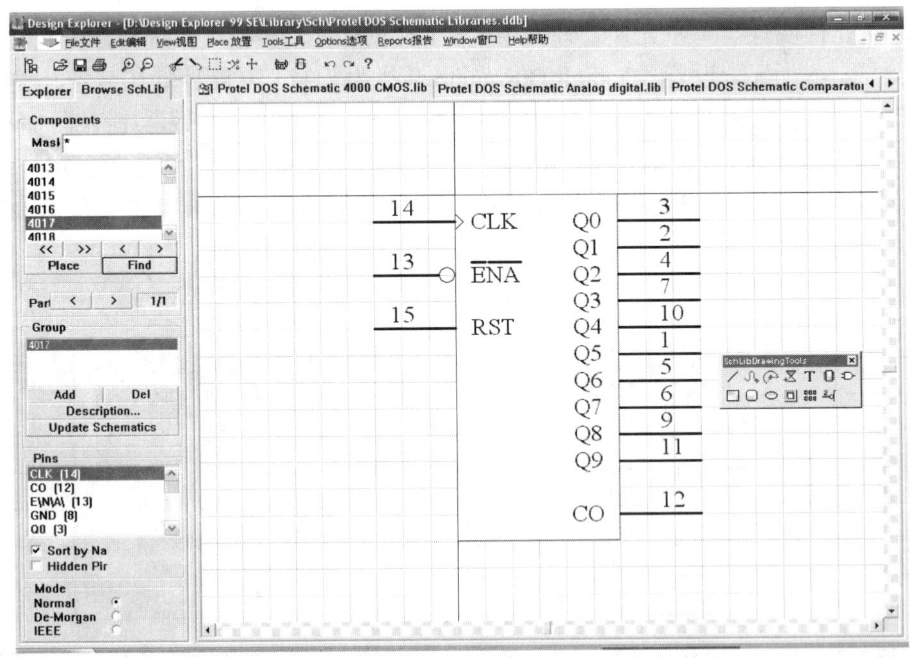

图 4-23　Protel 99 SE 元件库中的 4017 元件符号

② 在图 4-23 所示的窗口中，点击左边元件管理器“Browse SchLib”窗口中的“Hidden Pin”，隐藏的电源引脚立即显示出来。再按快捷键“PageDown”，或单击主工具栏的，或执行菜单命令“View”→“Zoom Out”，或直接在键盘上按 V+O 键，适当缩小编辑区。执行菜单命令“Edit”→“Select”→“All”，或单击主工具栏的选择区域符号，全部选中该元件，直到所有组件都变成统一颜色为止。注意一定要确保所有元件的组件都处于选中状态，如图 4-24 所示。同击键盘上的 Ctrl+C 组合键，或执行菜单命令“Edit”→“Copy”，或直接在键盘上先后按 E+C 键，出现十字架，在编辑区十字架中心处单击，将元件复制到剪贴板中，且以中心作为参考点，同时光标的十字架立即消失。注意一定要及时对该元件撤销选中，否则将会改变原有的元件库。这里只要马上单击主工具栏的按钮或执行菜单命令“Edit”→“Deselect”→“All”即可。

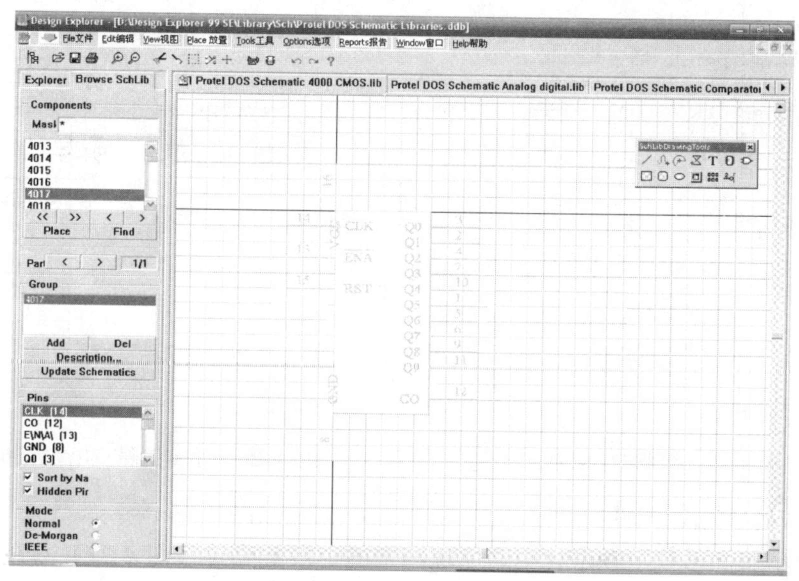

图 4-24　选中元件的所有组件

点击左边窗口的文档管理器“Explorer”，找到文件目录结构下的设计文件数据库 PLJ.ddb，单击在其下的“Documents”里的“PLJ.Lib”，进入到“PLJ.Lib”库文件的元件编辑器窗口。同击“Ctrl+V”，或执行菜单命令“Edit”→“Paste”，立即出现十字架拖一个元件，将光标移到在编辑区内的十字架中心，单击左键，完成元件的复制。单击主工具栏的取消选中按钮或执行菜单命令“Edit”→“Deselect”→“All”撤销元件的选中状态。

★※温馨提示※★

- 在区域选中 SchLib 环境中的元件符号之前，一定不要忘了把集成芯片元件符号中隐藏的电源引脚显示出来，否则复制来的集成芯片元件符号缺少电源引脚。
- 元件符号的复制必须是 SchLib 环境中的内容复制到 SchLib 环境中，而不是将 SCH 环境中的内容复制到 SchLib 环境中。
- 每次复制时，都必须要以十字架中心为参考点。因为 Protel 99 SE 软件要求每次复制时必须要有一个参考点，而且元件编辑时要求元件必须位于第四象限靠近中心点，否则将会给该元件的取用和制图过程带来不便。

③ 在 Protel 99 SE 元件库的 4017 与需要设计的 4017 除了隐藏的电源引脚外，还有 13、14、15 引脚的排列顺序不一样，只需在“PLJ.Lib”库文件的元件编辑器窗口中修改复制来的元件符号。单击 14 引脚，14 引脚周围出现虚线框，光标放在 14 引脚上，按住鼠标左键，光标旁边立即出现十字架，一直按住鼠标左键拖移 14 引脚到该元件同侧下方任一位置。按同样方法将 15 引脚拖移到原 14 引脚的位置，将 13 引脚拖移到原 15 引脚的位置，再把 14 引脚拖移到原 13 引脚的位置。把电源 VCC 引脚拖移到方块上方的中央位置，把电源 GND 引脚拖移到方块下方的中间位置，这样满足要求的 4017 就绘制成了，如图 4-25 所示。点击左边元件管理器“Browse SchLib”窗口中的“Hidden Pin”，显示的电源引脚立即隐藏起来，如图 4-26 所示。最后单击“保存”按钮。

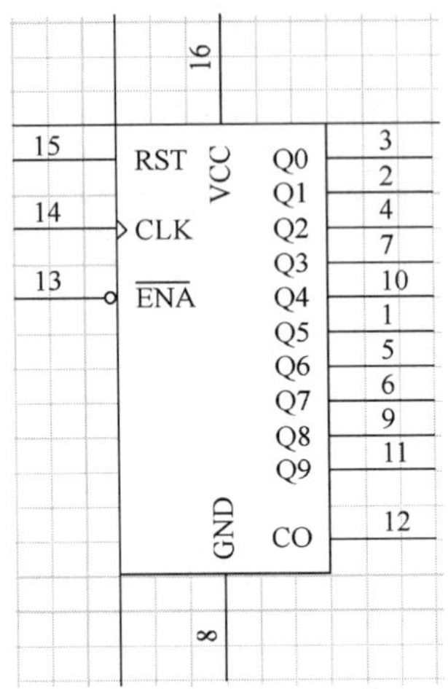

图 4-25 绘制的 4017

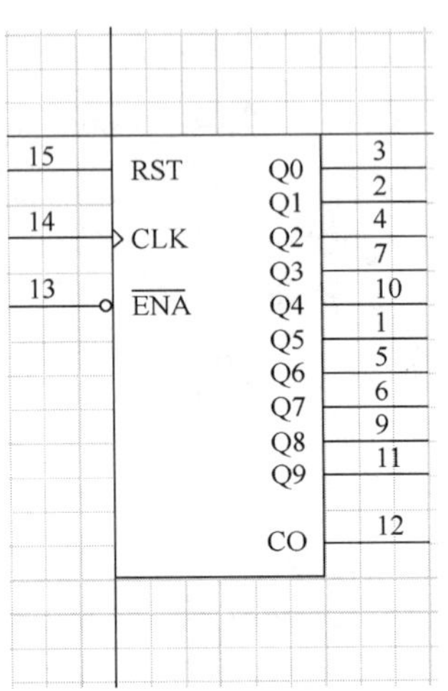

图 4-26 绘制的隐藏电源引脚 4017

3．修改数码管相近元件符号

图 4-1 所示的简易数字频率计电路原理图中的七段数码管（图 4-27）与在 Protel 99 SE 软件“Miscellaneous Device.lib”元件库里找到的数码管“DPY_7-SEG_DP”（图 4-28）也有差异：一是多了两个引脚，二是引脚序号不对应。

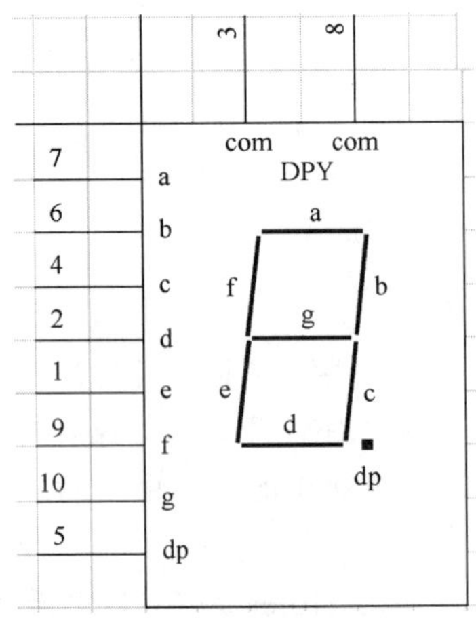

图 4-27 设计电路图所需的七段数码管

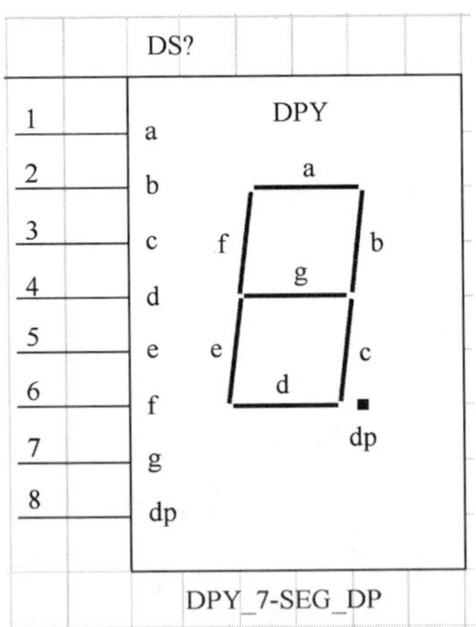

图 4-28 Protel 99 SE 元件库的七段数码管

“Miscellaneous Device.lib”元件库里的数码管“DPY_7-SEG_DP”符号在实际中是不能

使用的，因为图 4-28 所示的数码管符号与实际数码管引脚（图 4-29）不相符合。具体分析如下。元件库里的数码管段码 a～g 和小数点 dp 的引脚号与实际不符，而且没有 com 公共端。

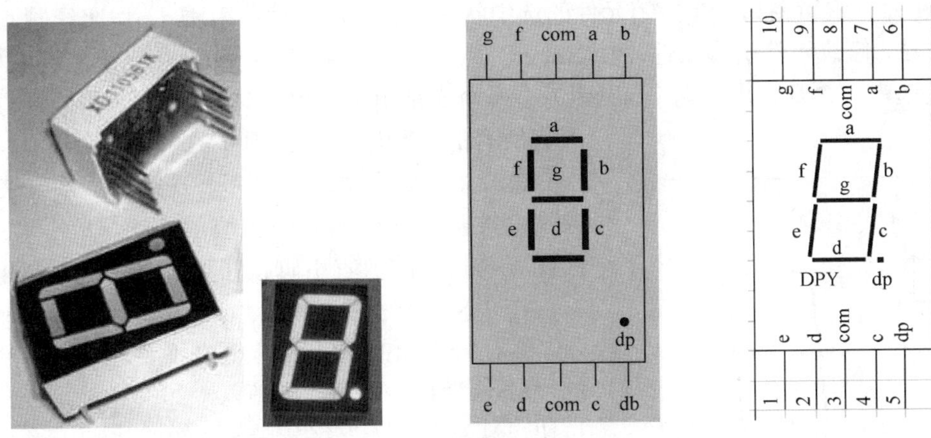

图 4-29　实际数码管及其引脚排列

本项目简易数字频率计电路原理图中的数码管（图 4-27 所示）与实际数码管引脚数量和序号一致，仅是分布排列不一样。因此需要复制、修改“Miscellaneous Device.lib”元件库里的数码管，绘制满足本项目需要的数码管。

① 按照前面修改 4017 的方法，在“Sch Llib”绘图工具栏上单击添加新元件按钮，命名为“DPY_7-SEG DP _1”。找到元件后，复制“Miscellaneous Device.lib”元件库里的数码管 DPY_7-SEG_DP 到“PLJ.Lib”库的元件编辑窗口。

这里介绍另一种过滤方法找元件。添加新元件命名后，执行菜单命令“File”→“Open”，打开“Design Explorer 99 SE\Library\Sch\Miscellaneous Device.ddb”数据库，双击“Miscellaneous Device.ddb”图标，进入 SchLib 编辑状态，在元件列表窗中右边移动滑条，找到 DPY_7-SEG_DP，或直接在“Mask”栏中通配符“*”前输入“DPY_7-SEG_DP”，注意不要去掉栏中通配符“*”号，编辑区内将最大显示该元件，如图 4-30 所示，按快捷键 PageDown，

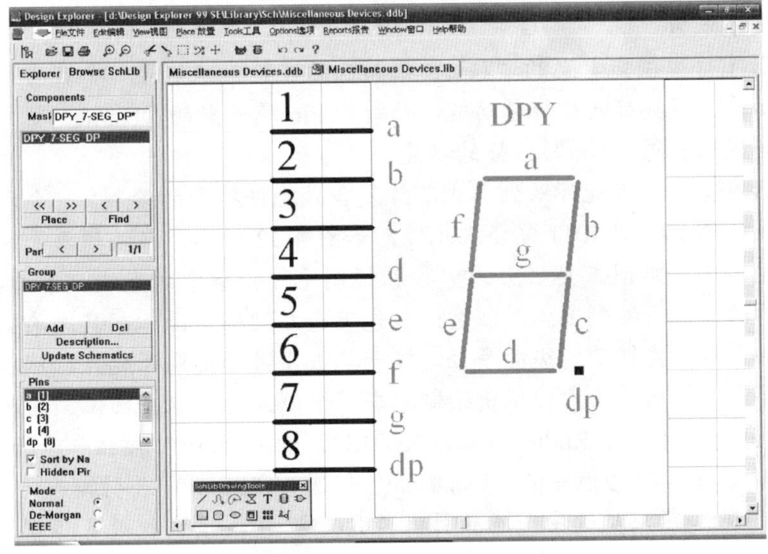

图 4-30　系统元件库 SCHLib 编辑状态中的 DPY_7-SEG_DP 最大显示

或单击主工具栏的🔍，适当缩小编辑区。按照前面修改 4017 的方法，复制 SchLib 编辑状态中的 DPY_7-SEG_DP 到"PLJ.Lib"库的元件编辑窗口。

② 在元件编辑窗口，在撤销元件的选中状态后，双击元件的引脚 a，按照绘制 CD40110 引脚的方法，修改元件引脚属性，"Number"栏为"7"，其余栏不改变（注意最上面的"Show"框中不要选中，否则将出现两个 a，因为有一个 a 是用字符串工具写上的）。用同样方法，修改完所有的引脚序号，如图 4-31 所示。

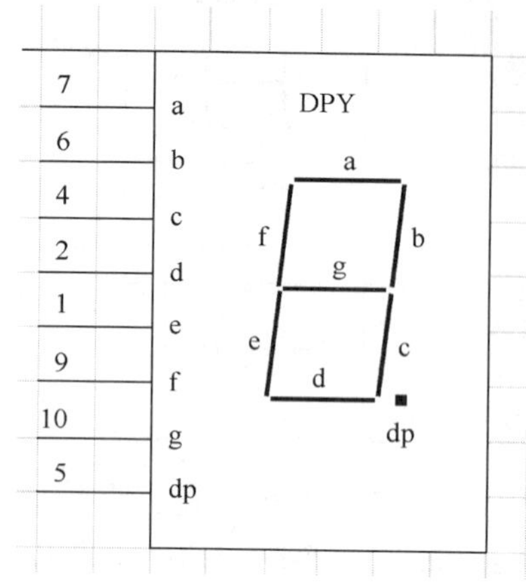

图 4-31 修改好所有的引脚序号

③ 由于实际数码管有两个公共端，接下来绘制公共端。按照绘制 CD40110 引脚的方法，单击"Sch Lib"绘图工具栏上的放置引脚按钮，并按 Tab 键修改属性，在"Name"栏里写入"com"，在"Number"栏填入"3"，最上面的"Show"框中不要选中，选中最下面的"Show"框，"Pin"栏填入"20"，然后单击"OK"按钮，恢复到"十"字号带一个短线状态，移动光标到方块上方的左 2 格或右 4 格处，单击左键，序号 3 引脚就停在方块上方；光标仍然是"十"字号带一个短线，同样方法，按 Tab 键，在"Number"栏里把自动升位的"4"改为"8"，移动光标到方块上方的左 4 格或右 2 格处，单击左键，序号 8 引脚就停在方块上方，单击右键退出放置引脚状态。序号 3 和 8 引脚并没有完全绘制好，设置栅格大小，在"Snap"栏里填入"5"，单击"OK"按钮。单击"Sch Lib"绘图工具栏上的放置字符串按钮T，或执行菜单命令"Place"→"Text"，光标旁出现十字架带一个虚框，按 Tab 键，在弹出框的"Text"栏填入"com"，若其框下拉选项中存在，则直接选中，不用写入。颜色"Color"栏选黑色，字体"Font"栏里单击"Change"，在弹出框里的字体"大小"选用 8，其他栏不用改。单击"OK"按钮后移动光标到序号 3 引脚下方的方块里，单击左键，再到序号 8 引脚下方的方块里单击左键，然后单击右键退出放置字符串状态，于是绘制好的数码管如图 4-27 所示。

★※温馨提示※★

- 放置字符串按钮T里的"Text"栏写入的字符串仅仅是一个在当前图形中显示名称的功能，不具有网络标号功能，而引脚 Pin 属性里的"Name"栏中写入的字符串具有与网络标号"Net"一样的功能。
- 以后有些项目可能涉及到集成芯片复合式元件符号的绘制，一个元件由几部分子件组成。例如绘制 4011 复合式元件，如图 4-32 所示。在编辑画面的中心绘制第一个单元，单击绘图工具栏上的╱按钮绘制元件轮廓中的直线，单击按钮绘制元件轮廓的圆弧。绘制圆弧时注意：首先单击左键确定圆心，其次单击左键确定横向半径，再单击左键确定纵向半径，接着单击左键确定圆弧起点，然后单击左键确定圆弧终点，最后单击右键退出绘制状态。绘制完后，双击圆弧，在属性对话框中将"X-Radius"和"Y-Radius"栏写入"15"，单击"OK"按钮。然后放置引脚，在 1、2 引脚的属性对话框中的"Electrical"栏选为"Input"，3 引脚选为"Output"，3 引脚的"Dot"项应被选中，所有引脚的引脚名"Name"栏设置为空，"Pin"栏写入"30"。此时查看一下"Browse SchLib"选项卡中"Part"区域，显示为"1/1"，

说明此时 4011 元件只有一个单元。新建一个元件单元或子元件，直接单击绘图工具栏按钮，或执行菜单命令“Tools”→“New Part”，于是出现一个新的编辑画面。再查看“Browse SchLib”选项卡中“Part”区域，显示为“2/2”，表示现在 4011 这个元件共有两个单元，当前显示的是第二单元。元件名仍然不变。将第一单元的图形复制过来，按第二单元图形修改引脚号即可。重复上述步骤，绘制第三、四单元。全部单元符号绘制完毕后，单击“Browse SchLib”选项卡中“Part”区域内的翻页按钮 < | >，在每个单元放置电源 VCC（“Number”栏为“14”）和 GND（“Number”栏为“7”）引脚，并选中两个引脚的“Hidden”属性，将其隐藏。最后保存。

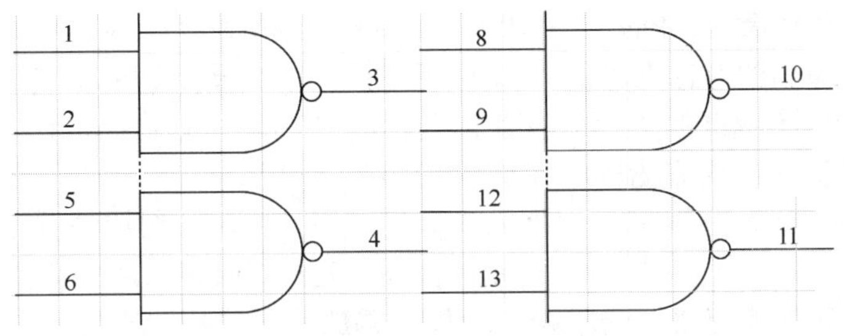

图 4-32　4011 复合式元件中的与非门符号

子项目 2　复合式元件和总线结构的原理图绘制

任务一、加载自建元件库

① 启动 Protel 99 SE，打开已经创建的设计数据库“Pinlvji.ddb”中的“Documents”，利用前面学过的方法，在“Documents”里建立一个原理图文件“PLJ.Sch”，双击它进入原理图编辑界面，并设置栅格“Snap”为 5。

② 添加绘制简易数字频率计电路所需的元件库。由于本电路为复杂电路，大部分元件在分立元件库“Miscellaneous Devices.ddb”和 Protel DOS 原理图库“Protel DOS Sshematic Libraries.ddb”中找到，故本例需先添加这两个元件库。而前面已经把 CD40110、4017 以及数码管编辑完，在原理图里可直接运用它们，如同程序自带的元件库内元件一样，要调用它们，也必须加载元件库。在原理图编辑状态窗口，单击左边原理图管理器“Browse Sch”，在“Browse”下方选择“Libraries”，单击“Add/Remove”弹出对话框，在“查找范围”栏中的下拉箭头不断改变路径，直至找到原“Pinlvji.ddb”数据库存放的路径“D：\”，找到并双击“Pinlvji.ddb”图标或单击它后单击“Add”，看到“Selected Files”栏下方存在 D:\Pinlvji.ddb，单击“OK”按钮即可加载该元件库。判断是否加载进来，看在 Sch 编辑环境的左边原理图管理器“Browse Sch”窗口中的“Browse”下方，当选择“Libraries”时，移动滑条，其下方窗口中是否有 Pinlvji.ddb。如图 4-33 所示，可以看到加载进来的元件库及其每个自定义绘制元件。

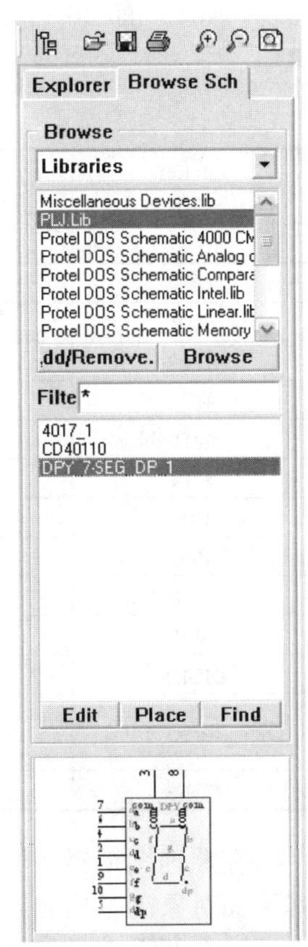

图 4-33　加载自建元件库

由于该自建的元件库文件“PLJ.Lib”与绘制的电路原理图文

件“PLJ.Sch”都在同一自建数据库“Pinlvji.ddb”内，因此，快速取用自定义绘制元件还有一种捷径，不用加载自建元件库，就在自建元件绘制完后直接单击窗口左边的“Place”按钮，立即就切换到原理图编辑状态窗口，而且光标变为“十”字架拖着该自建元件。

一般来说，建议选用加载元件库的方法。

任务二、绘制复杂的简易数字频率计电路图

（1）设置图纸　由于将要绘制的电路看似复杂，其实较小，故将图号设置为 A4 即可，方向为横放。编辑标题栏内容，执行菜单命令“Design”→“Options”→“Oganization”，在“Title”栏里输入“简易数字频率计”，但标题栏的内容并未显示，必须设置特殊字符串显示模式，执行菜单命令“Tools”→“Preferences”，在弹出的对话框中选择“Graphical Editing”，在“Options”区域中选中“Convert Special String”框，单击“OK”按钮。但标题栏内容还未显示，最后执行菜单命令“Place”→“Annotation”或单击“Drawing Tools”工具栏的**T**图标，按 Tab 键，在弹出的对话框里的 Text 栏下拉箭头中选择“Title”，单击“OK”按钮。将带着“十”字架拖一个虚框的光标放置在标题栏的“Title”区域中，于是“Title”内容显示出来。编辑的其余标题栏内容为同样操作。

（2）放置元件（Place→Part）　根据简易数字频率计电路的组成情况，表 4-3 给出了该电路每个元件名、元件型号（型号规格）、元件标注、元件封装名、所在元件库等数据。根据表 4-3 在屏幕左方的元件管理器中选取相应元件，并放置于屏幕编辑区。特别是放置集成芯片 4011 和 4013 时，涉及到复合式元件的概念。对于集成电路，在一个芯片上往往有多个相同的单元，称为复合式元件，如图 4-34 所示的 4013，在一个芯片上包含两个相互独立的单元器件，4013 有 14 个管脚，其中 7、14 分别为接地和电源管脚，同时为芯片上的两个单元供电。

表 4-3　简易数字频率计元件数据

Lib Ref（元件名）	Part Type（元件型号）	Designator（元件标注）	Footprint（元件封装名）	Library（所属元件库）
RES2	10M	R8	AXIAL0.4	Miscellaneous Devices.lib
RES2	20k	R7	AXIAL0.4	Miscellaneous Devices.lib
CAP	22pF	C1、C2	RAD0.1	Miscellaneous Devices.lib
RES2	100k	R5、R6	AXIAL0.4	Miscellaneous Devices.lib
RES2	300	R1 R2 R3 R4	AXIAL0.4	Miscellaneous Devices.lib
4011	4011	U8	DIP14	Protel DOS SshematicLibraries.ddb
4013	4013	U6	DIP14	Protel DOS SshematicLibraries.ddb
4017_1	4017	U7	DIP16	自制 Pinlvji.ddb
4060	4060	U5	DIP16	Protel DOS SshematicLibraries.ddb
CRYSTAL	32768Hz	Y1	AXIAL0.3	Miscellaneous Devices.lib
CD40110	CD40110	U1 U2 U3 U4	自制	自制 Pinlvji.ddb
DIODE	IN4148	D1	DIODE0.4	Miscellaneous Devices.lib
DPY_7-SEG_DP_1	DPY_7-SEG_DP	DS1 DS2 DS3 DS4	自制	自制 Pinlvji.ddb
CON3	INPUT	I/O1	自制	Miscellaneous Devices.lib

在原理图编辑环境的元件管理器窗口中“Filter”栏通配符“*”前输入 4013，依次单击其下面对象浏览框的元件库，直到找到 4013，看到最下面框的“Part”栏右边出现“1/2”，2 表示只有两个单元，1 表示此时显示的是第一个单元。单击“Place”，在编辑区放置该单元，发现其元件标号“Designator”显示为“U?A”，表示是第一个单元 A，在元件管理器窗口中

"Part"栏单击 > ，右边出现"2/2"，放置在编辑区其元件标号"Designator"显示为"U?B"，表示是第二个单元 B，如图 4-35 所示。这两个符号的元件名称相同，图形相同，只是引脚号不同。在编辑区分别双击两个单元，分别查看其属性差异，发现"Part"栏不同，A 单元中是 1，B 单元中是 2。如图 4-36 所示，也可以在"Part"栏的箭头下拉选项"1"、"2"中选择单元归属。放置复合式元件时，系统默认放置的是第一个单元符号。而简易数字频率计电路只需第一个单元 U?A 符号，故删去第二个单元 U?B 符号。

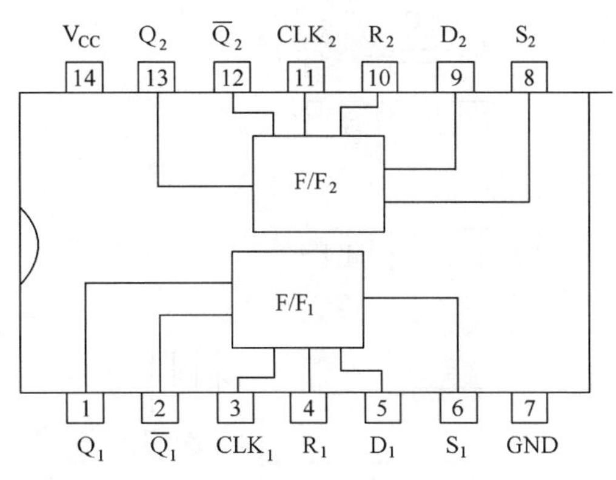

图 4-34 4013 管脚排列

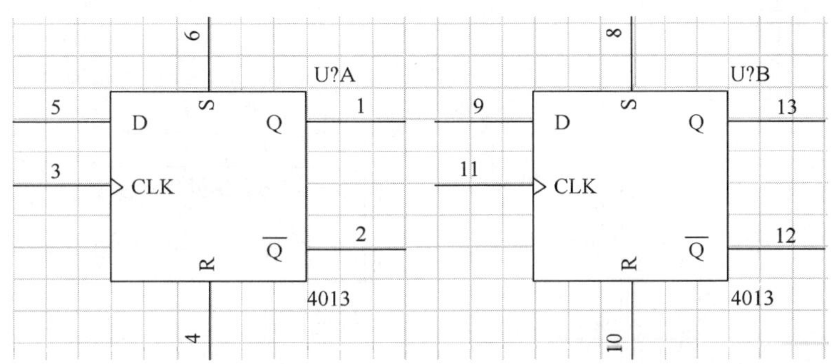

图 4-35 4013 元件符号

同样方法，放置复合式元件 4011，只不过 4011 由四个与非门符号组成，如图 4-37 所示，简易数字频率计电路只需要放置 4011 的第一、第二单元与非门符号。

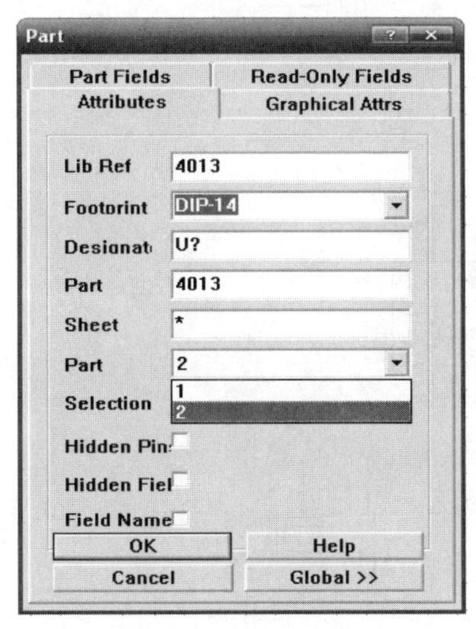

图 4-36 元件属性对话框

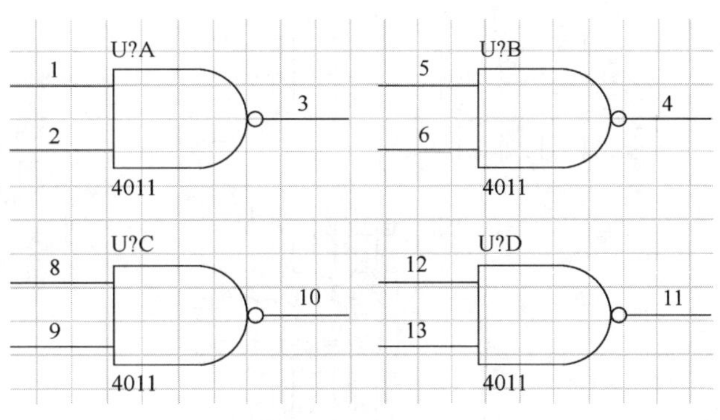

图 4-37 4011 元件符号

（3）设置元件属性 按照表 4-3 内要求逐个设置元件属性。

（4）调整元件位置 调整的主要依据是事先绘制的草图。调整元件位置完成后的画面如图 4-38 所示。

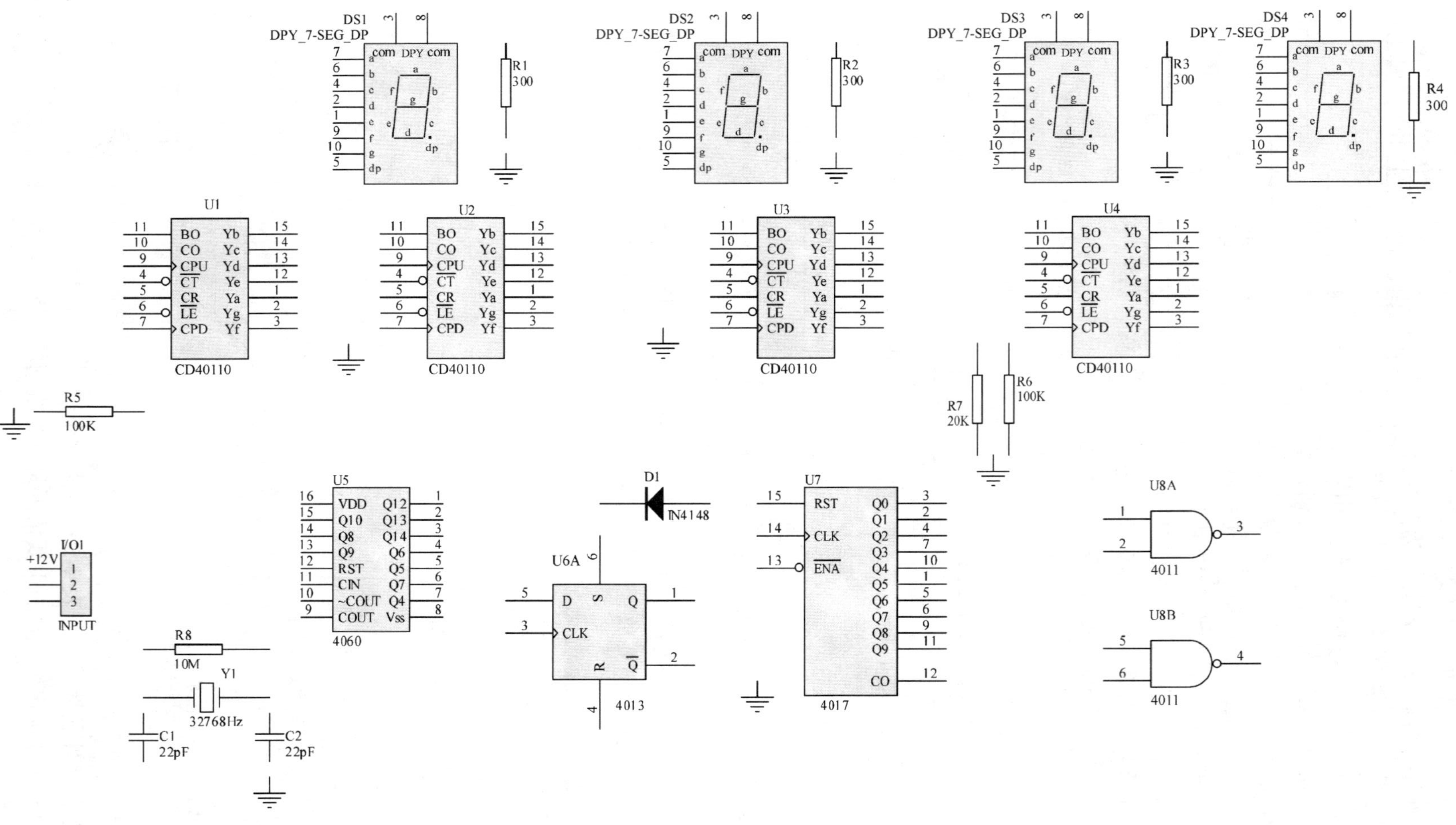

图 4-38　元件排列布局图

★※温馨提示※★

对于较复杂的电路而言，放置元件、调整位置及连线等步骤经常是反复交叉进行的，不一定有上述非常明确的步骤。为了让电路更加简洁，更加直观和更具可读性，有可能在连线时根据具体情况动态调整元件位置，或将线路连接到某地点时才可能决定下一个元件应该摆放在什么位置。

（5）连线（常用“Place”→“Wire”） 根据电路草图在元件引脚之间连线。

当多条导线并行连接时，合理地使用总线结构，可使图简洁、明了。总线包括总线（Bus）本身和总线入口（Bus Entry）。总线是由数条性质相同导线组成的线束。总线比导线粗一点，但它与导线有本质上的区别。总线本身没有实质的电气连接意义，必须由总线接出的各个单一导线上的网络标号（Net Label）来完成电气意义上的连接，所以如果没有单一导线上的网络标号，总线就没有电气意义。而由总线接出的各个单一导线上必须要放置网络标号，具有相同网络标号的导线表示实际电气意义上的连接。导线上可以放置网络标号，也可以不放。普通导线上一般不放网络标号。

由于本电路中连接每个数码管的七根导线并行连接，可采用总线结构。单击画电路图工具栏“Writing Tools”内的图标 或执行菜单命令“Place”→“Bus”，启动画总线（Bus）命令，按照导线的绘制方法即可绘制总线。在总线绘制完成后，需要用总线入口将它与导线连接起来，如图 4-39 所示。总线入口（Bus Entry）是单一导线进出总线的端点，是总线和导线的连接线。执行菜单命令“Place”→“Bus Entry”或单击“Writing Tools”画电路图工具栏内的 图标，就启动画总线入口命令。画总线入口的操作步骤如下。

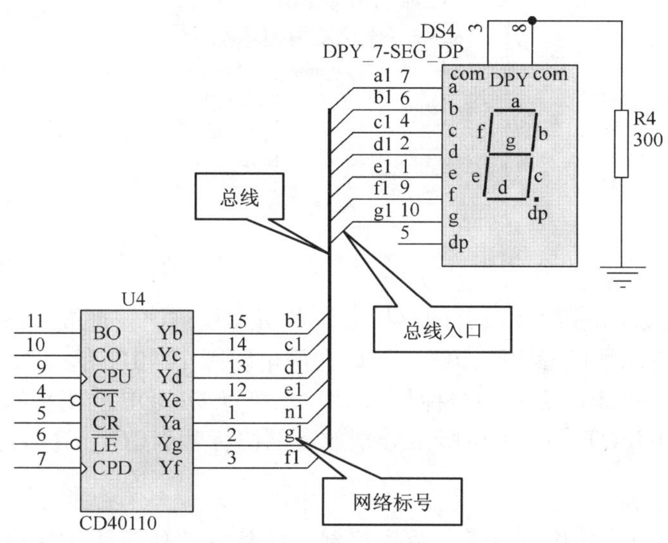

图 4-39　总线、总线入口、网络标号

① 将光标移到所要放置总线入口的位置，光标上出现一个圆点，表示移到了合适的放置位置，点击鼠标即可完成一个总线入口的放置。单击左键可继续放置，在放置过程中，按空格键总线入口的方向将逆时针旋转 90°，按 X 键总线入口左右翻转，按 Y 键总线入口上下翻转。

② 画完所有总线入口后，点击鼠标右键，即可结束画总线入口状态，光标由“十”字

变成箭头。

总线入口没有任何的电气连接意义，只是让电路图看上去更专业而已。画完所有总线入口和导线后，实际上，元件并没有真正连接在一起。要使元器件在电气含义上真正连接在一起，要放置网络标号，因为它具有实际的电气连接意义，凡是电路图上具有相同网络标号的导线，都被认为连接在一起。单击画电路图工具栏内的 Net1 图标或执行菜单命令“Place”→“Net Label”，启动放置网络名称（Net Label）命令。放置网络标号的操作步骤如下。

① 启动放置网络标号命令后，将光标移到放置网络标号的导线，光标上产生一个小圆点，表示光标已捕捉到该导线，点击鼠标即可放置一个网络标号。

② 将光标移到其他需要放置网络标号的地方，继续放置网络标号。在放置过程中，如果网络标号的头、尾是数字，则这些数字会自动增加。如当前放置的网络标号为 a1，则下一个网络标号自动变为 a2；同样，如果当前放置的网络标号为 1a，则下一个网络标号自动变为 2a。点击右键结束放置网络标号状态，如图 4-39 所示。

在放置过程中按 Tab 键或通过双击放置好的某一网络标号来设置网络标号属性对话框，如图 4-40 所示。在该对话框中，可修改网络标号、网络标号所放置的 X 及 Y 坐标值、网络标号放置方向、文字颜色、字体等内容。

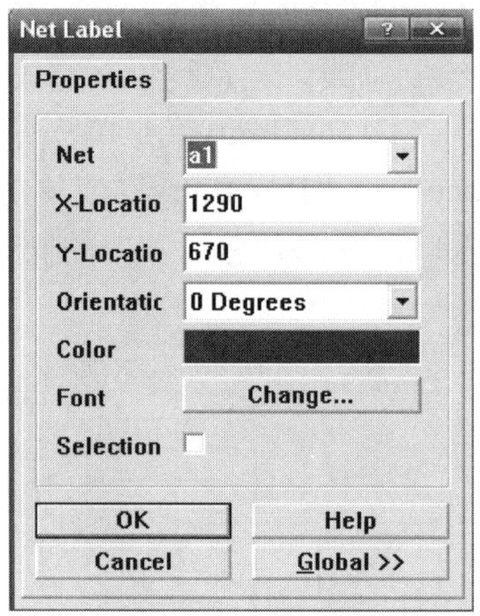

图 4-40 设置网络名称属性对话框

并不是仅仅有总线结构时才放置网络标号，若所连线路比较远或线路太复杂，布线比较困难时，可利用网络标号代替实际走线。例如在例电路图中 4011 的 4 脚、CD40110 的 5 脚放置网络标号 RST，4011 的 2 脚网络标号为 Ui，二极管 DIODE 的阴极端的延长线上网络标号为 RST，插接件 INPUT 的三个引脚上分别放置网络标号 VCC、GND、Ui。

★※温馨提示※★

① 对于熟练的电路设计者，为快捷制版，往往不使用总线结构，只使用网络标号代替实际走线。但对初学者，采用总线结构便于了解电路结构和原理，使电路简单明了。

② 网络标号不能直接放在元件引脚上，一定要放在元件引脚的延长线上；网络标号是具有电气意义的，切不可用字符串代替。

③ 注意网络标号使用的场合。

a. 简化电路图：若所连线路比较远或线路太复杂，布线比较困难时，可利用网络标号代替实际走线。

b. 总线结构：与总线结构连接的导线，若有相同网络标号，则它们是连接在一起的。

c. 层次原理图或多重式电路：在这些电路中，利用网络标号表示各个模块之间的连接关系，网络标号的作用范围可以是一张电路图，也可以是一个项目中的多张电路图。

（6）放置节点（“Place”→“Junction”）检查电路图中需要节点的地方是否有节点，若没有，则添加节点。

（7）放置注释文字（“Place”→“Annotation”）单击“Drawing Tools”画图工具栏上的 T 按钮，或执行菜单命令“Place”→“Annotation”，在 Text 栏输入“+12V”，将其放置在接插连接器 I/O1 的 1 引脚上边，即 VCC 为+12V。

（8）电路的修饰及整理。

（9）进行 ERC 检查，直至没有错误提示。根据需要产生元件清单和网络表。

（10）保存文件（“File”→“Save”）。最终绘制完成的电路原理图如图 4-21 所示。

4.1.4　测验与评估

测验题目

1．利用总线、网络标号画图 4-41 所示的实际电路图。

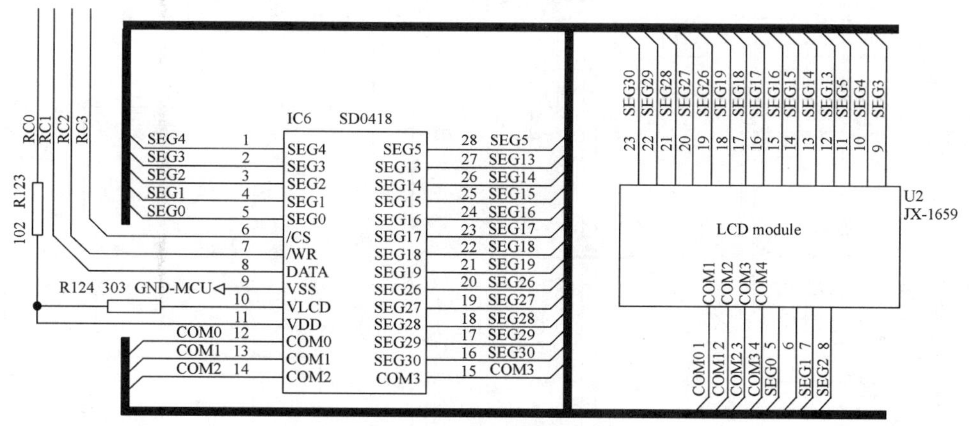

图 4-41　绘制总线图

2．绘制出如图 4-42 所示的 0～999999Hz 数字频率计电路图

评估标准

评估标准见表 4-4。

表 4-4　评估标准

内　容	评 分 标 准	分　值
1．利用总线、网络标号绘制图 4-41 所示电路图	自建元件库，绘制带有自定义元件符号　15 分	共 30 分
	能正确放置网络标号　5 分	
	能正确放置总线，绘制出完整的电路图　10 分	
2．绘制 0～999999Hz 数字频率计电路图	绘制、编辑元件符号　15 分	共 70 分
	复合式元件的放置　10 分	
	放置网络标号　10	
	放置总线结构　10	
	绘制完整的原理图　25 分	

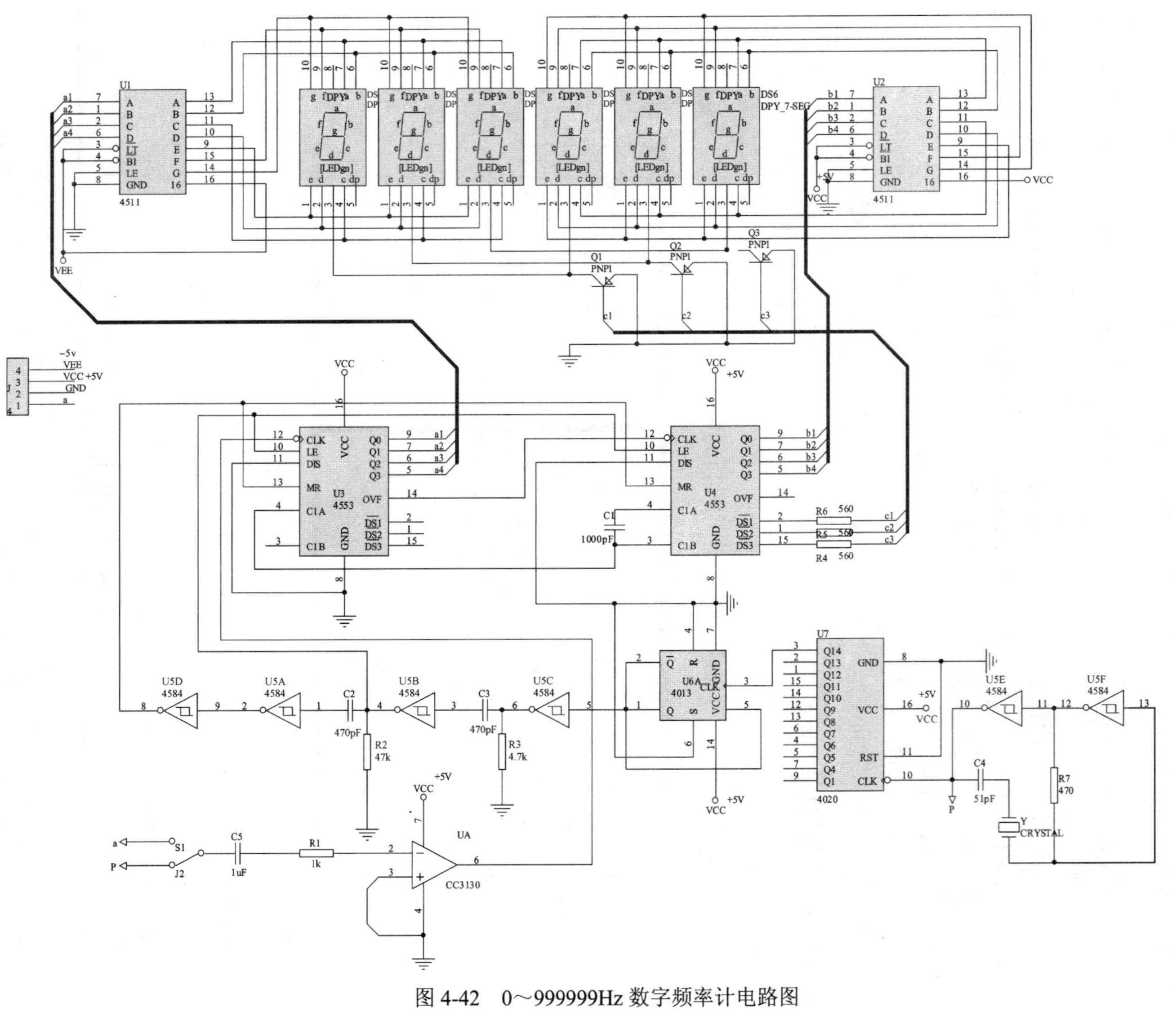

图 4-42 0～999999Hz 数字频率计电路图

学习情境 4.2　数字频率计的双面 PCB 制作

4.2.1　项目描述

学习情境 4.1 已经完成了数字频率计的电路图绘制，本学习情境中的任务目标主要是利用电子 CAD 软件 Protel 99 SE 完成简易数字频率计电路的 PCB 设计与制作。本项目与前面类似项目的区别在于该 PCB 中的有些元件封装在程序自带的元件封装库中不对应，我们必须自制元件封装。通过本项目的学习，使设计者对具有自制元件封装的印刷电路板的设计与制作有个初步的认识，为今后学习其他项目打下基础。学完本项目，要求能设计与制作出数字频率计的双面 PCB。如果条件允许，可以制作出实物进行焊接、调试。

4.2.2　学习目标

① 熟悉由原理图产生网络表，新建、打开 PCB 文件及元件封装库的加载。
② 学会创建 PCB 元件封装。
③ 学会 PCB 设计的双面设置。
④ 掌握加载自建元件封装库的方法。
⑤ 学会具有自制元件封装的 PCB 设计与制作。

4.2.3　技能训练

子项目 1　PCB 元件封装的创建

尽管 Protel 99 SE 软件提供了丰富的元件封装，但有些元件封装在封装库是找不到的，例如开关、按钮、变压器、继电器、数码管和一些接插连接器等，而且随着新元器件的不断涌现，该设计软件不可能包含设计者所需的全部元件封装图，因此需要手动创建 PCB 元件封装。在绘制元件封装时，最好预备一把好的测量长度工具（比如游标卡尺）用来测量元件的实际尺寸，同时还需要用计算器按 1mil=1/1000in=0.0254mm 进行公英制之间的转换。

1．启动元件封装库编辑器

单击创建的数据库“Pinlvji.ddb”内的“Documents”，打开后在“Documents”内执行菜单命令“File”→“New”，在弹出的“New Documents”框中点击“Documents”，从对话框中选择“PCB Library Document”（PCB 元件库文档）图标，如图 4-43 所示，双击图标或单击“OK”按钮。系统在“Documents”内出现自动默认名为“PCBLIB1.LIB”的文件图标，在蓝色框内改名或以后单击右键，选择重命名为“PLJPCB.LIB”，如图 4-44 所示。双击“PLJPCB.LIB”文件图标，即可进入元件封装库编辑环境。背景颜色默认为黑色，执行菜单命令“Tools→Option”，选择“Color”，在“Background”栏选择 233 白色，点击“OK”按钮。按快捷键 PageDown 或 PageUp 适当缩小或放大编辑区。元件封装库编辑器的工作界面如图 4-45 所示。这种方法常用于创建新的元件封装库文件。

该编辑窗口右侧为元件封装编辑窗口，左侧为元件封装管理器（Browse PCBLib）窗口。元件封装管理器窗口中的“<”按钮表示选择上一个元件封装，“<<”按钮表示选择第一个元件封装，“>>”按钮表示选择最后一个元件封装，“>”按钮表示选择下一个元件封装。

“Remove”按钮表示删除已选择的元件封装，其余按钮见图 4-45 的注释，很多按钮的功能与原理图元件编辑器中的类似，不作详述。其中，“Update PCB”是以新元件更新板上同名元件封装，将该元件的改动反映到PCB电路板图元件上。如果发现电路板图中自制元件封装不满足要求，重新修改后直接单击该按钮，则PCB电路板图中的元件封装将自动更新为新符号，而不需要删除后重新放置，可提高效率。“Current Layer”显示了当前工作标签所在的板层。与PCB一样，元件封装编辑器中的“层”不可忽视，对于一个元件封装，针脚式元件的焊盘一般在多层“Multi Layer”，而贴片式元件的焊盘一般在顶层“Top Layer”，元件外形都在“Top Over Lay”。编辑元件封装时，必须在合适的层放置对象。

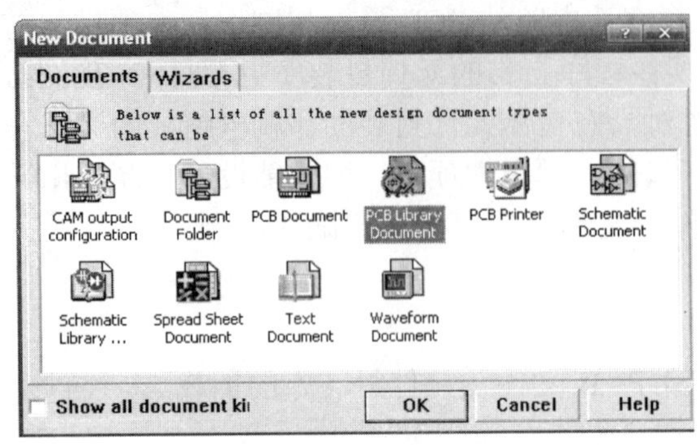

图4-43 新建文档对话框

图4-44 文件重命名

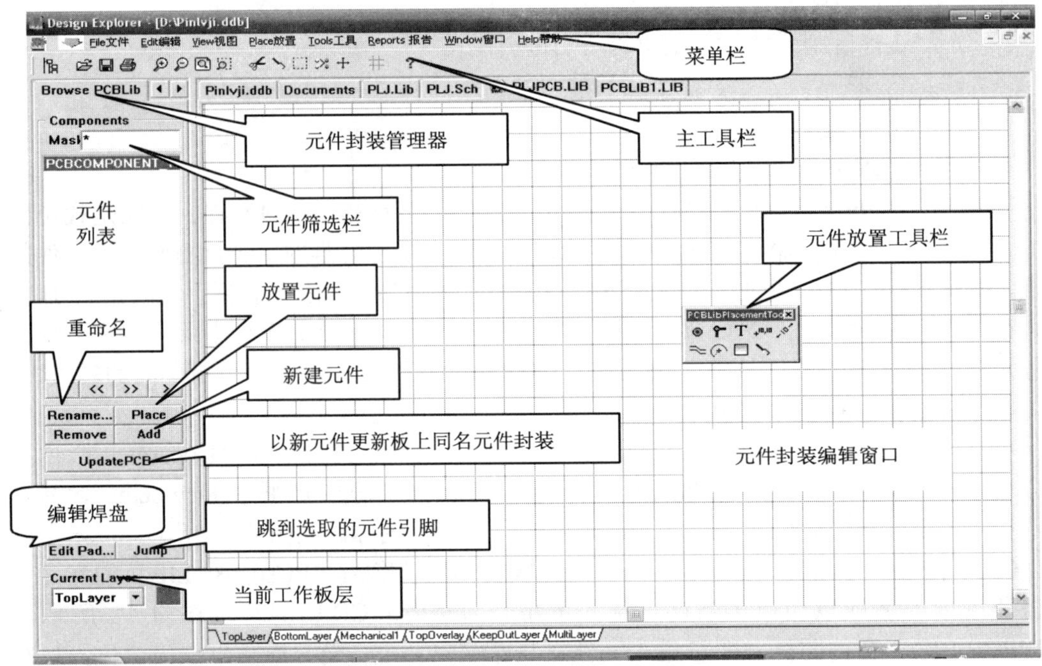

图4-45 元件封装库编辑器工作界面

★※温馨提示※★

进入元件封装编辑环境，除了上述的方法外，还有以下两种方法。

① 从PCB编辑环境切换到元件封装编辑环境。在PCB编辑状态下，在“Browse PCB”窗口中的元件封装列表窗内找出并单击需要修改的元件后，再单击元件列表窗下的“Edit”按钮，即可启动元件封装编辑器并直接进入该元件封装的编辑状态。

这种方法适用于软件系统元件封装库内元件封装的编辑、修改操作。

② 通过系统元件封装库进入元件封装编辑器。执行菜单命令“File”→“Open”，在“Open Design Database”窗口内打开元件封装库文件包。例如打开“Design Explorer 99 SE\Library\Pcb\Generic Footprints\Advpcb.ddb”，双击“PCB Footprints.lib”图标，即可进入元件封装编辑环境。

2．创建元件封装

要创建新的元件封装，可用手工方法创建，复制库内已有的类似元件符号再作修改或者自行绘制全新的元件封装符号，也可以利用向导的方法来创建比较标准的元件封装。

简易数字频率计 PCB 中的 CD40110 元件、接插连接器以及数码管都需要自建元件封装，一定要事先仔细阅读它们的产品信息，了解这些元器件的尺寸和封装类型。必要时用测量长度工具测量出实际元器件的引脚相互距离、引脚以及轮廓大小，换算单位后再进行元件封装的绘制和定义。

（1）自行绘制全新的 CD40110 元件封装

① 阅读元件信息或实际测量元件获取尺寸和封装类型。对于 CD40110 元件的资料，有贴片和针脚式两类封装形式，前面略有介绍，见图 4-12，16 引脚是双排分布。用卡尺粗略测量得贴片式轮廓大小为 3.80mm×2.70mm，由于本 PCB 中使用的是针脚式 CD40110 元件，双列直插式封装，继续粗略测其尺寸见表 4-5 所示。

表 4-5　针脚式 CD40110 元件的粗略尺寸数据

测 量 方 位	公 制 单 位	粗略换算成英制单位（适当取整）
内轮廓大小	20.30mm×5.10mm	800mil×200mil
相连引脚之间距离（两脚中心）	2.60mm	100mil
两列引脚之间距离	7.60mm	300mil
第一引脚距轮廓宽边距离	1.30mm	50mil
引脚直径大小	0.70mm	30mil（取大不应取小，取 32mil）

② 元件封装命名。打开如图 4-45 所示的元件封装库编辑器界面，按照前面打开原理图元件符号编辑器自定义绘制元件符号时的步骤，将新建元件封装默认名“PCBCOMPONENT_1”改为“DIP16_1”。

③ 设置元件封装参数。执行菜单命令“Tools”→“Library…”，系统弹出“Document Options”框，单击“Layers”，出现板层参数设置对话框，如图 4-46 所示。可以设置元件封装的板层参数，一般可选用系统默认设置，这里其他全不变，只设置最下面的“Visible Grid 2”，把“1000mil”改为“100mil”。单击“OK”后，按 PageUp 键放大编辑区。检查是否设置成功，只要执行菜单命令“Reports”→“Measure Distance”，光标变为十字架，将光标放在网格的一个十字架上，单击左键，然后再将光标放在与之相邻的另一个十字架上，单击左键，立即弹出一个框，报告距离是 100mil。

单击如图 4-46 所示的“Options”选项卡，更新为另一对话框，在该框中可设置捕获栅格、电气栅格和计量单位等，这里计量单位采用英制（Imperial），“Snap“和”Component”间距都设置为 10mil，如图 4-47 所示，单击“OK”按钮。

★※温馨提示※★

对于改变计量单位，可执行菜单命令“View”→“Toggle Units”。

执行菜单命令“Tools”→“Options”，系统弹出 Preferences 设置对话框。在设置颜色时，单击框上面 6 个选项卡中的“Colors”选项，单击“Back Ground”栏，把背景色改为系统默认的黑色。在设置元件的颜色时，一般把顶层丝印层“Silkscreen”下的“Top Overlay”颜色改为深绿色，把系统“System”下的“Pad Holes”颜色改为白色，如图 4-48 所示。颜色显示设置可以通过“Display”选项卡实现。

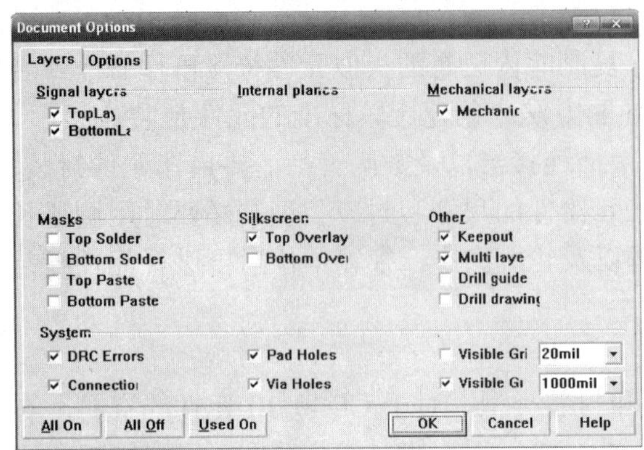

图 4-46 板层参数设置对话框

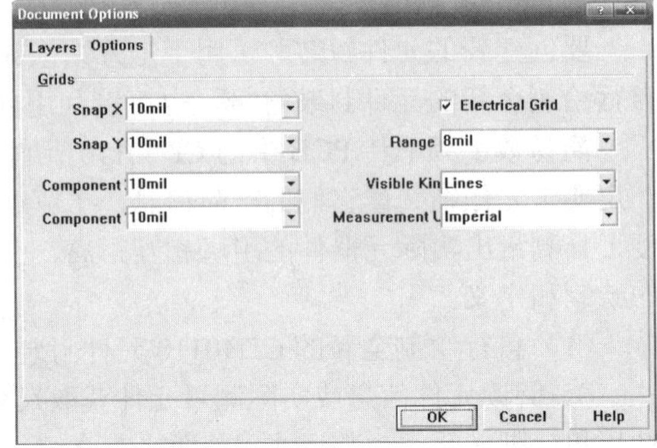

图 4-47 栅格及计量单位设置对话框

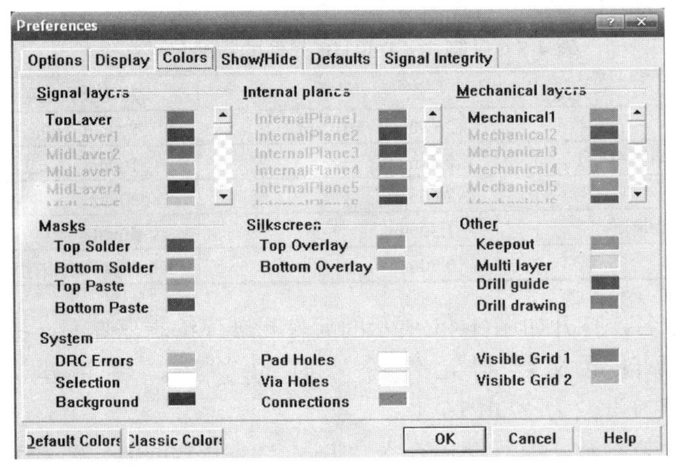

图 4-48 Preferences 设置对话框

④ 放置焊盘。执行菜单命令“Place”→“Pad”或单击元件放置工具栏中的◉按钮，光标变成“十”字，中间带有一个焊盘。先后按 PageUp 键和 PageDown 键适当调节编辑区大小，并观察焊盘大小。单击 Tab 键（或放置焊盘后双击该焊盘）进入焊盘属性对话框。如果是第一次放置的焊盘，其序号“Designator”栏默认为 0。框中“X-Size”和“Y-Size”用来设置焊盘的横、纵向尺寸；“Shape”用来选择设置焊盘的外形（有圆形、正四边形和正八边形）；“Designator”指示焊盘的序号，可以在栏中进行修改；“Layer”设置元件封装所在的层面，针脚式元件封装层面设置必须是“Mulit Layer”，SMD 元件封装层面设置必须为单一表面，如“Top Layer”或“Bottom Layer”；“X-Location”和“Y-Location”指示焊盘所在的位置坐标，对它们重新设置可以调整焊盘的位置。按照表 4-4 的尺寸要求，输入内径“Hole Size”

栏为 32mil，而外径设置为内径的大约 2 倍，则 X 轴“X-Size”和 Y 轴“Y-Size”栏都为 65mil，焊盘序号“Designator”栏改为 1，其他选项参数为默认值，如图 4-49 所示。单击“OK”按钮后，移动光标，焊盘跟着移动，移动到适当位置，单击鼠标左键放置第 1 号焊盘，单击右键退出放置焊盘状态。

设定该元件封装的参考点，执行菜单命令“Edit”→“Set Reference”，立即显示“Pin 1”、“Center”和“Location”三条命令，如图 4-50 所示，其中“Pin 1”表示设置引脚 1 为元件的参考点，“Center”表示设置元件的几何中心作为元件的参考点，“Location”表示由用户选择一个位置作为元件的参考点。为了后续焊盘放置准确定位，也为了标记一个 PCB 元件用作元件封装，往往选择“Pin 1”（即元件的引脚 1）为参考点。

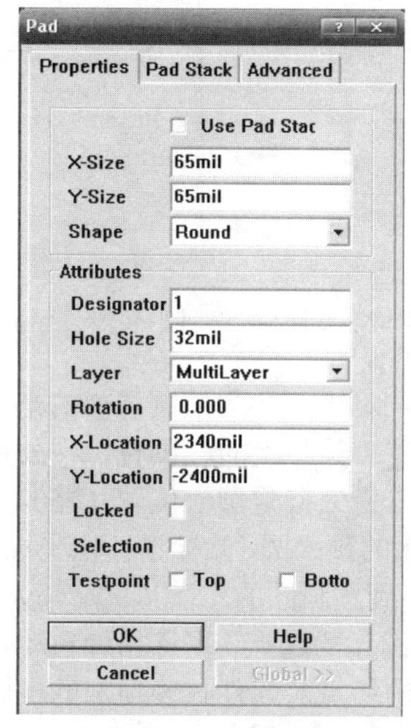

图 4-49　焊盘属性对话框

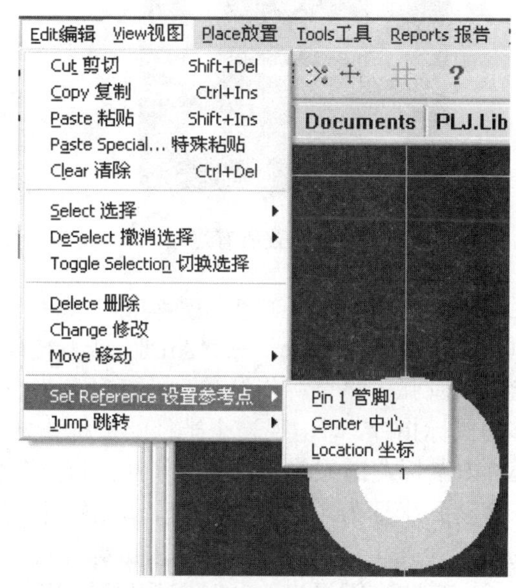

图 4-50　设置参考点的菜单命令

按照放置焊盘 1 的方法，根据表 4-4 测得的元件引脚之间实际距离放置其他焊盘，如图 4-51 所示。由于系统具有自动编号功能，后续焊盘属性不需修改，只是改变了位置坐标而已。为了判断焊盘位置是否放置正确，在放置焊盘过程中可以根据状态栏的坐标提示，或放置焊盘后执行菜单命令“Reports”→“Measure Distance”。

放置完所有焊盘后，双击其中一个也可进行属性设置，若按下“Global”按钮，在属性设置框右边出现对话框，可对所有的焊盘属性进行整体编辑。对所有参数的设置结束后，按下“OK”按钮，就可弹出确认对话框，按下“Yes”按钮即完成对所有参数的重新设置，若按下“No”按钮，则不对所有参数重新设置。

⑤ 绘制外形轮廓。完成焊盘放置后，接下来就是绘制元件封装的外形轮廓。在编辑窗口下方的切换标签上将工作层切换到顶层丝印层，即 Top Over Lay 层，或在元件封装管理器窗口的最下方的“Current Layer”栏的箭头下拉选项中选“Top Overlay”，看到旁边的颜色变为深绿色。然后执行菜单命令“Place”→“Track”或单击元件放置工具栏上的≈按钮，鼠标指针变为鼠标指针和一个带小方点的大“十”字形。根据表 4-4 的实际尺寸要求绘制元件

的轮廓线，如图 4-52 所示（背景设置为白色时的图形）。

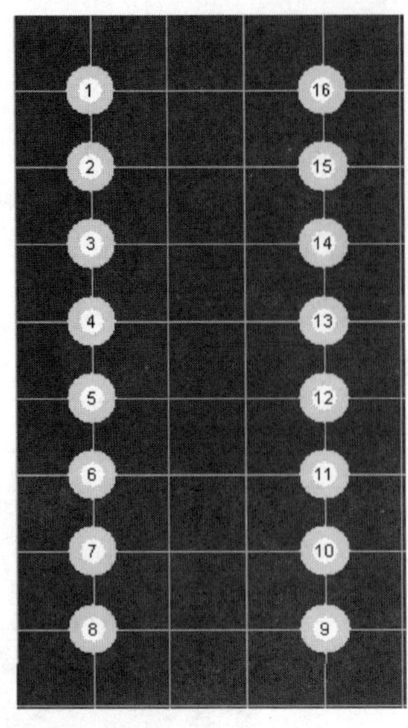

图 4-51 放置所有焊盘

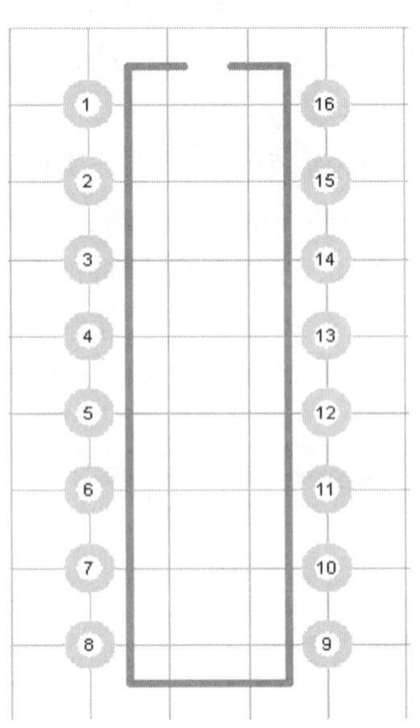

图 4-52 元件封装外形轮廓

元件封装外形轮廓还缺少识别实际引脚标志，即正方向标志，还需绘制顶部的半圆弧，可以执行菜单命令“Place”→“Arc”，或直接单击元件放置工具栏上的图标，在外形轮廓线上绘制半圆弧。将鼠标指针移到合适的位置，单击鼠标左键来确定圆心位置（150，50），向右移动鼠标指针，即出现一个半径随鼠标指针移动而变化的预画圆，鼠标指针在坐标（180，50）处单击鼠标左键来确定圆半径（30mil），将鼠标指针移到预画圆的左端（起始角为 180°）即向左移动到坐标为（120，50）处，单击鼠标左键来确定圆弧的起点，鼠标指针自动移到预画圆的右端（终止角为 360°），单击鼠标左键来确定圆弧的终点，元件封装顶部的半圆弧就绘制好了，单击右键退出。此时元件封装图形如图 4-53 所示，最后保存新建的 CD40110 元件封装。也可以执行菜单命令“Reports”→“Measure Distance”对所绘制的元件封装进行距离检查。

当绘制好了一个自定义元件封装后，还应该使用打印机按 1∶1 的比例打印出来，与产品信息中元件的实际尺寸进行比较，或与实际元件进行比对，如果正确才可以使用，否则重新修改。

★※温馨提示※★

① 如果图形画错，可以像绘制电路原理图操作那样，选中所画图形进行删除。

② 在以后的自制元件封装时可能遇到标注引脚极性或电压大小等问题。将工作层切换到顶层丝印层，即 Top Over Lay 层，执行菜单命令“Place”→“String”或单击元件放置工具栏上的 **T** 按钮，按“Tab”键在 String 对话框的“Text”栏输入。

（2）用复制修改方法绘制数码管元件封装

① 复制相近封装图形符号。打开“PLJPCB.LIB”文件，进入元件封装库编辑环境。执行菜单命令“Tools”→“New Component”，弹出一个元件创建向导“Component Wizard”，单击“Cancel”按钮，在元件封装管理器窗口中出现“PCBCOMPONENT_1”，改名为

“DIP10_1”。在实验的实际操作中，为了避免浪费器材，提高器材的再次利用率，通常用 DIP24 等的底座选用 10 个引脚作为八段数码管的底座。其中 DIP24 封装与八段数码管有许多共性，相连焊盘之间距离为 100mil，两列焊盘之间距离为 600mil，焊盘的内外径都相同；不同点是八段数码管只有 10 个引脚，外形轮廓比 DIP24 大得多。因此，执行菜单命令“File”→“Open”，在“查找范围”打开“Design Explorer 99 SE\Library\Pcb\Generic Footprints\ Advpcb.ddb”元件封装库文件包，双击“PCB Footprints.lib”图标，进入元件封装库编辑环境，在“Mask”栏的通配符前输入“DIP24”，或移动下面窗口的滑条，找到 DIP24 单击它，在编辑窗口中的 DIP24 元件封装如图 4-54 所示（背景设置为白色）。全选中 DIP24 可以复制到自建元件库“PLJPCB.LIB”中的 DIP10_1 编辑窗口里。

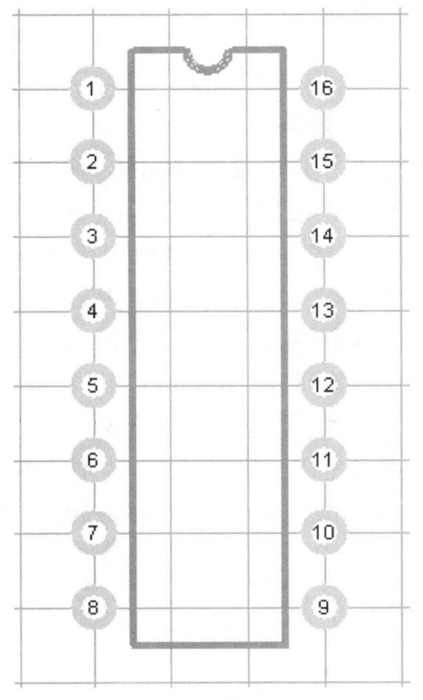

图 4-53　CD40110 元件封装

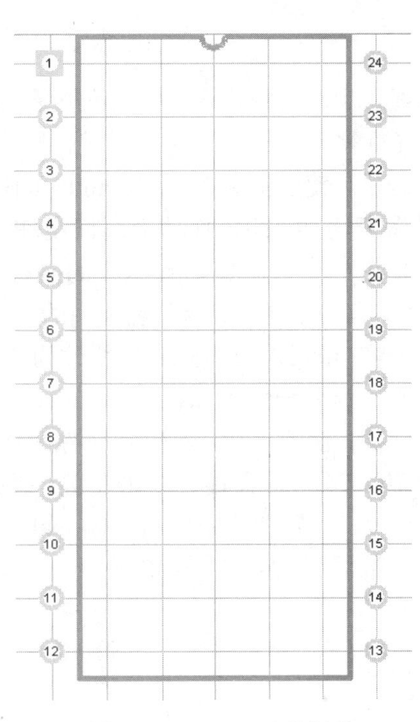

图 4-54　DIP24 元件封装

也可以在数据库“Pinlvji.ddb”内的“Documents”中新建一个“plj.PCB”的 PCB 编辑文件，打开它进入 PCB 编辑环境，在“Browse PCB”窗口中“Components”框移动滑条，找到 DIP24 单击它，单击“Place”，按 Tab 键，在 Component 框的属性“Properties”项里的旋转“Rotation”栏填入“90”，单击“OK”后，在编辑区放置元件，选择焊盘 1 作为参考点，全选中 DIP24 复制到自建元件库“PLJPCB.LIB”中的 DIP10_1 编辑窗口里，如图 4-55 所示。

★※温馨提示※★

电路原理图中元件符号不能直接复制到元件符号编辑环境，必须进入元件库编辑环境中才能复制；PCB 中的元件封装不仅可以直接复制到元件封装编辑环境，也可以从元件封装库编辑环境进行复制。复制时采用前者通常快捷一些。

② 修改封装图形符号。

第一步：修改封装轮廓。设置参考点，执行菜单命令“Edit”→“Set Reference”选择“Location”，单击引脚 1，观察状态的 X、Y 坐标。根据数码管的轮廓大小 780mil×520mil 调

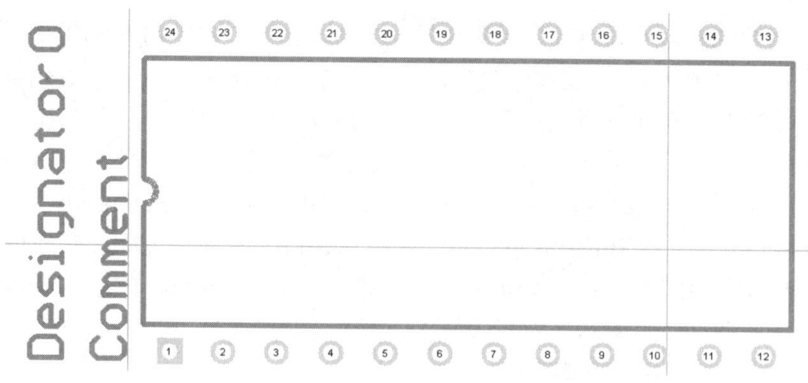

图 4-55 从 PCB 编辑区复制来的 DIP24

整边框线，启动拖拉命令，执行菜单命令“Edit”→“Move”→“Drag”，光标上出现一个十字架，光标移动到导线上单击左键，导线立即粘在光标上，随着光标平移。拖动右边的竖线，观察状态栏，使之坐标 X 为 460mil，同样拖动左边竖线使之坐标 X 为–60mil，拖动下边横线使之坐标 Y 为–90mil，拖动上边横线使之坐标 Y 为 690mil，最后拖动半圆环至两竖线相连。如果操作过程中很难拖动到这样的坐标，可以设置捕获网格，则执行菜单命令“Tools”→“Library…”，在“Options”选项中的“Snap X”和“Snap Y”栏填入“10mil”，或单击主工具栏上的井按钮，将“Snap”栏改为“10mil”。改变封装轮廓后如图 4-56 所示。执行菜单命令“Reports”→“Measure Distance”对修改的元件封装轮廓进行距离检查。

第二步：修改焊盘。数码管元件只用轮廓内的 10 个焊盘，删去轮廓外多余的 10 个焊盘。对 5 个 20～24 号焊盘逐一双击左键，进行属性修改，主要是修改焊盘的序号，使之序号相应变为 6～10。在属性栏中单击“Global”按钮，进行全局修改，将全部焊盘外径改为 65mil。创建好的数码管封装如图 4-57 所示，单击保存按钮。

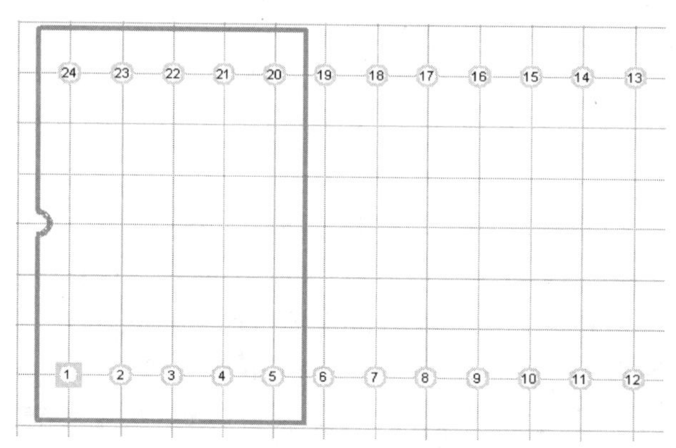

图 4-56 修改后的元件封装轮廓

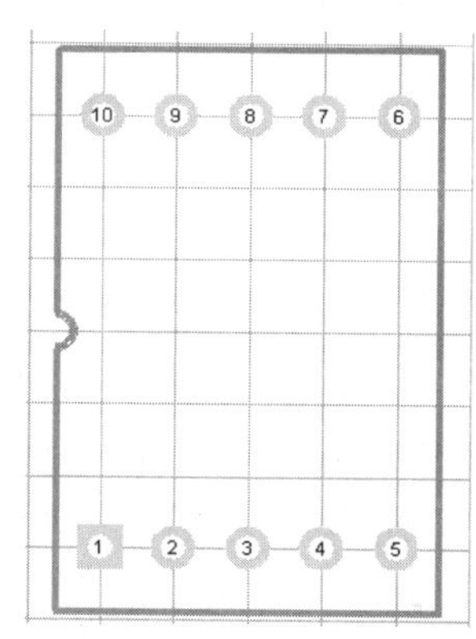

图 4-57 创建好的数码管元件封装

（3）利用向导方法来绘制接插连接器元件封装 本例中的插接件连接器在其封装元件库中都有，不用自行绘制，可以直接用 TO-126 即可，然而以后项目中会遇到更多路的插接件连接器，只有自制其元件封装。这里介绍用向导方法来绘制本电路图中的 3 路插接件连接器元件封装。

① 打开“PLJPCB.LIB”文件，进入元件封装库编辑环境，执行菜单命令“Tools”→“New Component”，弹出一个元件创建向导“Component Wizard”框，如图 4-58 所示，此时进入了

元件封装创建向导。

② 单击“Next”按钮，系统将弹出选择元件封装样式对话框，如图 4-59 所示。在该对话框中可以设置元件的外形。Protel 99 SE 提供了 11 种元件的外形供用户选择。其中包括“Ball Grid Arrays”（BGA）（球栅阵列封装）、“Capacitors”（电容封装）、“Diodes”（二极管封装）、“Dual in-line Package”（DIP 双列直插封装）、“Edge Connectors”（边连接器封装）、“Leadless Chip Carrier（LCC）”（无引线芯片载体封装）、“Pin Grid Arrays（PGA）”（引脚网格阵列封装）、“Quad Packs（QUAD）”（四边引出扁平封装 PQFP）、小尺寸封装“SOP”（Small Outline Package）、“Resistors”（电阻封装）、“Staggered Pin Grid Array”（SPGA 交错引脚网格阵列封装）、“Staggered Ball Grid Array”（SBGA 交错球栅阵列封装）。根据本例要求，这里选择“Edge Connectors”外形。在对话框中还可以选择元件封装的度量单位，有 Metric（mm）（米制）和 Imperial（mil）（英制）两种，这里选择默认的英制。

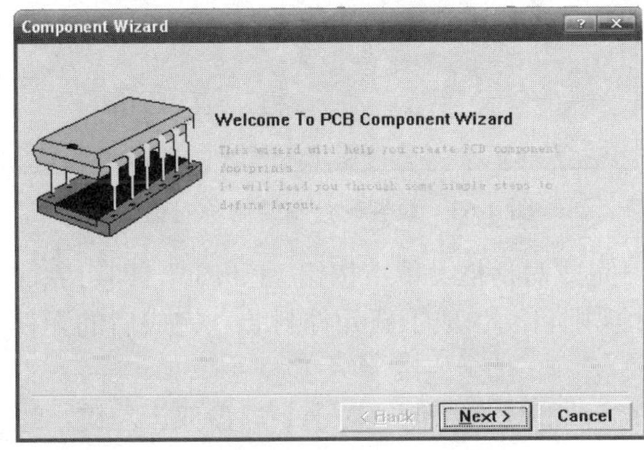

图 4-58　元件封装创建向导进入界面

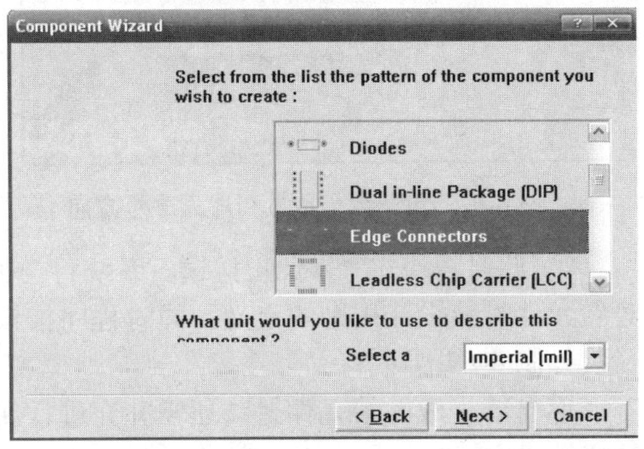

图 4-59　元件封装样式对话框

③ 单击“Next”按钮，系统将会弹出如图 4-60 所示的设置焊盘有关尺寸的对话框。将鼠标指针移到需要修改的尺寸上，鼠标指针变为“I”形，按住鼠标左键不放，拖动鼠标指针，该尺寸部分颜色变为蓝色即表示选中该项尺寸，然后输入新的尺寸即可。这里两个都输入“65mil”。

④ 单击“Next”按钮，系统将会弹出如图 4-61 所示的对话框。在该对话框中可以设置焊盘间距，设置方法同上一步，这里设置为 100mil。

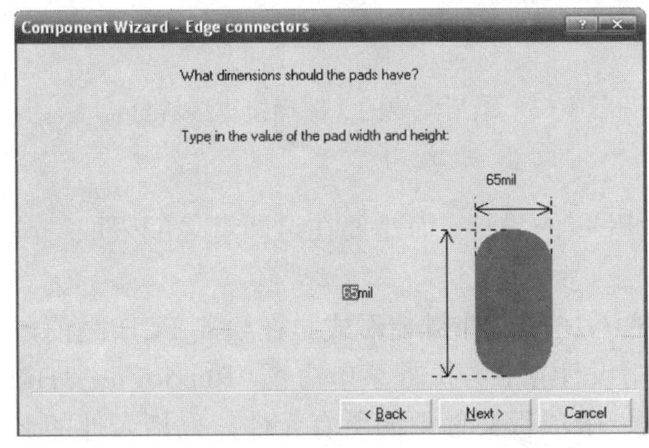

图 4-60　设置焊盘尺寸对话框

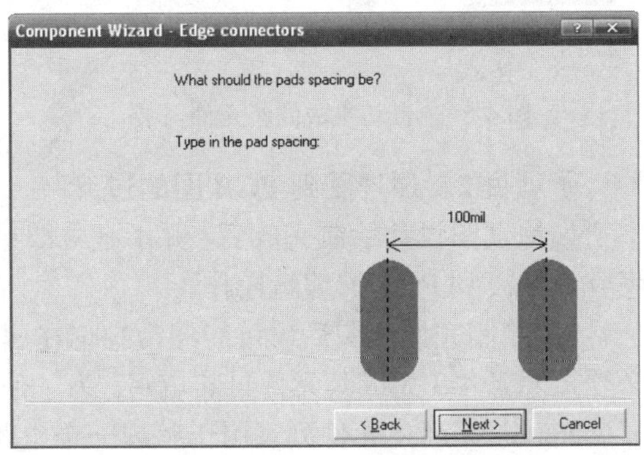

图 4-61　设置焊盘间距对话框

⑤ 单击“Next”按钮，系统将会弹出如图 4-62 所示的对话框，在该对话框中可以设置焊盘数量和焊盘序号编制方向。只须在对话框中的指定位置输入元件引脚数或者按“增加”或“减少”钮来确定元件引脚数即可。因 3 路接插连接器只有 3 个焊盘，这里输入“3”；鼠标放在射线上单击左键可以调节焊盘序号编制方向，这里选择从左向右。

⑥ 单击“Next”按钮，系统将会弹出如图 4-63 所示的设置元件封装名称的对话框。在该对话框中，可以设置元件的名称，在此设置为“TO-126_1”。

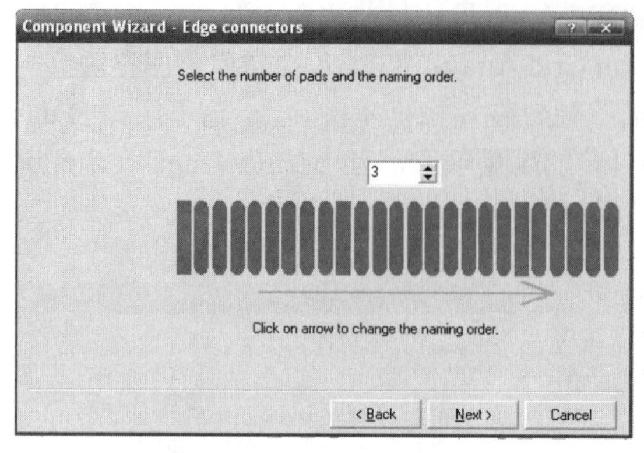

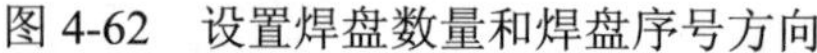

图 4-62 设置焊盘数量和焊盘序号方向

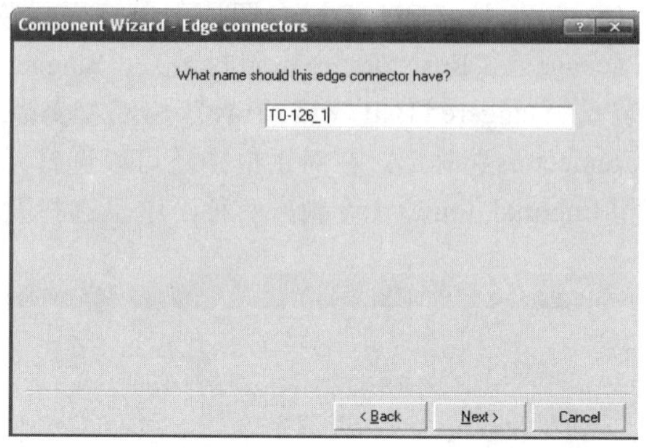

图 4-63 设置元件封装名称对话框

⑦ 此时再单击“Next”按钮，系统将会弹出完成对话框。单击按钮“Finish”，即可完成对新元件封装设计规则的定义，同时程序按设计规则自动生成了新元件封装。完成后的元件封装如图 4-64 所示。

但自动生成的新元件封装还需补充进行属性修改和轮廓绘制。对 A1 焊盘双击左键，进行属性设置，“Designator”序号栏为“1”，“Hole Size”孔径大小为 32mil，板层“Layer”设置为“Multi Layer”多层，其余两个焊盘除了序号更改为“2”和“3”外，其他栏和焊盘 1 设置相同。在顶层丝印层 Top Over Lay 进行轮廓绘制，其大小为 300mil×100mil。用前面所述的方法进行轮廓绘制，绘制结果如图 4-65 所示，最后单击保存按钮保存文件。

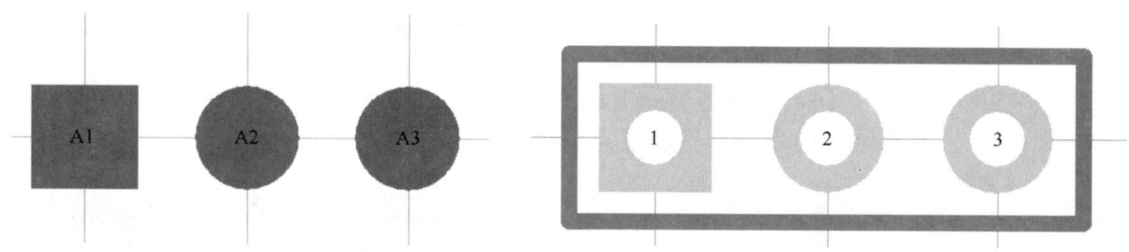

图 4-64 自动生成的新元件封装

图 4-65 最后完成的 3 路插接连接器封装

子项目 2 原理图到 PCB 图的过渡

当原理图设计绘制完成后，并不是立即进行 PCB 的设计，而是要在这两者之间采取一些步骤，过渡到 PCB 的编辑操作。

① 绘制完原理图后，可能经常忘记在属性栏添加其元件封装形式。在绘制 PCB 之前，必须按照表 4-3 完成其元件封装填写。为了便于写设计报告，执行菜单命令“Report”→“Bill of Material”，产生元件列表用于整理一个电路或一个项目文件中的所有元件，包括元件的名称、标注、封装等内容，并形成后缀名为 PLJ.xls 的元件列表；还需要把原理图复制到 Word

文档中，除了通常用截屏方式复制到画图板再二次剪切复制外，还可以执行菜单命令“Tools”→“Preferences...”，选择“Graphical Editing”项，去掉“Add Template to Clip”前的“√”，即关闭粘贴模板功能，然后随意选中原理图的整图或一部分，同时按 Ctrl+C 键，在选中部分上单击左键，同时按 Ctrl+V 键进行复制粘贴，非常简单。

② 在原理图设计绘制完成后，还需要进行电气检查，执行菜单命令“Tools”→“ERC”，如有错误则进行修改。若不利用同步器“更新”方式来制 PCB，则必须先将原理图转换为网络表文件。网络表是电路原理图和印制电路板图元件连接关系所对应的文本文件。所以执行菜单命令“Design”→“Create Netlist...”，产生网络表文件“PLJ.NET”。

③ 在数据库“Pinlvji.ddb”内的“Documents”中新建一个“plj.PCB”的 PCB 编辑文件，打开它进入 PCB 编辑环境（若前面已建，这步直接打开文件）。

④ 加载元件封装库。除了要加载“Design Explorer 99 SE\Library\PCB\Generic Footprints\Advpcb.ddb”外，还要加载自建元件封装库，点击 D 盘中“D：\Pinlvji.ddb”数据库，操作方法与前面项目讲述的一样，加载后如图 4-66 所示。由于 plj.PCB 文件与自建封装库文件在同一数据库内，也可以不用加载就可运行。

⑤ 进行 PCB 图的设计环境设置。在实际的设计过程中，将自己需要的工作层打开，执行菜单命令“Design”→“Options”，弹出如图 4-67 所示的对话框，在“Layer”项，系统默认的信号层为两层，所以“Mechanical Layers”机械板层默认时只有一层。实际应用中只用 Mechanical 1 和 Mechanical 4，Mechanical 1 主要用来标注尺寸等，Mechanical 4 主要用来放置板框、对准孔等。这里由于只设计双面板，至少应具有顶层、底层、机械层、顶层丝印层、多层、禁止布线层，只需选择信号层中的“Top”（顶层，即元件面）、“Bottom”（底层，即焊锡面），关闭中间信号层。为了降低 PCB 生产成本，只在元件面上设置丝印层，在“Si1kscreem”选项框内，只选择“Top”。所有元件均采用传统穿通式安置方式，没有使用贴片式元件，因此也就不用“Paste Mask”（焊锡膏）层。若两面都要上阻焊漆，还要打开阻焊层选项框的“Bottom”（底层）和“Top”（顶层），这里不需要。在“System”选项框内，选中“Connection”（元件连接关系）复选项，以使在编辑区内显示出表示元件电气连接关系的“飞线”，因为在手工调整布局时，通过“飞线”即可直观地判断是否需要旋转元件方向；同时也要选择“DRC Error”（设计规则检查）复选项，这样在移动元件，印制导线、焊盘、过孔等操作过程中，当两个导电图形（印制导线、焊盘或过孔）间距小于设定值时，与这两个节点相连的导线、焊盘等显示为绿色，提示这两个导电图形间距不够。如图 4-67 所示。在“Options”选项页，设置捕获栅格“Snap X”和“Snap Y”都为“10mil”，单击“OK”按钮。如图 6-68 所示。执行菜单命令“Tools”→“Preferences”，把丝印层中的顶层改回深黄色 0，背景色改为深黑色 16。

⑥ 规划电路板。规划电路板大小有两种方法，一是手动设计规划电路板的边框（物理边界）和电气边界，另一种是利用“电路板向导”。这里采用手动方法，规划电路板框时本应该将工作层标签切换到 Mechanical 4（机械层 4），由于安装的是汉化 Protel 99 SE，该层标签没有打开，在自动布线后自动打开（未汉化版的直接执行菜单命令“Design”→“Mechanical Layers”，在弹出框中选择 Mechanical 4，并选中“Visible”和“Display In single Layer Mode”复选框），其实切换到禁止布线层（Keepout Layer）也可以，这是因为本项目自己裁板，不借助机器。先设置参考坐标原点，执行菜单命令“Place”→“Track”，或者单击放置工具箱上

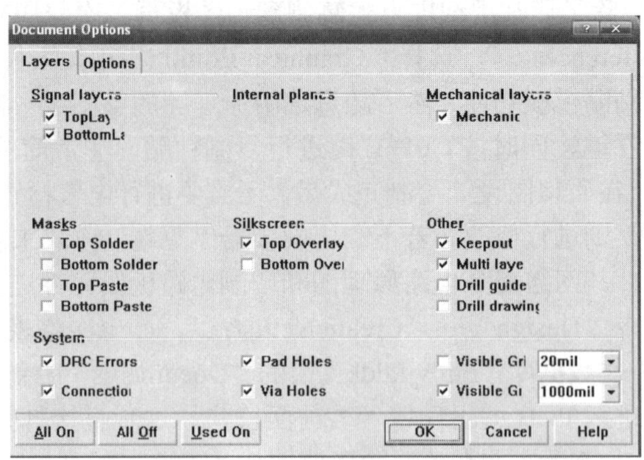

图 4-67　工作层设置对话框

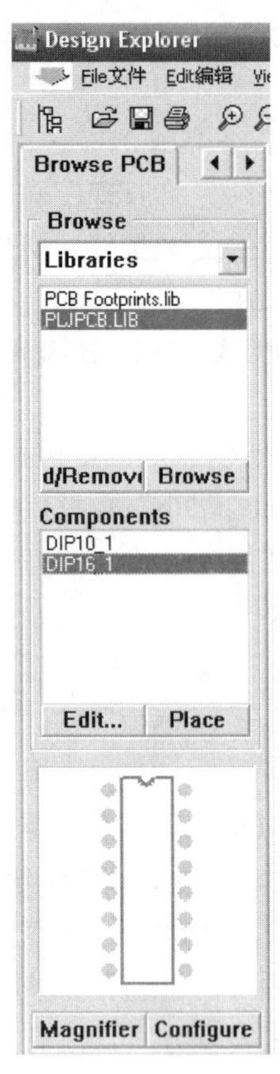

图 4-66　加载自建元件封装库

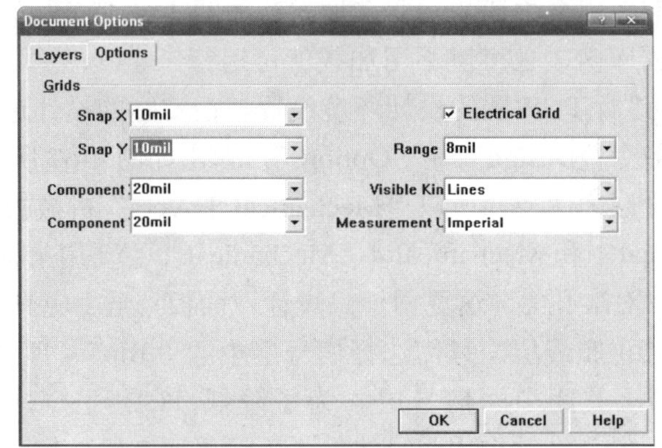

图 4-68　文档选项对话框

的按钮，在禁止布线层（Keepout Layer）上用走线绘制出一个封闭的 4200mil×3800mil 矩形（也可以在自动布线后，在弹出 Mechanical 4 层补充画物理边界大小 4200mil×3800mil）。执行“Reports”→“Board Information”命令，或先后按下 R-B 键，将弹出图 4-69 所示的对话框，在对话框的右边有一个矩形尺寸示意图，所标注的数值就是实际印制电路板的大小（因为线宽有 10mil，即布局范围的大小为 4200mil×3800mil）。而电气边界是指在电路板上设置的元件布局和布线的范围，一定不可少，否则难以实现元件的布局与布线，一般定义在禁止布线层上，用于限制布局、布线的范围。在禁止布线层上确定电路板的电气边界，一定把当前层切换到 Keepout Layer，画线与前面画电路板边框操作一样。电气边界可稍大于也可稍小于物理边界，这里采取小于物理边界，电气边界为 4000mil×3600mil。

⑦ 加载网络表。执行菜单命令“Design”→“Netlist...”在 Netlist File 栏中，指定所要加载的网络表文件名“PLJ.NET”，或按“Browse”按钮，在对话框中选择“PLJ.NET”，如图 4-70 所示，单击“OK”按钮。如果出现错误，则分析错误，逐项修改，必须注意原理图元件与对应的 PCB 图元件管脚编号一致的问题。对于同一电路系统，原理图中元件电气连接与 PCB 元件连接关系应完全相同，只是原理图中用“电气图形符号”表示，而 PCB 中用“封装图”描述。有时会出现原理图元件与对应的 PCB 图元件管脚编号不一致问题。本例中的二极管与前面项目同样，其元件符号与其封装符号有差别，可在元件编辑器中修改，也可在网

络表文件中修改，必须修改一致（具体操作详见项目 3）。若如图 4-71 所示全部没有错误，则单击“Execute”按钮，程序将原理图中所有元件的封装连同它们网络一起添加到 PCB 文件编辑区内，如图 4-72 所示。单击保存按钮保存 PCB 文件。

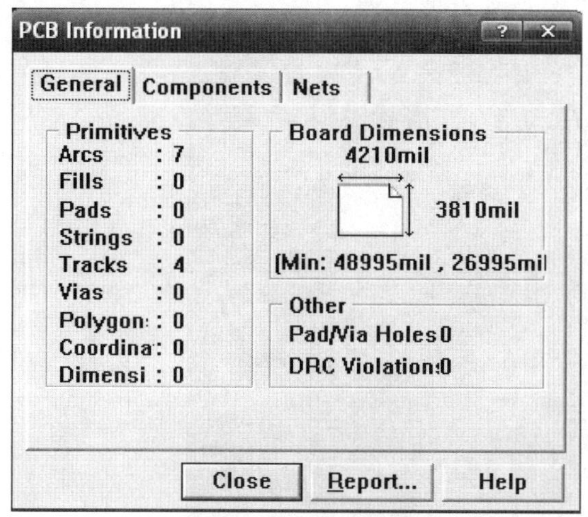

图 4-69　规划电路板信息图

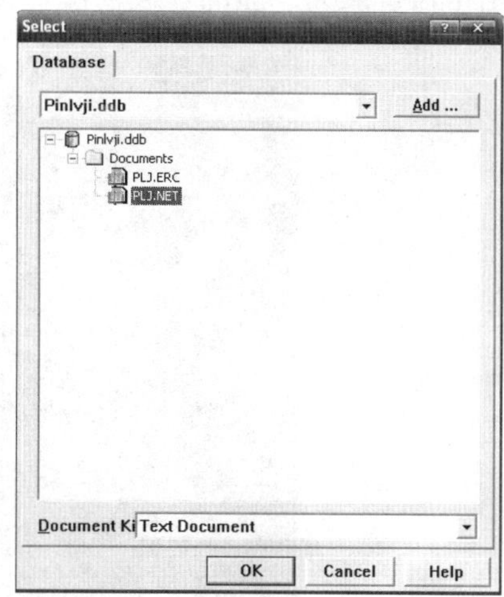

图 4-70　指定网络表文件

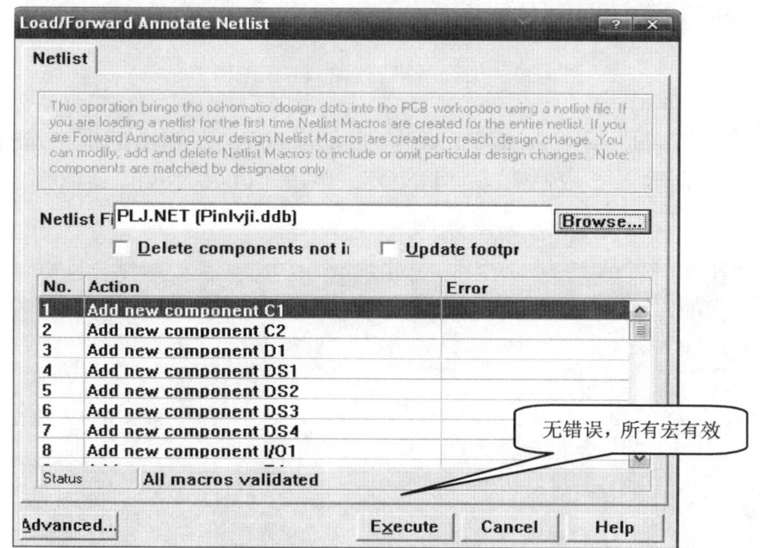

图 4-71　生成的无错误网络宏

当然也可以利用同步器“更新”方式自动装入网络表和元件，在原理图编辑状态下，执行菜单命令“Design”→“Update PCB...”，单击“Execute”按钮，该操作不需要网络表文件。具体操作详见项目 5 学习情境 5.2。

子项目 3　双面 PCB 的自动布局与自动布线、手工调整

1．元件的自动布局

对于通过同步器“更新”方式生成的 PCB 文件来说，在禁止布线层内画出印制板布线区后，原则上可用手工方法将图 4-72 中每一元件封装图逐一移到布线区内（当然，在移动过程中，必要时可旋转元件朝向）；也可以使用“自动布局”命令，将元件封装图移到布线区内。

但通过装入“网络表文件”方式更新或生成 PCB 文件中元件的电气连接关系时，装入网络表文件后，所有元件封装图重叠在布线区内，不便手工调整元件布局，需通过“自动布局”命令，将布线框内重叠在一起的元件彼此分开，以便浏览和手工预布局（这一操作的目的仅仅是为了使重叠在一起的元件彼此分离，无须设置自动布局参数）。

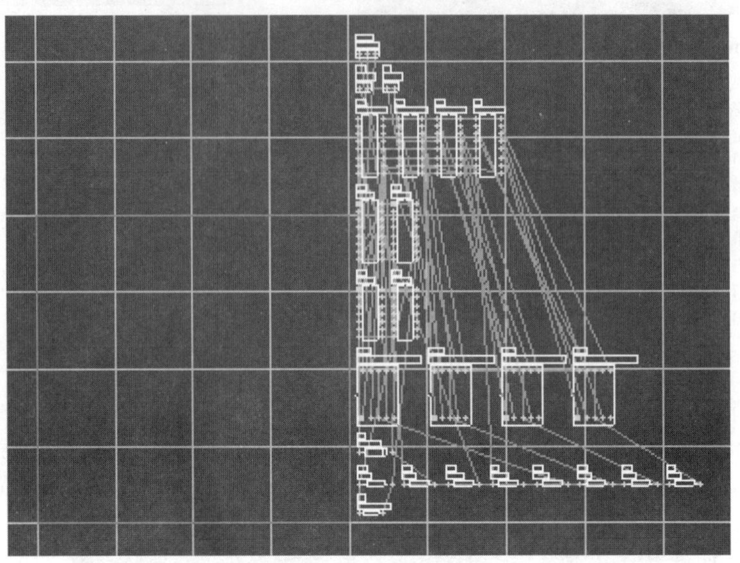

图 4-72 加载网络表后的 PCB 编辑器

执行菜单命令“Tools”→“Auto P1ace”（自动布局），在弹出的框中选择第二种统计式方式，在下面两栏分别输入“+12V”和“GND”，单击“OK”按钮，启动自动布局过程，然后接连单击两个“Yes”，自动布局结果如图 4-73 所示。

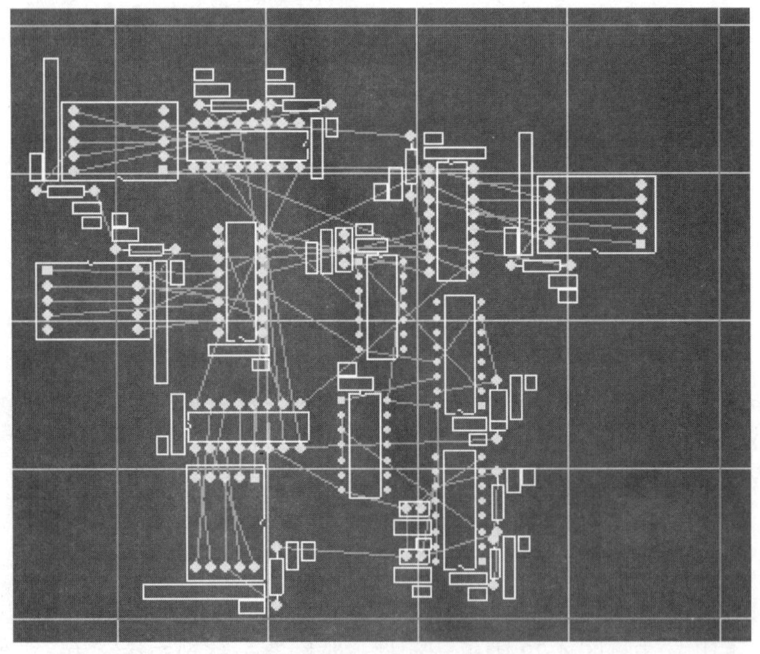

图 4-73 自动布局的元件分布

★※温馨提示※★

安装软件若未汉化时，加载网络表出现元件重叠，则选择菜单“Tools”→“Align Component”→“Set Shove Depth”（Auto Placement→Set Shove Depth），在弹出的窗口中设置推开次数为 5 次，然后选择“Tools”→“Align Component”→“Shove”（Auto Placement→Shove）后，用鼠标随意单击一个元件，就可以看到所有元件都被推开了。

2．手工布局

手工布置元件时，使用鼠标移动元件，大体原则是使所有的连线最短，左边信号进，右边信号出，插接连接器放在电路板边缘，最终使得电路中的元件符合前面项目讲述基本原则，且预拉线交叉尽可能少，以便于后续的手工布线。本例中为便于读数，所有数码管在上方一排，插接连接器在左下角。手工布置元件后的参考效果图如图 4-74 所示。

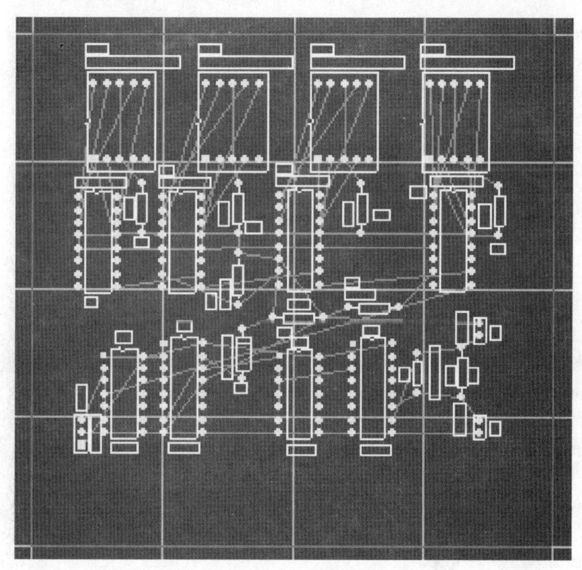

图 4-74　手工布置元件后的参考效果图

3．自动布线手工调整

（1）在布线前设置布线规则

① 设置布线板层　执行“Design”→“Rules”，在弹出的对话框中选择“Routing”标签页，在“Rule Classes”（规则分类）中选择“Routing Layers”，单击“Properties”按钮，若设置单面板，则将顶层改为“Not Used”，而将底层改为“Any”。本例设置为双面板，则将顶层设置为“Horizontal”，底层设置为“Vertical”如图 4-75 所示。不用设也可直接使用这样的系统默认项。

② 设置最小间距（安全间距）执行“Design”→“Rules”，在弹出的对话框中选择“Routing”标签页，在“Rule Classes”（规则分类）中选择 Clearance Constraint，设置不同网络的最小间距为“10mil”。

③ 设置线宽　执行“Design”→“Rules”，在弹出的对话框中选择“Routing”标签页，在“Rule Classes”（规则分类）中选择“Width Constraint”，点“Add”按钮，在弹出的对话框中“Whole Board”（整板）的一般线最小设置为 25mil，最大为 30mil，优先采用的走线宽

度设置为 25mil。导线的优选线宽值与流过的电流大小有关，通常是 1mm（大约 40mil）线宽的电流负荷能力为 1A，即“毫米 • 安培”；除此之外还与焊盘大小有关，这是因为其不仅容易造成虚焊，还影响美观。其关系为：导线宽度 W 为焊盘直径 D 的 1/3～2/3，即 W=（1/3～2/3）D。大多数焊盘直径为 62mil，故与这些焊盘相连的导线宽度为 20～40mil。不要选太小，这是因为一般的制板工具难以制出。还要考虑在同一线路板内电源线、地线和信号线的线宽关系，地线 > 电源线 > 信号线，故设置地线 GND 的线宽为 35mil，用同样的方法设置电源线 VCC 的线宽为 30mil，设置结果如图 4-76 所示。

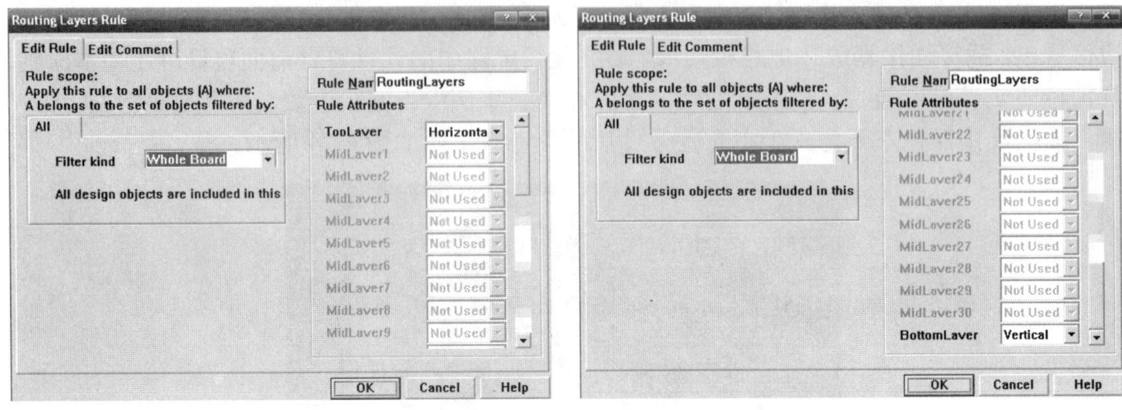

图 4-75　设置双面板布线层

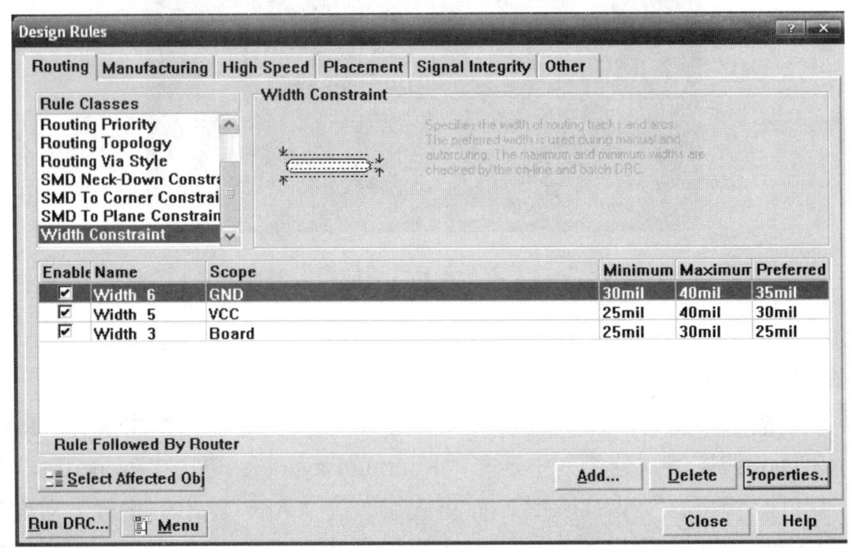

图 4-76　设置完线宽的 Width Constraint 对话框

④ 设置优先权　执行“Design”→“Rules”，在弹出的对话框中选择“Routing”标签页，在“Rule Classes”（规则分类）中选择“Routing Priority”，点“Add”即可设置优先权，设置方法和线宽设置相似。在“Priority”值中，把 VCC 设置成最大，GND 其次即可。

（2）自动布线　设置布线规则后，执行“Auto Route”→“All”，在弹出的对话框中使用默认设置，直接单击“Route All”，即可完成自动布线。自动布线完成如图 4-77 所示。

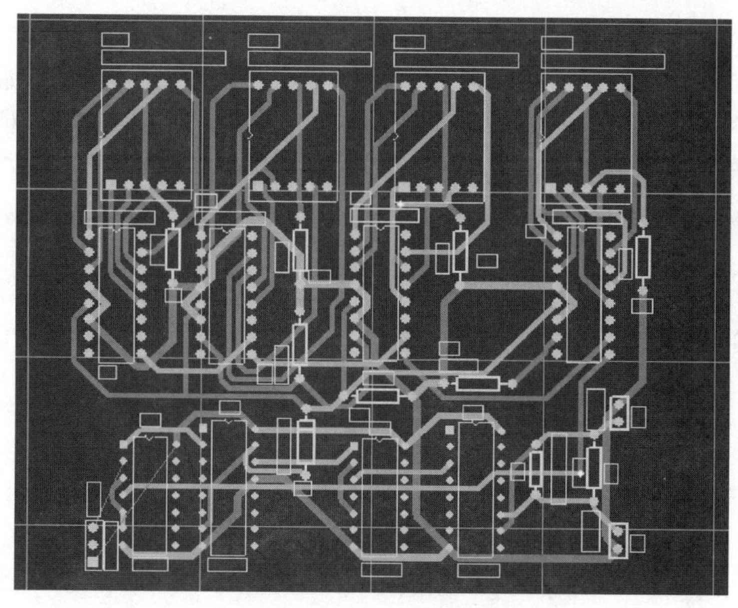

图 4-77　自动布线完成图

（3）手工调整布线　自动布线过程中可能由于元件之间排列等原因使某些元件没有布线成功，还留有飞线，或者布线中出现过孔“Via”现象等，则有必要采取手工布线进行修改。但手工布线时可能由于元件之间排列较紧密，安全间距无法满足，则执行菜单命令“Tools”→“Un-Route”→“All”拆除所有布线，重新排列元件，然后重新自动布线。

手工调整布线时，切换到需要调整的工作层，这里分别选择底层“Bottom Layer”和顶层“Top Layer”，执行拆除布线菜单命令“Tools”→“Un-Route”→“Connection”，移动光标到要拆除的导线上，单击左键，发现原先的连线消失，执行菜单命令“Place”→“Track”，或单击放置工具栏的按钮，重新进行手动布线。一定要注意导线的拐弯模式，导线转折内角不能小于 90°，一般选 45°或圆角，因为工艺原因，在导线的小尖角处，导线的有效宽度小，电阻较大，同时小于 135°的转角会使导线总长度变长，不利于减小导线的寄生电阻和寄生电感。在自动布线前的设置布线规则中进行设置，执行“Design”→“Rules”，在弹出的对话框中选择“Routing”标签页，在“Rule Classes”（规则分类）中选择“Routing Corners”，单击“Properties”，在“Style”中选择，如图 4-78 所示。在导线放置中，也可以改变导线的拐弯模式，单击“Placement Tools”工具栏中的画线图标，在适当位置单击左键确定导线起点后，移动光标使十字光标的中心与导线起点既不在同一水平上，也不在同一垂直线上，按 Shift＋空格键可观察到六种拐弯模式的改变。

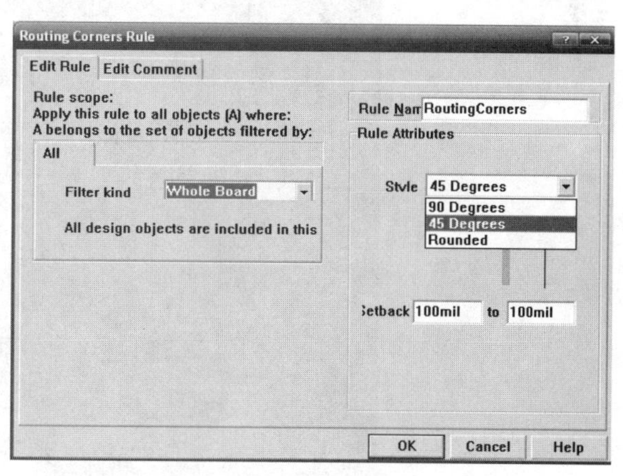

图 4-78　设置布线规则中设置导线拐弯模式

放置过程中，前面对电源线、地线的线宽已经设置，但对于电源线、地线的板层分布没有设置。在双面电路板低频电路中，电源线、地线板层分布没做强制要求，但一般采取系统默认。这里把地线 GND 设置为底层，电源 VCC 设置为顶层。可以在图 4-75 所示页面设置，在“Filter kind”中选择“Net”，在“Net”栏中选择“GND”，把“Top Layer”设置成“Not Used”；同样的方法把“VCC”设置成顶层布线，即把“Bottom Layer”设置成“Not Used”，如图 4-79 所示。也可以在放置后对它双击左键，点击相应导线进行属性设置，在“Layer”栏进行选择。

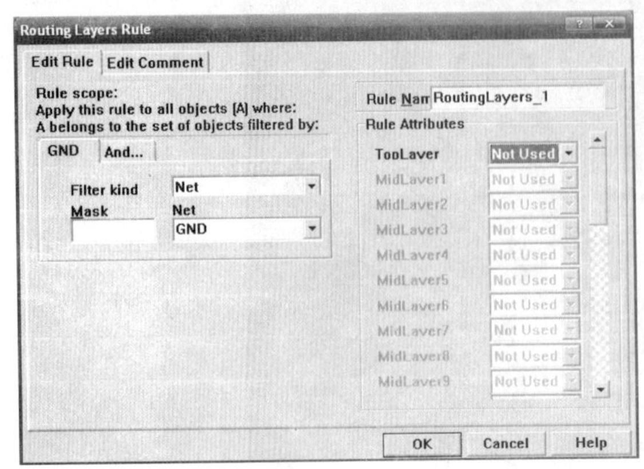

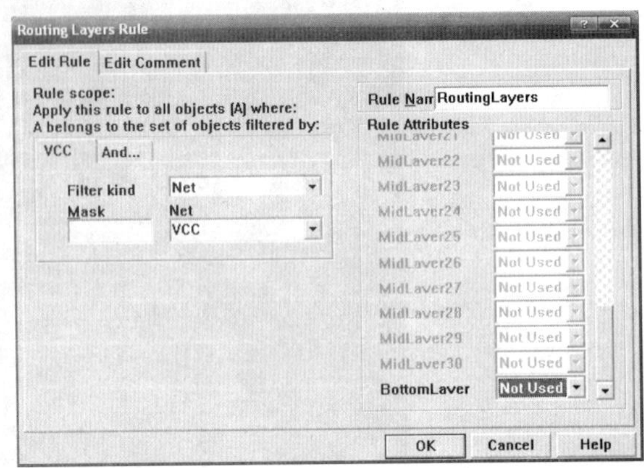

图 4-79　设置电源布线层

导线放置中，当导线走到某些位置空间不够只能改变线宽时，按 Tab 键，在弹出框中的“Trace Width”栏输入变细的线宽。如果超出设计规则的线宽最大值和最小值，则将再弹出一个对话框进行提醒，若选“Yes”，继续操作，那么在后面的设计规则检查时会出现错误信息。通常选“No”，根据实际修改线宽规则或重新改变当前输入的数据。当前细导线放置好后要再次按 Tab 键，将线宽改回原来的优选值，否则后面放置的线会全部变细。这是因为这根细导线线宽修改时，连同设计规则中的线宽优选值一起修改了。

重复操作上面步骤，修改并放置相应导线，为避免出现过孔“Via”，修改个别短的 GND 线分布板层，使图中不再有飞线，使所有导线走通。手工布线后的双面 PCB 如图 4-80 所示。

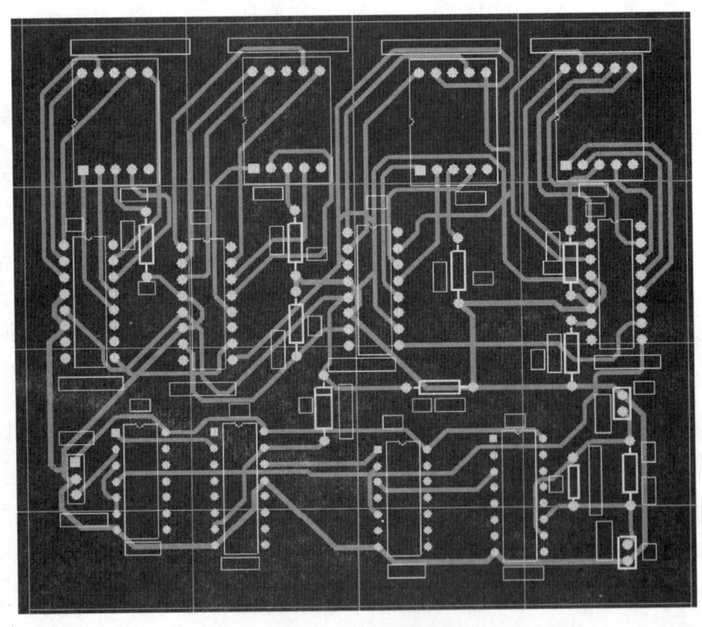

图 4-80　手工布线后的双面 PCB 图

接着完善 PCB，调整丝印层的字符信息位置及方向，添加标注信息。

调整字符时要注意：元件序号、型号或大小等信息最好不要放在元件轮廓线边框内，以免安装实际元件后遮住；一定不要放在焊盘或过孔上，因为钻孔后这些位置的基板被钻掉了，而且焊盘铜环上也不能印上字符信息；但字符信息可以放在导线上。操作时，选中对应字符，按住鼠标左键，再按空格键，使字符旋转到满意方向，要移动字符，采用相应方法拖动。

添加标注信息，单击选择丝印层，单击放置工具栏的 T 按钮，按下 Tab 键，在属性对话框的“Text”栏输入“PLJ2010”，在“Layer”板层选为“Top Overlay”，单击“OK”，在 PCB 上方放置。要想移动和改变方向，先单击字符，在字符左下方出现一个小“十”字，右边出现一个小圆圈，单击小“十”字可移动字符位置，单击小圆圈，移动光标，该字符以小“十”字为中心做任意角度旋转。最后移动和调整该字符到满意位置。

标注尺寸（若没有画电路板框，则在机械 4 层补充电路板框，即物理边界 4200mil×3800mil，步骤详见子项目 2 中⑥）。在 Mechanical Layer1 工作层，在 PCB 边框上标注长宽尺寸，单击放置工具栏上的按钮，在板边框一角处单击左键，移动光标，看到中间的距离在发生变化，在相连边框另一角单击左键完成标准，单击右键退出。这样操作两次标注 PCB 长宽尺寸，如图 4-81 所示。

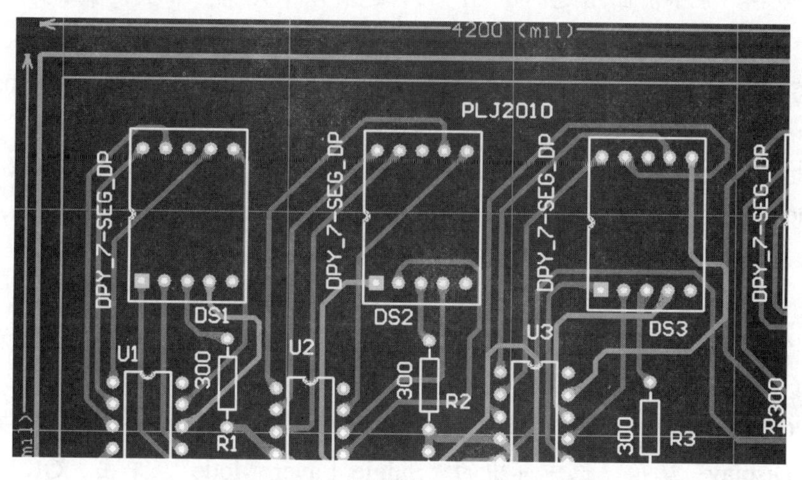

图 4-81 标注 PCB 边框长宽尺寸图

最后进行设计规则检查，执行菜单命令“Tools”→“Design Rule Check”，修改 PCB。手工布线的双面 PCB 图的单面显示如图 4-82 所示。

★※温馨提示※★

① 放置过孔的操作。在制作双面电路板时，有时会遇到同一条导线需分别在 Top Layer 和 Bottom Layer 上才能连通电路，则必然要通过过孔“Via”连接。在手工布线过程中，要在不同工作层绘制同一条导线，也必然要绘制过孔“Via”。其方法是：在小键盘上分别按“+”或“–”依次切换工作层标签中显示的各种层，直到“Top Layer”，或直接单击工作层标签中“Top Layer”，在相应位置绘制一条直线，在终点处单击鼠标左键或按回车键（此时仍处于画线状态），按小键盘上的“*”键（“*”键作用是在顶层和底层之间切换），则当前层变为 Bottom Layer，发现在导线终点处自动添加了一个过孔，单击左键确定过孔位置，然后继续绘制直线。

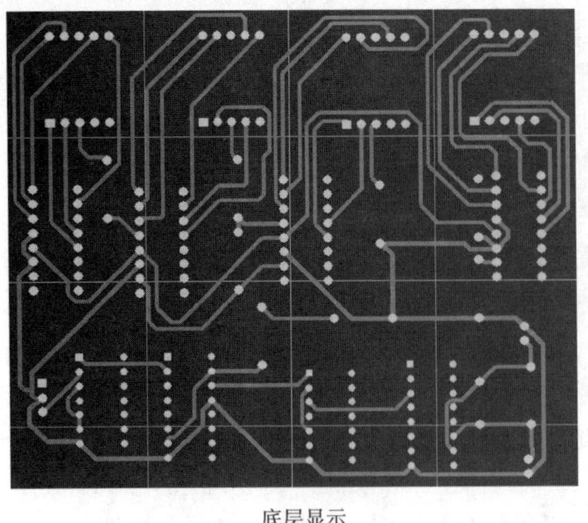
底层显示

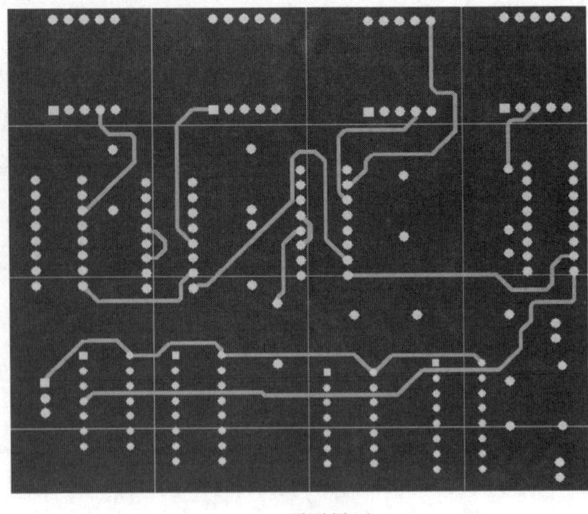
顶层显示

图 4-82 手工布线后的参考双面 PCB 图单面显示

② 布线命令和拆除布线命令介绍。执行菜单命令自动布线“Auto Route”时，出现许多命令，除了前面用过的“All”外，还有以下几条：如执行菜单命令 “Auto Route”→“Net”，是对选定的网络进行布线，将光标移动到要布线的网络上，单击左键完成；如果弹出一个框，一般选择“Connection“或”Pad”，而不选“Component”；执行菜单命令“Auto Route”→“Connection”，是对两连接点进行布线，将光标移动到某条预拉线（飞线）上，单击左键完成；执行菜单命令“Auto Route”→“Component”，对指定元件布线，光标直接选取元件；还有自动布线设置、停止、终止、恢复、暂停、重新开始暂停自动布线等。

拆除自动布线命令，除了介绍过的“Tools”→“Un-Route”→“All”外，还有几条命令。其中，选“Net”是拆除选网络的布线；选“Connection”是拆除选一条线；选“Component”是拆除与选元件相连的导线。

③ PCB 图单面显示操作。软件执行菜单命令“Tools→Preferences”，在弹出框中选择“Display”选项，选中其中的“Single Layer Mode”，单击“OK”，然后在 PCB 中选择要显示的板层。

④ PCB 三维效果显示功能。汉化的 Protel 99 SE 软件没有此项功能，未汉化的软件执行菜单命令“View”→“Board in 3D”即可实现三维效果显示功能（见基础部分的图 0-4）。

子项目 4 PCB 的电源板层、螺丝孔及敷铜的设置

1．PCB 的电源板层设置

对于双面板的电源板层设置，子项目 3 中已经进行了说明，见图 4-79，不需设置内电层。而以后项目中可能遇到多层板制作，需设置电源层和地线层。在 PCB 文件中，汉化的 Protel 99 SE 软件没有此项功能。未汉化的软件执行菜单命令“Design”→“Layer Stack Manager”设置工作层，在弹出的对话框中选中工作层“Bottom Layer”，单击“Add Plane”按钮，新增一层“Internal Plane 1”电源层，按“Properties”按钮，将弹出框中的“Net Name”栏设置为“VCC”，即该电源层与“VCC”相连，用同样方法增加“Internal Plane 2”电源层，并将它设

置为与“GND”相连；或者在添加电源层和地线层两个层后，分别双击 Internal Plane 1 和 Internal Plane 2（No Net）将其网络设置为“VCC”和“GND”。执行菜单命令“Design”→“Options”设置文档参数，由于是多层板，因此信号层选择“Bottom Layer”和“Top Layer”，电源层选择“Internal Plane 1”，地线层选择“Internal Plane 2”，其他如单位制、捕获栅格、可视栅格根据需要自行设定。

2．PCB 的螺丝孔设置

如果要在电路板的四个角各设置螺丝孔，则具体操作步骤如下。

① 执行放置焊盘操作。单击放置工具栏的 按钮，或执行菜单命令“Place”→“Pad”。

② 设置焊盘的属性。按 Tab 键，在焊盘的属性对话框中单击“Properties”选项卡，选择圆形焊盘；为使孔的尺寸要与螺丝的直径相符，同时取消焊盘的孔口铜箔，则设置“X-Size”、“Y-Size”和“Hole-Size”文本框中的数据都为 120mil，在 Advanced 选项卡中，使 Plated 复选框无效，取消通孔壁上的电镀。设置如图 4-83 所示。

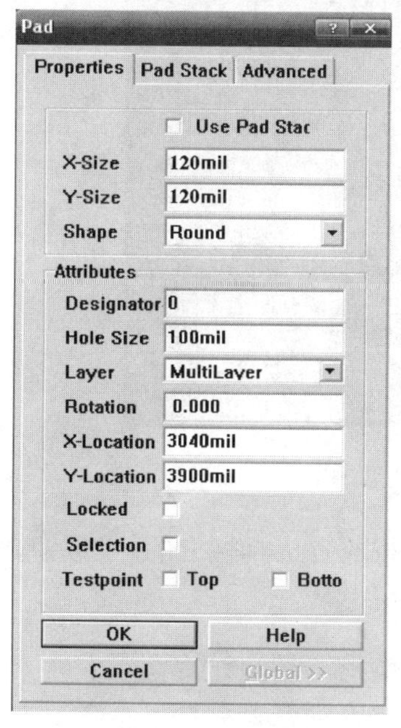

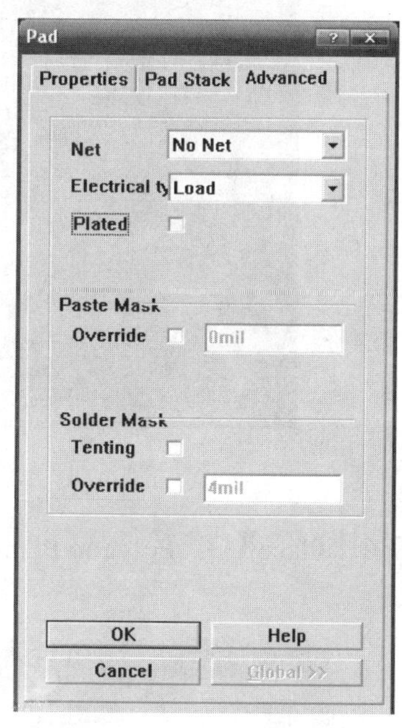

图 4-83　设置螺丝孔时的焊盘属性设置

③ 单击“OK”按钮，制作了一个螺丝孔。同理，放置另外三个螺丝孔。放置时，注意螺丝孔距印制板边缘及元件轮廓位置要满足螺钉帽的机械要求。这里距电路板边框及元件轮廓至少 140mil 以上。

放置了螺丝孔的电路板如图 4-84 所示。

3．补泪滴

首先，选中要进行补泪滴的焊盘，即按住鼠标左键拖动，出现一个矩形框，则矩形框内对象全部被选中。这里不选区域，操作时系统默认是全部焊盘。

其次，执行菜单命令“Tools”→“Teardrops”→“Add”，若选择了区域内的焊盘则要在“Selected Objects Only”栏选中。这里采用默认，单击“OK”按钮完成。

4．设置敷铜

数字电路、高频电路、单片机电路在设计 PCB 时，为使系统工作更加稳定，除了合理布局外，常用的方法是大面积敷铜，即用大面积铜膜将电路“包”起来，一般敷铜要接地。本电路含有晶振电路（时钟电路），既是高频电路，同时又是数字电路，为了提高抗干扰能力，应该在其下方用矩形导线工具（在放置工具栏单击▨按钮）绘制一个封闭的矩形框。双击矩形框，用放置填充的方法设置实心矩形敷铜区来填充信号层的晶振电路区域，用来防止自动布线时在晶振电路下面的另一层（即底层“Bottom Layer”）走信号线。然而本电路中的晶振电路下面并没有布线，也可以同样放置一敷铜区，并设置网络“Net”栏为“GND”。而在多层板电路中，即使有晶振电路，也不在其下方设置敷铜，因为其电源层和地线层具有屏蔽功能。

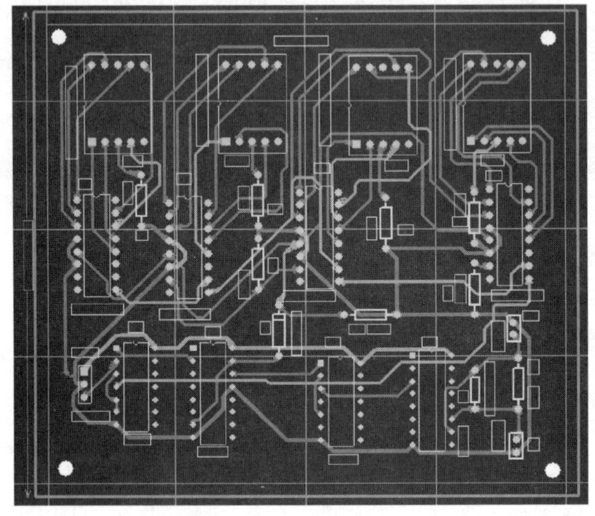

图 4-84　设置螺丝孔后的 PCB

执行菜单命令“Place”→“Polygon Plane”，或按放置工具栏上的⌐◿按钮，设置如图 4-85 所示对话框。

图 4-85　设置敷铜时属性设置

完成所有的设定后，按“OK”关闭对话框，同时进入敷铜状态。这时就当走线一样，在电路板上画连成一个封闭的区域时，程序立即敷铜。PCB 底层敷铜后的效果如图 4-86 所示。

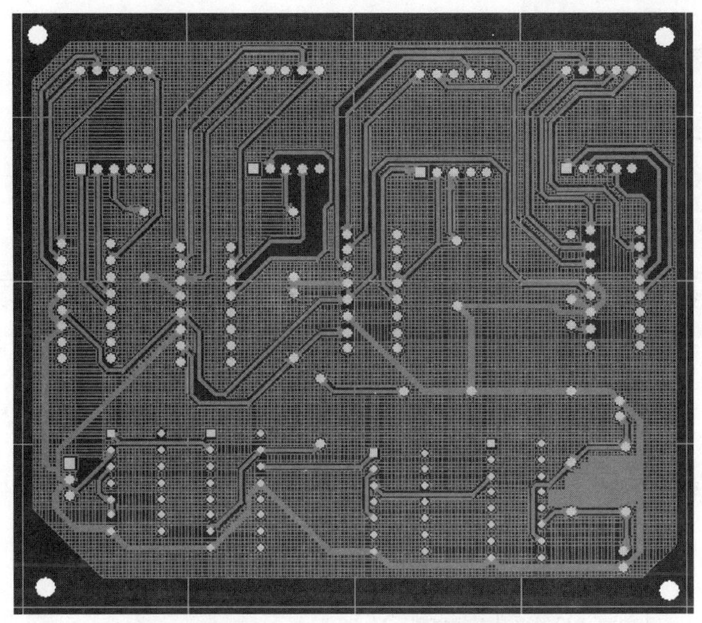

图 4-86　敷铜后的 PCB 底层显示

子项目 5　电路板的加工焊接与调试

绘好的电路板通过机器雕刻，然后进行元件的焊接、组装，最后进行调试。将+12V 电源与地接好后，接入待测信号，就会看到数码管显示数字，这就是待测信号的频率。

4.2.4　测验及评估

测验题目

1．图 4-87 所示是某电子有限公司的“银天使”S 系列 PCB 焊接式电源变压器的外形尺寸图，该电源变压器类型是 S0.6 0.6V · A，大小为 30.5mm×27.5mm×20.5mm，根据实物的尺寸制作元件封装图，并以学号命名。

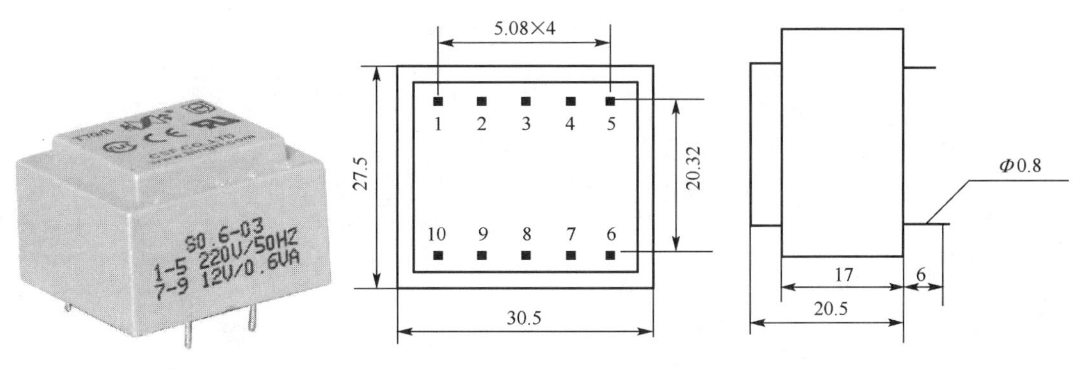

图 4-87　电源变压器外形

2．按照图 4-42 所示的 0～999999Hz 数字频率计电路原理图制作相应的双面 PCB。规划电路板大小为 1000mm×800mm，要求 GND 尽量在底层，电源 VCC 和地线宽 40mil，其余线宽为 25mil，使用自动布线与手工布线相结合，然后保存在桌面学号文件夹内。

评估标准

评估标准见表 4-6。

表 4-6 评估标准

内　容	评 分 标 准	分　值
1．根据实物的尺寸制作元件封装图	自建元件封装库文件，并以学号命名　5 分 按照尺寸，正确绘制出 10 个焊盘大小及位置　15 分 按照尺寸，正确绘制出元件轮廓　10 分	共 30 分
2．通过自动布线绘制 0～999999Hz 数字频率计的双面电路板图	复制前面自作的图 4-42 原理图，重新命名“0～999999Hz 数字频率计.sch”，正确导出到桌面的学号文件夹下　5 分 进行元件封装（并自制部分元件封装），生成网络表，系统会自动命名为“文氏桥.net”　10 分 新建电路板图，命名“0～999999Hz 数字频率计.pcb”　5 分 规划电路板，在机械层 1 规划出物理边界（即裁板的依据），禁止布线层画出电气边界（即自动布线的范围），并标注电路板尺寸　10 分 装入网络表“0～999999Hz 数字频率计.net”　10 分 自动布局调整元件位置、手动调整元件位置　10 分 按要求设置自动布线规则　10 分 自动布线与手工布线　5 分 正确导出到桌面学号文件夹下　5 分	共 70 分

项目 5　开关电源的制作

学习情境 5.1　开关电源的电路原理图设计

5.1.1　项目描述

电源是电子仪表系统的心脏，电源的好坏对整个系统的安全、正常可靠运行至关重要。本开关电源是给某医学仪器电路板供电的模块，同时它的运行也是受电路板中心的单片机控制。

利用软件 Protel 99 SE 完成开关电源的电路图绘制。本项目与前面项目同样要自定义绘制元件符号。由于本电路分功能板块，可以用层次原理图表示，如图 5-1 所示，采用自顶向下的设计方法绘制层次原理图，整个电路分为四个模块，由直流-直流变换器电路和三个外围电路组成。通过本项目的学习可以使大家对层次原理图绘制有个初步的认识，为今后学习其他类似项目打下基础。学完本项目，要求能绘制出如图 5-1 所示的层次原理图。

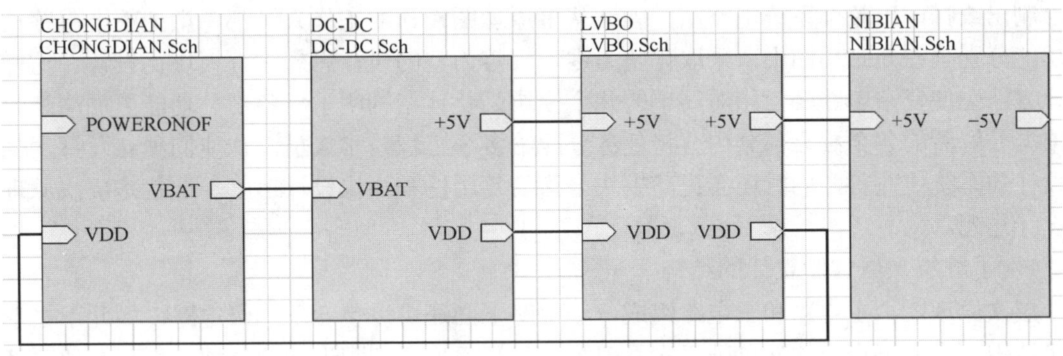

图 5-1　主原理图中各方块电路的组成和链接

5.1.2　学习目标

① 熟悉绘制、编辑元件符号的方法。
② 学会层次原理图中各模块的子原理图及其端口的绘制。
③ 重点掌握层次式电路原理图的设计方法。

5.1.3　技能训练

子项目 1　原理图元件和元件库的自建与使用

启动 Protel 99 SE，新建（New Design）一个名为“Power.ddb”设计数据库存在“D：\”内，打开“Power.ddb”里面的“Document”，在里面新建一个名为“Power.prj”的原理图文

件，注意扩展名不是“.sch”时应改为“.prj”（“Power.prj”原理图文件是层次电路图的最顶层电路文件，一般顶层电路的扩展名都用“.prj”，以表示与其他电路的区别）。以后凡是该项目的各种文件都建在“Power.ddb”数据库中的“Document”里。

利用项目 4 中学过的元件符号绘制方法，双击“Schematic Library Document”（原理图元件库文档）图标，新建元件库“Power.lib”，自定义绘制 MAX1705 和 TPS60400DBVT 元件符号，如图 5-2 所示。

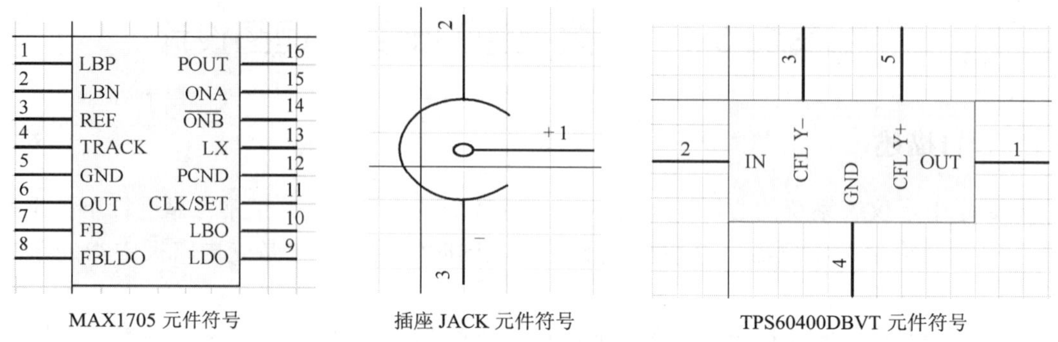

图 5-2 自定义绘制元件符号

子项目 2 层次原理图设计

在设计较大规模的或比较复杂的原理图时，尽管可以用一张大图把整个电路都画出来，但很难立刻把各功能单元区分开来。更何况有些复杂电路图根本无法在一张特定幅面的图纸上绘制出或打印出整个系统电路图。因此从事原理图设计的工作人员都愿意把整个电路按不同功能分别画在几张小图上，采取化整为零、聚零为整的设计思想进行模块化设计。这样的设计方法会使复杂电路变为相对简单的几个模块，整体结构明了、各部分功能更加清晰。同时根据分解后的各个独立部分内容将任务分配给多个工程技术人员，让他们独立发挥，从而使设计的系统更完善，同时还会提高模块电路的复用性和加快设计速度。这就是层次原理图的设计思想。

1．了解层次原理图设计的结构

层次原理图由主电路和子电路组成，子电路下面还可以包含下一级电路，如此下去形成树状结构。读者可查看软件自带层次原理图，了解层次原理图设计的结构。打开存放路径里面的文件“D：\Design Explorer 99 SE\Examples\4 Port Serial Interface .ddb”，若安装软件默认是 C 盘，则打开“C:\Program Files\Design Explorer 99 SE\Examples\4 Port Serial Interface .ddb”，打开主电路图文件（其扩展名是“.prj”）“4 Port Serial Interface. Prj”，可以看到层次原理图，如图 5-3 所示，出现两个方块图，两个方块图里的一些小多边形相互用导线或总线连接在一起。

要从主电路图查看子电路图，单击主工具栏上的⇩⇧按钮，或执行菜单命令“Tools”→“Up/Down Hierarchy”，光标变为十字架，在要看的方块图上单击左键，则系统切换到该方块图对应的子电路图，其文件扩展名为“.sch”。

要从子电路图查看主电路图，单击主工具栏上的⇩⇧按钮，或执行菜单命令“Tools”→“Up/Down Hierarchy”，光标变为十字架，在子电路图（.sch）的小多边形（I/O 端口）上单击左键，则系统切换到主电路图，其文件扩展名为“.prj”。

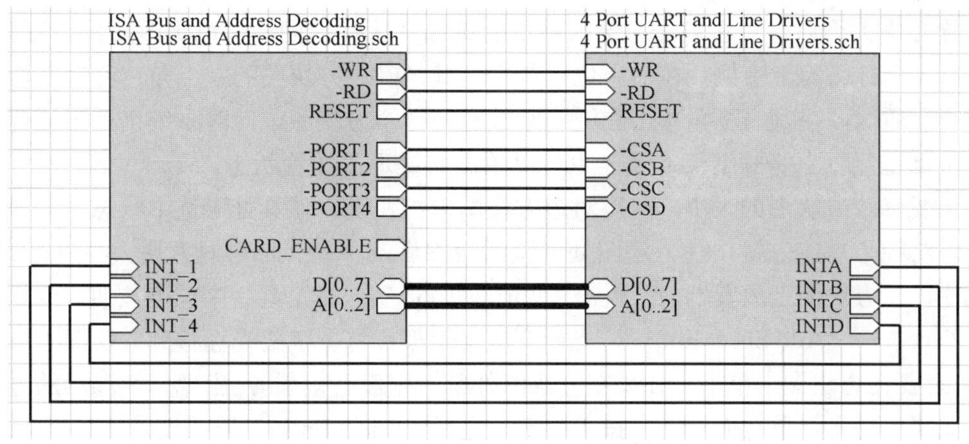

图 5-3　层次原理图中的主电路图

2．层次原理图设计的方法

通常采用两种不同方法进行层次原理图的设计。不同的设计方法对应的层次原理图的建立过程也不尽相同。

（1）自顶向下的设计　所谓自顶向下的设计，就是先建立一张系统总图，用功能模块电路代表它下一层的子系统，然后分别绘制各个功能模块对应的子电路图。

（2）自底向上的设计　所谓自底向上的设计，就是先建立底层子电路，然后再由这些子电路原理图产生功能模块电路图，从而产生上层原理图，最后生成系统的原理总图。

3．开关电源的层次原理图设计

某医学仪器的电源电路主要由直流-直流变换电路、滤波电路、逆变电路以及充放电控制电路等四部分组成，其结构框图如图 5-4 所示，其电源引入部分以接插件形式接入。下面以开关电源为例，进行层次原理图设计。

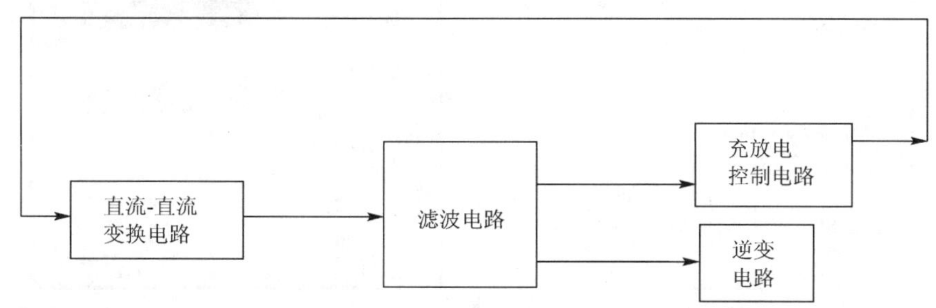

图 5-4　开关电源的结构框图

（1）自顶向下层次原理图设计

① 绘制主电路图　首先，绘制方块图。打开已有设计数据库"Power.ddb"里的"Document"中的"Power.prj"原理图文件，单击"Wiring Tools"工具栏中的▨按钮，或执行菜单命令"Place"→"Sheet Symbol"，光标变成十字架，且十字光标上带有一个与前次绘制相同的方块图形状，按 Tab 键，进行"Sheet Symbol"属性设置。在"Filename"栏填上"DC-DC.SCH"，该栏表示该方块图所代表的主电路图文件名。在"Name"栏填上"DC-DC"，注意名字应与"Filename"栏中的文件名相对应，该栏表示该方块图所代表的模块名称，如图 5-5 所示（也

可以放置方块大小后，对它双击左键或单击右键选择属性，同样可以更改属性设置)，单击“OK”后，光标仍为十字架，在适当位置单击左键，确定方块图的左上角，移动光标直到方块图大小合适时，在其右下角单击左键，则放置好一个方块图，此时系统仍处于放置方块图状态，可以重复以上步骤继续放置，也可以单击右键退出放置状态。

如果要修改方块图的大小，可以对该方块图单击左键，使其处于选中状态，出现灰色的控点时，对控点单击左键，使方块图处于激活状态后，移动光标可对方块大小进行调整。

其次，在方块图上放置端口。单击“Wiring Tools”连线工具栏中的按钮，或执行菜单命令“Place”→“Add Sheet Entry”，光标变成十字架，将十字架光标移到方块图上单击左键(注意一定要在方块图上单击，如果在方块图外单击则没有效果)，出现一个浮动的方块电路端口，此端口随光标移动而移动。按 Tab 键，进行“Sheet Entry”属性设置。在“Name”栏选“VBAT”，该栏表示该方块电路端口名称。在“I/O Type”栏选输入端口“Input”，该栏的选项表示端口电气类型。“Side”表示端口的停靠方向，有上下左右方向，这里不用选择，会根据端口的放置位置自动设置。“Style”栏设置端口外形，这里选择向右“Right”，如图 5-6 所示。设置完毕后，单击“OK”，将端口放置在方块图中的合适位置。放置后系统仍处于放置端口的状态，重复以上步骤在方块中再分别放置两个名为“+5V”、“VDD”的端口。

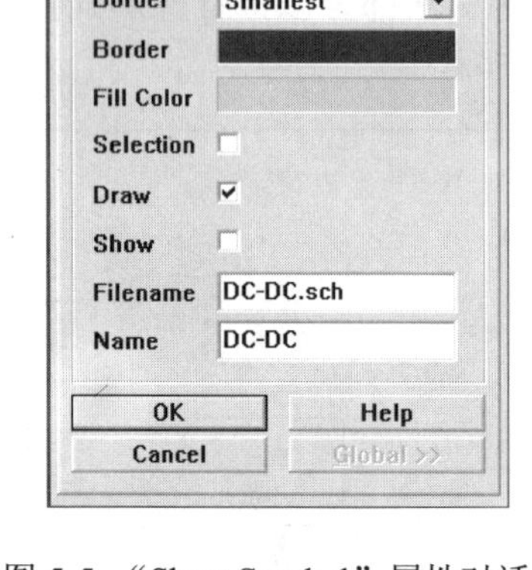

图 5-5　“Sheet Symbol”属性对话框

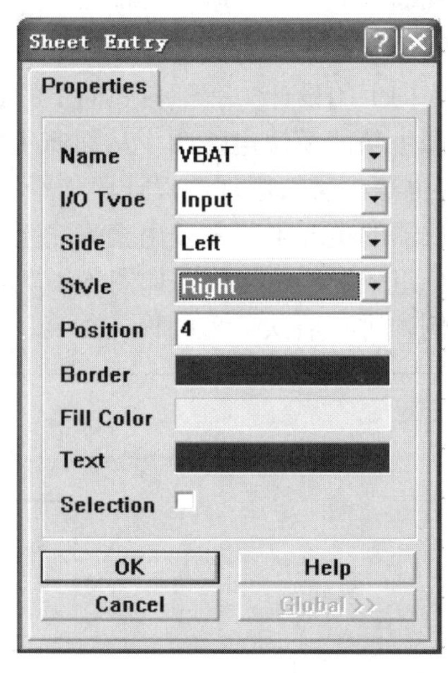

图 5-6　“Sheet Entry”属性对话框

按照绘制方块图和放置端口的方法再分别画 3 个方块和放置 7 个端口，左边端口为输入，右边为输出，放置位置和属性设置如图 5-7 所示。

如果需要修改某个端口的参数，对该端口双击左键或单击右键选择属性“Properties”，同样可以重新设置属性。如果只是需要移动端口的位置，可以直接拖动该端口移动到新位置。

最后，绘制方块图之间的连接。方块图之间的连接可以使用导线和总线。图 5-3 中的 D[0…7]和 A[0…2]的连接线是总线，其余都为导线。在图 5-7 中，不使用总线，全部用导线连接。单击“Wiring Tools”连线工具栏中的按钮，或执行菜单命令“Place”→“Wire”，完成连线，连接好的主电路图如图 5-1 所示。

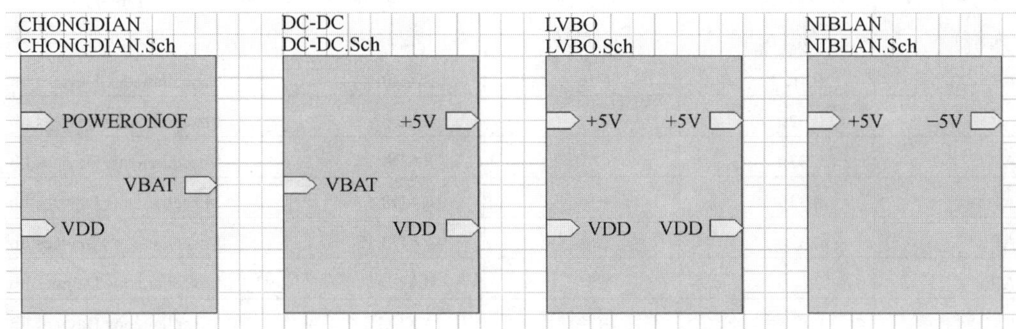

图 5-7 绘制方块图和放置端口

② 绘制子电路图 绘制完主电路图，再分别绘制主电路图中各方块电路对应的子电路图。子电路图与主电路图中的方块电路是一一对应的，千万不要使用创建原理图文件的方法创建子电路图，其正确的操作方法如下。

在“Power.prj”文件主电路图中执行菜单命令“Design”→“Create Sheet From Symbol”（由符号生成图纸），光标变成十字架。将光标移到要创建子电路图文件的方块图上，单击左键（注意一定要在方块图上单击左键，如果在方块图外单击则无响应），如在 DC-DC 方块图上单击，系统弹出“Confirm”对话框，如图 5-8 所示，要求用户确认端口的输入/输出方向。如果选择“Yes”，则所产生的子电路图中输入输出端口方向与主电路方块图中端口方向相反，即输入变输出，输出变输入。如果选择“No”，则端口方向不反向。这里选择“No”。系统将自动生成名为“DC-DC.SCH”的子电路图，且自动切换到子电路图画面，主电路图中放置的所有端口都自动放置在子电路图中，无须自己再单独放置输入输出端口。如图 5-9 所示“DC-DC.SCH”子电路图中截取的所有端口。

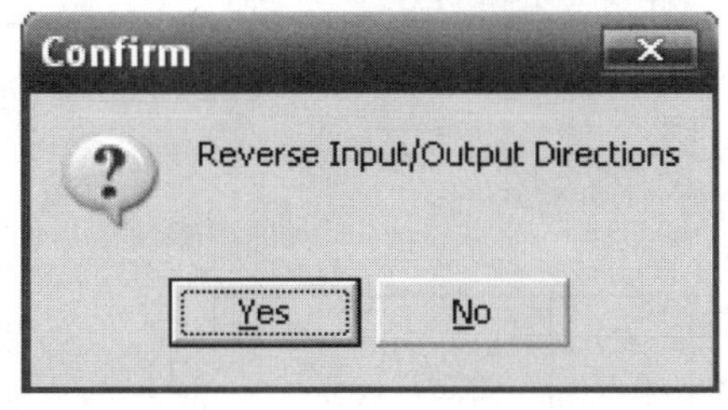

图 5-8 “Confirm”对话框

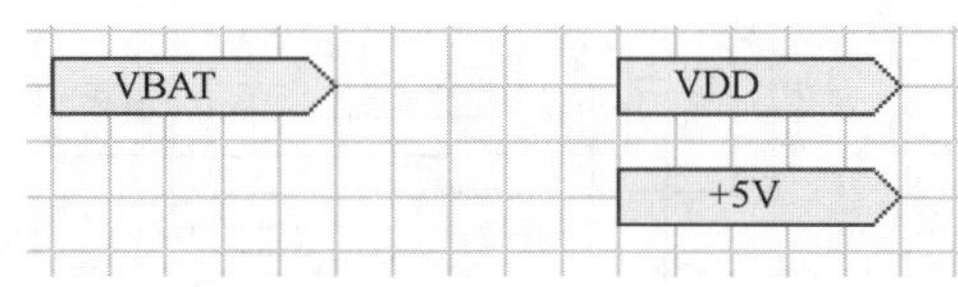

图 5-9 自动生成的“DC-DC.SCH”子电路图

同样方法，可以再生成三个相应子电路图。从文件管理器中可以看到“DC-DC.SCH”等子电路图自动在“power.prj”的下一级，如图 5-10 所示阶层式电路的层次结构。

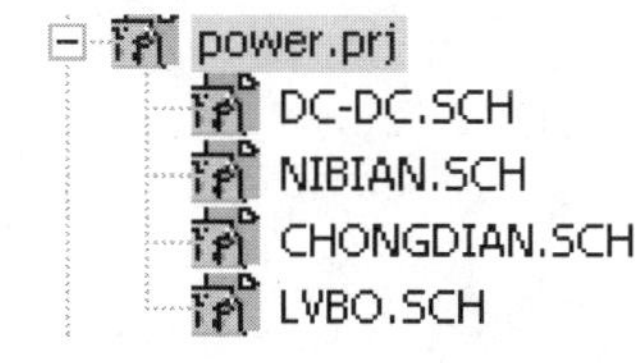

图 5-10 阶层式电路的层次结构

最后对子电路原理图逐个进行绘制。子电路图“DC-DC.SCH”的元件属性如表 5-1 所示，所绘的直流-直流变换电路图如图 5-11 所示。

表 5-1　DC-DC.SCH 元件属性列表

Lib Ref 元件样本	Part Type 元件型号	Designator 元件标号	Footprint 元件封装	Library 所属元件库
CAP	0.1μ	C10	RAD0.1	Miscellaneous Devices.lib
CAP	0.33μ	C9	RAD0.1	Miscellaneous Devices.lib
CAP	0.33μ	C7	RAD0.1	Miscellaneous Devices.lib
CAP	0.33μ	C5	RAD0.1	Miscellaneous Devices.lib
CAP	0.33μ	C6	RAD0.1	Miscellaneous Devices.lib
CAP	0.33μ	C8	RAD0.1	Miscellaneous Devices.lib
RES1	0k	R10	AXIAL1.0	Miscellaneous Devices.lib
RES1	0k	R11	AXIAL1.0	Miscellaneous Devices.lib
1N5834	1N5817	D4	DIODE0.4	DIODE.lib
ELECTRO1	10V22μF	C11	RB.2/.4	Miscellaneous Devices.lib
ELECTRO1	10V100μF	C12	RB.2/.4	Miscellaneous Devices.lib
INDUCTOR2	22μH1A	L1	AXIAL0.4	Miscellaneous Devices.lib
RES2	100k	R8	AXIAL0.4	Miscellaneous Devices.lib
RES2	100k	R7	AXIAL0.4	Miscellaneous Devices.lib
RES2	165k	R6	AXIAL0.4	Miscellaneous Devices.lib
RES2	191k	R9	AXIAL0.4	Miscellaneous Devices.lib
RES2	270k	R4	AXIAL0.4	Miscellaneous Devices.lib
RES2	270k	R5	AXIAL0.4	Miscellaneous Devices.lib
MAX1705	MAX1705	U2	自制	自制 Power.lib

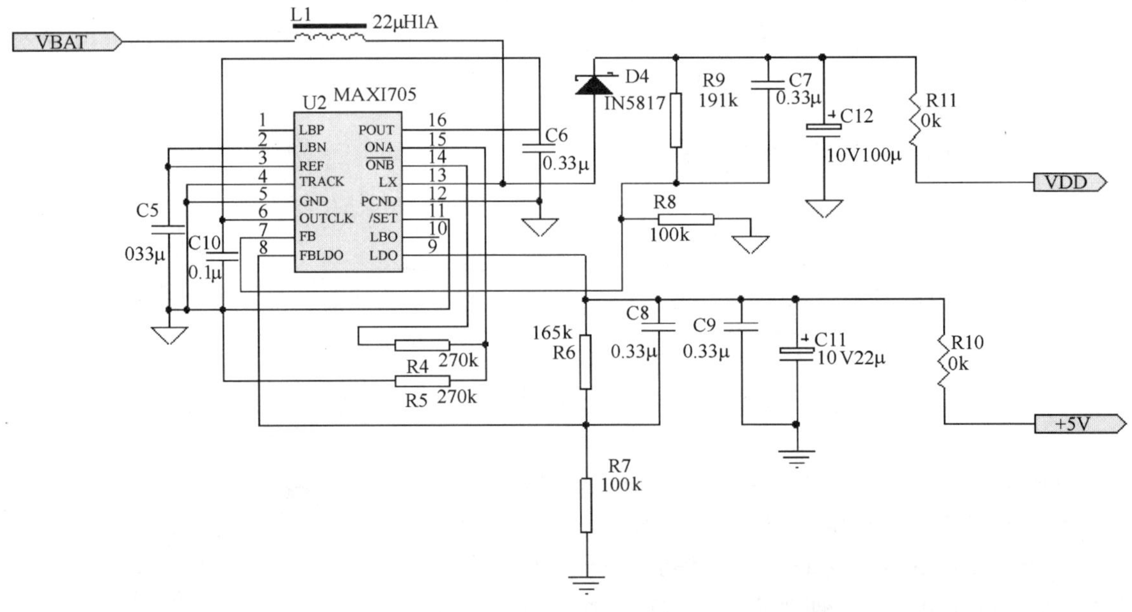

图 5-11　直流-直流变换电路

子电路图“LVBO.SCH”的元件属性如表 5-2 所示，所绘的滤波电路图如图 5-12 所示。

表 5-2 LVBO.SCH 元件属性列表

Lib Ref 元件样本	Part Type 元件型号	Designator 元件标号	Footprint 元件封装	Library 所属元件库
CAP	0.1μF	C15～C32	RAD0.1	Miscellaneous Devices.lib
RES2	0k	R12	AXIAL1.0	Miscellaneous Devices.lib
ELECTRO1	16V10μF	C13、C14	RB.2/.4	Miscellaneous Devices.lib

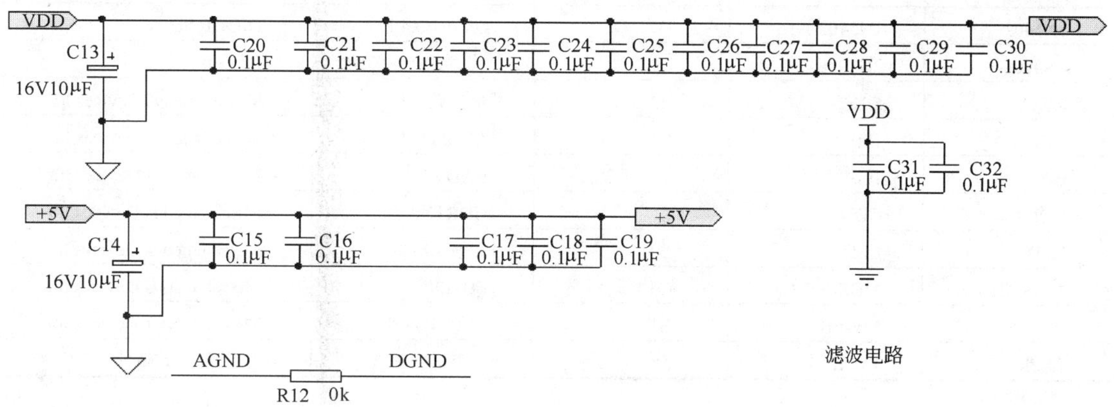

图 5-12 滤波电路

了电路图“NIBIAN.SCH”的元件属性如表 5-3 所示，所绘的逆变电路图如图 5-13 所示。

表 5-3 NIBIAN.SCH 元件属性列表

Lib Ref 元件样本	Part Type 元件型号	Designator 元件标号	Footprint 元件封装	Library 所属元件库
CAP	0.1μF	C36	RAD0.1	Miscellaneous Devices.lib
CAP	1.0μF	C33～C35	RAD0.1	Miscellaneous Devices.lib
TPS60400DBVT	TPS60400DBVT	U1	自制	自制 Power.lib

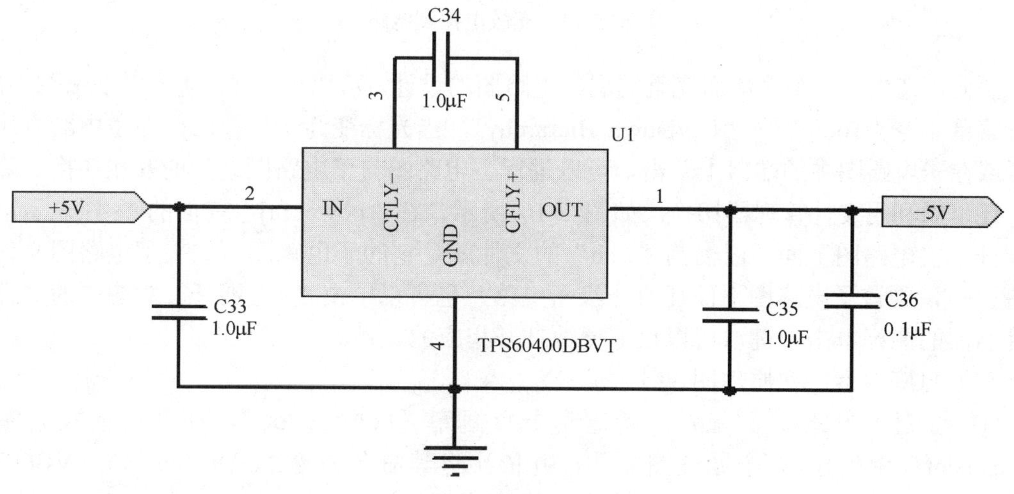

图 5-13 逆变电路

子电路图“CHONGDIAN.SCH”的元件属性如表 5-4 所示，所绘的充放电控制电路图如图 5-14 所示。

表 5-4 CHONGDIAN.SCH 元件属性列表

Lib Ref 元件样本	Part Type 元件型号	Designator 元件标号	Footprint 元件封装	Library 所属元件库
CAP	0.1μ	C1、C4	RAD0.1	Miscellaneous Devices.lib
RES2	1k	R3	AXIAL0.4	Miscellaneous Devices.lib
1N5402	1N5402	D2、D3	DIODE0.4	DIODE.lib
2N3906	2N3906	Q2	TO-92A	BJT.lib
RES2	5.1k	R2	AXIAL0.4	Miscellaneous Devices.lib
RES2	10k	R1	AXIAL0.4	Miscellaneous Devices.lib
CAP	10μ	C2、C3	RAD0.1	Miscellaneous Devices.lib
CON2	CON2	J2	HDR1X2	Miscellaneous Devices.lib
LED	LED	D1	自制 LED0.1	Miscellaneous Devices.lib
MOSFET N	MOSFET N	Q1	TO-220	Miscellaneous Devices.lib
SW-PB	SW-PB	S1	自制 SW-PB	Miscellaneous Devices.lib
JACK	JACK	J1	自制 JACK_1	自制 Power.lib

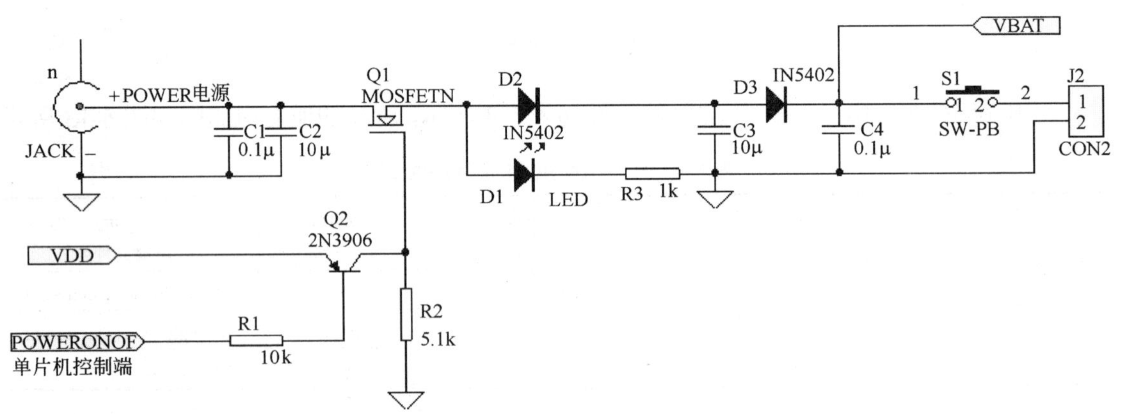

图 5-14 充放电控制电路

至此，完成了一个简单而完整的层次电路图的设计。可以单击主工具栏上的⇩⇧按钮，或执行菜单命令“Tools”→“Up/Down Hierarchy”，当光标变为十字架时，在主电路方块图上单击或在子电路图中的端口上单击，可以进行主电路图与子电路图之间的互相切换。除此之外，还可以利用文件管理器切换。如图 5-10 所示，在“power.prj”前面的“–”表示该文件被展开。主电路图下面扩展名为“.sch”的文件就是它的子电路图，如果子电路图文件名前还有“+”，则该子电路图下面还有一级子电路，也可以单击“+”展开。对图中的文件名或文件名前的图标单击左键，可以很方便地打开相应的文件。

（2）自底向上层次原理图设计

① 绘制子电路图　首先，新建一个数据库“Power2.ddb”，在其设计数据库里的“Document”中新建 4 个原理图文件，并依次将其命名为“DC-DC.Sch”、“LVBO.Sch”、“NIBIAN.Sch”、“CHONGDIAN.Sch”，按照前面学习的绘制原理图的方法分别绘制

“DC-DC.Sch”、“LVBO.Sch”、“NIBIAN.Sch”、“CHONGDIAN.Sch” 子电路图。

绘制子电路图后，要分别在其相应的输入和输出端制作（I/O）输入/输出端口。电路与另一个电路连接起来的基本方法通常有三种：一是用实际的导线连接；二是通过设置网络标号，使具有相同网络标号的电路在电气上是相连通的；三是制作电路的（I/O）输入/输出端口，使某些电路具有相同 I/O 端口。具有相同的 I/O 端口名称的电路将被认为属于同一网络，即在电气关系上认为它们是连接在一起的，这种方法常用于绘制层次电路原理图。单击“Wiring Tools”连线工具栏中的按钮，或执行菜单命令“Place”→“Port”，十字光标会带着一个多边形的 I/O 端口，将 I/O 端口移到合适位置，单击左键即可确定 I/O 端口一端位置，然后拖动光标到达另一恰当位置，再次单击左键即可确定 I/O 端口另一端的位置。在放置 I/O 端口过程中按 Tab 键，或放好后双击左键，或单击右键选属性，可以进行 I/O 端口属性设置。每张图纸绘制完后进行电气规则检查，以防出错。最后绘制的子电路图如图 5-11～图 5-14 所示。

② 根据子电路图创建方块电路　在“Power2.ddb”设计数据库里的“Document”中新建 1 个原理图文件“power.prj”，这里“power.prj”是顶层的主电路图文件名。双击打开“power.prj”原理图文件，执行菜单命令“Design”→“Create Symbol From Sheet”（从图纸生成符号），系统弹出“Choose Document to Place”对话框，如图 5-15 所示。在对话框中选择要创建方块图的子电路图文件名（如 CHONGDIAN.Sch），单击“OK”按钮，出现如图 5-8 所示的对话框，在其对话框中选择“No”，出现光标带一个浮动的方块图形随光标移动，在合适位置放置好“CHONGDIAN.Sch”所对应的方块电路，该方块电路已经包含子电路图中所有 I/O 端口，无需自己再放置。

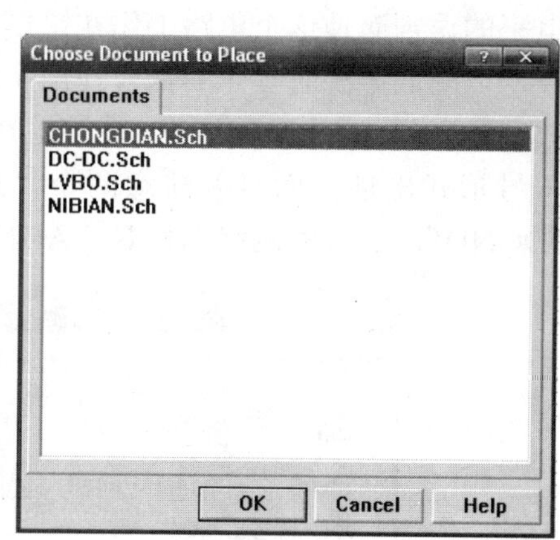

图 5-15　选取文件放置对话框

重复以上操作，选入“DC-DC.Sch”、“LVBO.Sch”、 “NIBIAN.Sch”，放置所有的子电路图对应的方块电路，如图 5-16 所示。调整方块图大小、位置和其端口方向、位置，调整后如图 5-7 所示，然后将各方块电路用导线连接起来，即完成了一个简单而完整的层次电路图设计，如图 5-1 所示。同时从文件管理器中也可以看到“power.prj”阶层式电路的层次结构，如图 5-10 所示。

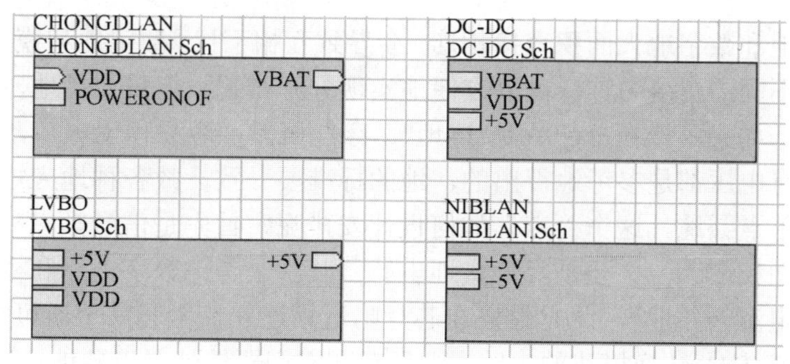

图 5-16　放置好所有的方块图

★※温馨提示※★

本项目电路图不复杂也不算大型，完全可以直接绘制在一张大图纸上，如果知道、熟悉电路结构及原理，直接可用网络标号进行连接，不一定非要进行层次电路图的绘制。

子项目3 模拟地与数字地的处理

随着IC集成度的提高，现在的IC一般都有好几对电源和地，其中就有模拟地和数字地。地线实际上也是一条信号线，但它的特殊性在于它是电路的公共端，通常是指零电位点。但由于使用的导线和敷铜连线在高频下都有寄生的电感、电容的存在，将其用作地线时，导线本身的阻抗也会使电容产生公共耦合，从而使模拟地和数字地相互干扰。由于数字信号的0、1有一定的容差范围，如0.7V以下为0，2.4V以上为1，所以数字信号上有几百毫伏的噪声一般是不会影响信号的正常判断的。而模拟信号对噪声十分敏感，如果一个幅度为2V的正弦信号上叠加一个几百毫伏的噪声，再经过多级放大器放大后，那么很有可能引起信号门限电平的误判而使这个电路工作在错误的状态下。所以从理论上来说，要将数字地和模拟地分开，以降低电源对噪声的耦合作用。因此，在绘制电路原理图过程中要注意电路有模拟地和数字地之分。在本项目这里，数字地在电路中用"▽"符号形式出现，模拟地在电路中用"⏚"符号形式出现，而且要注意两个"地"的网络标号名称是不一样的，前者的网络名称是"DGND"，后者的网络名称是"AGND"，如图5-17所示。

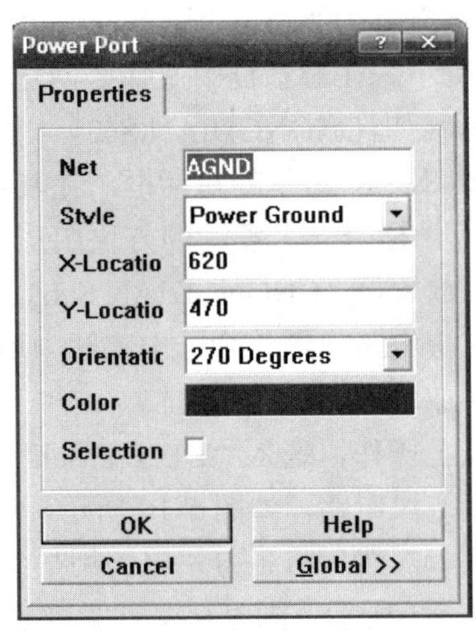

图5-17 数字地和模拟地的网络名称设置

如果把模拟地和数字地大面积直接相连，会导致互相干扰。数字地和模拟地要分开布置，因此采用了两个不同的网络名称，可以方便地实现分开布置。但只要是地，最终都要接到一起，然后入大地。如果不接在一起就是"浮地"，存在压差，容易积累电荷，造成静电。地是参考零电位，所有电压都是参考地得出的，地的标准要一致，故各种地应短接在一起，即模拟地和数字地要单点共地。这个"点"如何设计安排呢？首先是信号频率和采样频率，如频率高时接地点的面积应大，主要是降低接地电感；其次是考虑数字电路和模拟电路的电源是否相互独立（即电源不共地），此时最好在芯片附近相连（参考芯片手册可得到一些帮助），例如使用A/D或者D/A转换模块的电路，则只有在它们器件处单点共地；第三，如果模拟信号的电压幅度小（信号需要放大），为抑制数字信号对模拟小信号的回馈干扰，在接地点处要注意数字电路的地电流不流向模拟电路地。

数字地和模拟地短接时通常采用以下四种方法。

① 用磁珠连接　磁珠具有抑制信号线、电源线上的高频噪声和尖峰干扰的能力，还具有吸收静电脉冲的能力。它的等效电路相当于带阻限波器，只对某个频点的噪声有显著抑制作用，使用时需要预先估计噪点频率，以便选用适当型号。电源引入高频器件时一般选用磁珠。

② 用电容连接　高频信号线耦合用小电容。

③ 用电感连接　一般用在大功率低频上，串接的电感一般取值用几微亨到几十微亨。

④ 用 0Ω电阻连接　0Ω电阻相当于很窄的电流通路，能够有效地限制环路电流，使噪声得到抑制。不同种类地之间用 0Ω电阻相连。

如果不能预知噪点，且噪点频率也不一定固定，磁珠不是一个好的选择；而电容隔直通交，造成浮地，会导致压差和静电积累；电感特性不稳定，离散分布参数不好控制，体积大。本项目中有两种地需连接，用 0Ω电阻是最佳选择，如图 5-18 所示，因为采用 0Ω电阻可保证直流电位相等、单点接地（限制噪声）、对所有频率的噪声都有衰减作用（0Ω也有阻抗，而且电流路径狭窄，可以限制噪声电流通过）。

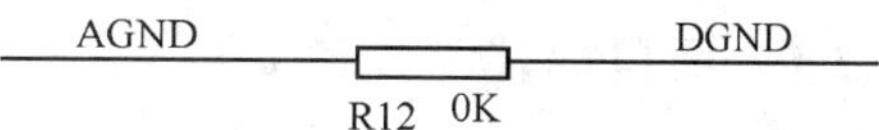

图 5-18　数字地和模拟地采用 0Ω电阻连接

5.1.4　测验及评估

测验题目

把图 5-19 所示基于单片机的直流电机 PWM 调速电路绘制成层次电路图

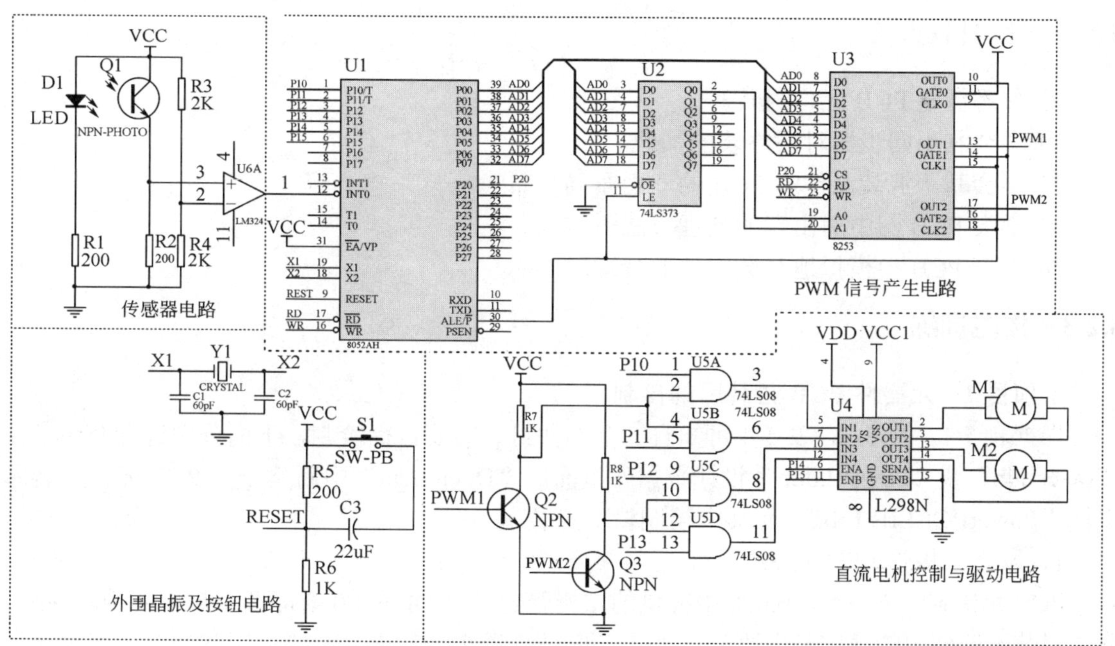

图 5-19　基于单片机的直流电机 PWM 调速电路的原理图

评估标准

评估标准见表 5-5。

表 5-5　评估标准

评 分 标 准	分　值
自建原理图文件，并以自己学号命名 5 分 加载元件库 10 分 绘制主电路图 20 分 绘制 4 个子电路原理图 40 分 4 个子电路原理图中端口的绘制 10 分 绘制完整的层次式电路原理图 15 分	共 100 分

学习情境 5.2　开关电源的双面 PCB 制作

5.2.1　项目描述

学习情境 5.1 已经完成了开关电源的电路图绘制，本学习情境中的任务目标主要是利用电子 CAD 软件 Protel 99 SE 完成开关电源电路的 PCB 设计与制作。本项目与前面项目相同的是要自制元件封装，不同的首先是元件封装要用到 SMT，即用到贴片，其次是原理图中没有单独给出插接连接件，要在 PCB 中进行添加，引出电源、接地、输入输出等端口。通过本项目的学习，使设计者对具有混装元件的印刷电路板的设计与制作有个初步的认识。基于能力的提升，本项目将不再在项目中给出参考 PCB，设计者必须根据所学知识和技能自主设计出尽可能美观、规范的 PCB，并且制作出实物进行焊接、调试。

5.2.2　学习目标

① 熟悉创建 PCB 元件封装。
② 学会利用同步器对网络表的加载。
③ 学会基于混装元件的 PCB 的双面布局和布线。
④ 学会 PCB 图中引出端的处理方法。
⑤ 学会 PCB 中模拟地与数字地的处理。

5.2.3　技能训练

子项目 1　元器件 PCB 封装库的自制

根据表 5-1、表 5-3、表 5-4 可知有 5 个元件封装需要自行绘制，下面分别进行介绍。在“Power.ddb”或“Power2.ddb”设计数据库里面的“Document”中新建一个 PCB 元件封装库文件“PowerPCBLIB.Lib”，在其中绘制以下封装。

1．发光二极管 LED 封装

PCB 元件封装库 Advpcb.ddb 中提供的二极管封装是 DIODE0.4，即两个焊盘间距 400mil。这个封装不能使用的原因是引脚间距太大。通过测量实际发光二极管的引脚间距、焊盘孔径及轮廓半径，得知发光二极管封装数据如表 5-6 所示。

表 5-6　发光二极管封装数据

所测二极管部位	距离大小约为	所测二极管部位	距离大小约为
焊盘间距	120mil	焊盘孔径	35mil
焊盘直径	70mil	元件轮廓半径	120mil

按照项目 4 的学习情境 4.2 中介绍的方法绘制发光二极管封装。在 PCB 元件封装库文件“PowerPCBLIB.Lib”中新建一个元件封装，更名为“LED0.1”，在绘制过程中注意，发光二极管封装的焊盘号不能采用默认的 1、2，因为 LED 元件符号中引脚号“Number”分别为 A 和 K，所以焊盘号“Designator”也分别为 A 和 K，正极为 A。绘制发光二极管封装的箭头时，单击按钮 或执行菜单命令“Place”→“Polygous”，将“Snap”的值设置为“1”，绘制完后将“Snap”的值更改为“5”。最后绘制的发光二极管封装如图 5-20 所示。

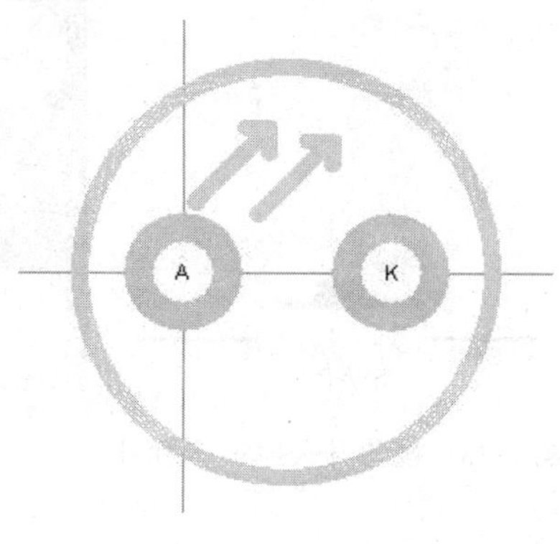

图 5-20　发光二极管封装

2．按钮开关 SW-PB 封装

本项目中采用的按钮开关，如图 5-21 所示，实际元件共有 4 个引脚，而原理图中的按钮开关 S1 是两个引脚。在绘制按钮开关封装之前，一定要先确定实际按钮开关的引脚分布。通过测量，开关引脚分布如图 5-22 所示。通过测量实际按钮开关的引脚间距以及轮廓大小，得知按钮开关封装数据如表 5-7 所示。

图 5-21　实际按钮开关

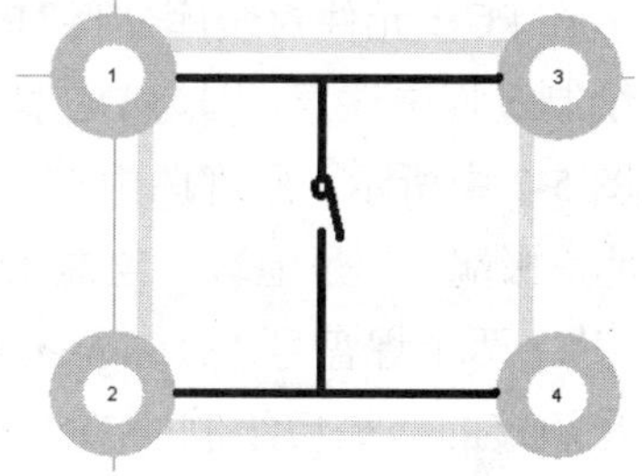

图 5-22　按钮开关引脚分布

表 5-7　按钮开关封装数据

所测按钮开关部位	距离大小约为	所测按钮开关部位	距离大小约为
同侧焊盘间距	200mil	焊盘孔径	40mil
异侧相对焊盘间距	280mil	元件正方形轮廓边长	240mil
焊盘直径	80mil		

在 PCB 元件封装库文件“PowerPCBLIB.Lib”中新建一个元件封装，重命名为“SW-PB”，在绘制过程中注意，因为按钮开关原理图符号的引脚“Number”分别为 1、2，如图 5-23 所示，而实际开关引脚分布如图 5-21 所示，另两个引脚组成的另一个开关在本项目中没有使用，所以焊盘号“Designator”可随意设定为“3”、“4”。绘制的按钮开关 SW-PB 封装如图 5-24 所示。

3．DC 插座 JACK 封装

本项目中采用的 DC 插座 JACK，元件共有 3 个引脚，如图 5-25 所示。通过测量实际 DC 插座的引脚间距以及轮廓大小，得知 DC 插座封装数据如表 5-8 所示。

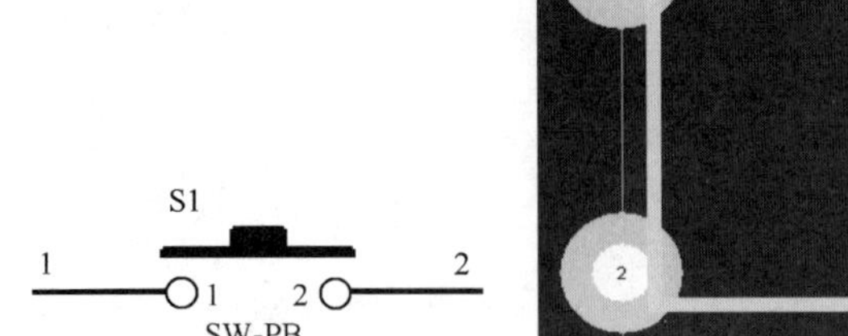

图 5-23 按钮开关原理图符号

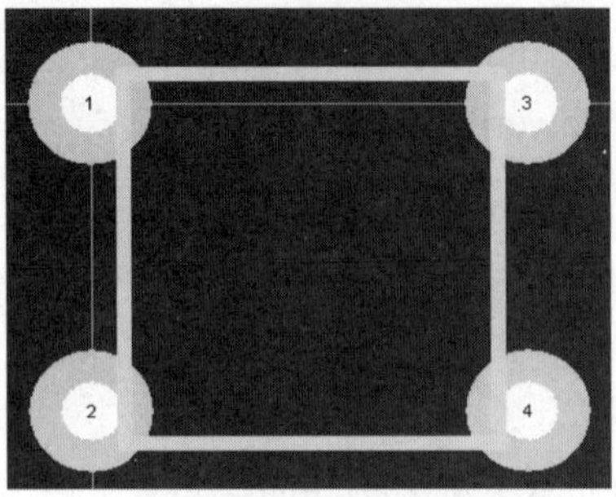

图 5-24 按钮开关封装

图 5-25 实际 DC 插座

表 5-8 DC 插座 JACK 封装数据

所测 DC 插座部位	距离大小约为	所测 DC 插座部位	距离大小约为
长边侧焊盘与宽边最短距离	100mil	焊盘孔径	35mil
轮廓中间焊盘与宽边侧焊盘间距	200mil	元件长方形轮廓长×宽	450mil×200mil
焊盘直径	70mil		

在 PCB 元件封装库文件“PowerPCBLIB.Lib”中新建一个元件封装，重命名为“JACK_1”，在绘制过程中注意，因为 DC 插座 JACK 原理图符号的引脚“Number”分别为“1”、“2”、“3”，如图 5-2 中所示，原理图中有一个引脚 3 在本项目中没有使用，只使用的是 1、2 引脚，其中 1 是正极端，2 是地端。绘制 DC 插座封装时，一定要把宽边侧焊盘号“Designator”设置为 1，其余两个焊盘号“Designator”可任意设置为“2”、“3”都可，因为对应的 2、3 引脚实际上是短接的。最后绘制的 DC 插座 JACK 封装如图 5-26 所示。

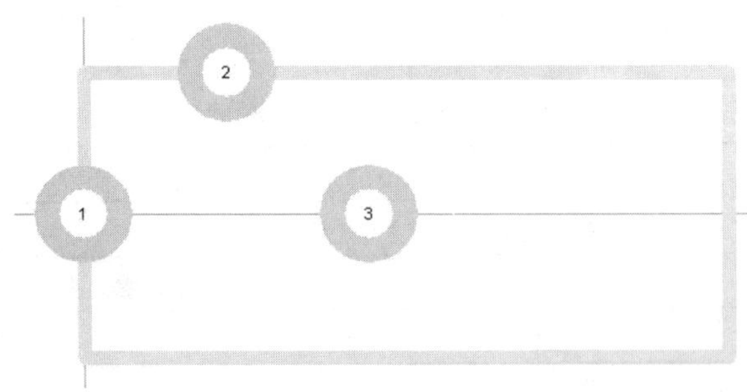

图 5-26 DC 插座 JACK 封装

4．MAX1705 元件封装

MAX1705 实际元件及其引脚分布如图 5-27 所示，MAX1705 芯片资料上尺寸信息如图 5-28 所示。

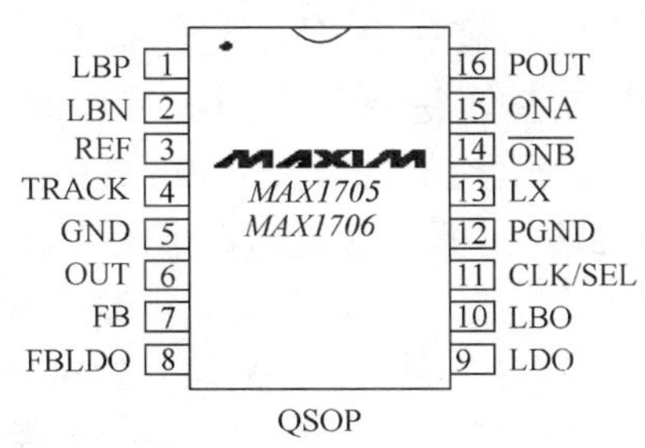

图 5-27　MAX1705 实际元件及其引脚分布

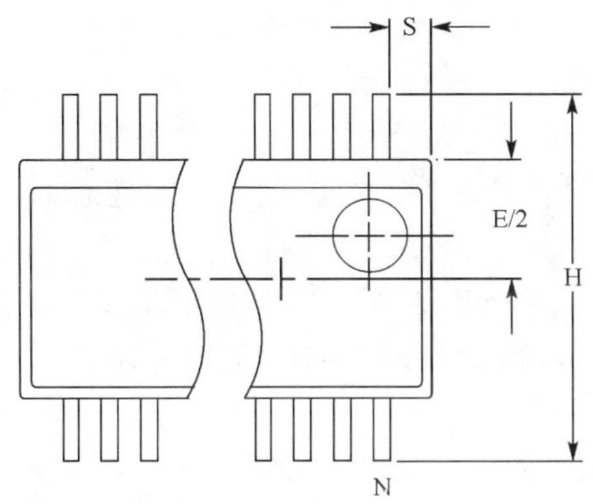

	INCHES		MILLIMETERS	
DIM	MIN	MAX	MIN	MAX
A	.061	.068	1.55	1.73
A1	.004	.0098	0.127	0.25
A2	.055	.061	1.40	1.55
B	.008	.012	0.20	0.31
C	.0075	.0098	0.19	0.25
D	SEE VARIATIONS			
E	.150	.157	3.81	3.99
e	.025	BSC	0.635	BSC
H	.230	.244	5.84	6.20
h	.010	.016	0.25	0.41
L	.016	.035	0.41	0.89
N	SEE VARIATIONS			
S	SEE VARIATIONS			
?	0°	8°	0°	8°

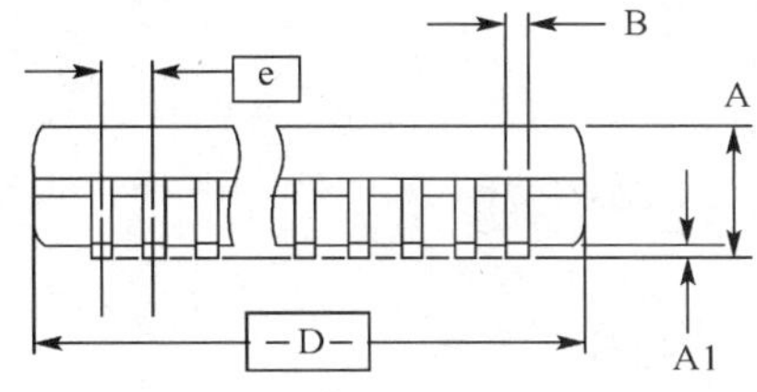

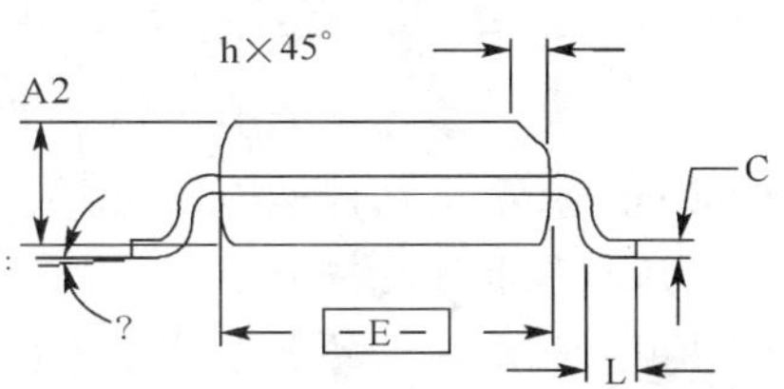

VARIATIONS:

	INCHES		MILLIMETERS			
	MIN.	MAX.	MIN.	MAX.	N	
D	.189	.196	4.80	4.98	16	AA
S	.0020	.0070	0.05	0.18		

D	.337	.344	8.56	8.74	20	AB
S	.0500	.0550	1.27	1.40		

D	.337	.344	8.56	8.74	24	AC
S	.0250	.0300	0.64	0.76		

D	.386	.393	9.80	9.98	28	AD
S	.0250	.0300	0.64	0.76		

NOTES:

1. D&E DO NOT INCLUDE MOLD FLASH OR PROTRUSIONS
2. MOLD FLASH OR PRTRUSIONS NOT TO EXCEED .006"
3. CONTROLLING DILMENSIONS: INCHES

图 5-28　MAX1705 芯片尺寸信息

根据图 5-28 所示的有关数据，利用向导方法来绘制 MAX1705 元件封装。打开“PowerPCBLIB.Lib”文件，进入元件封装库编辑环境，执行菜单命令“Tools”→“New Component”，弹出一个元件创建向导“Component Wizard”框，单击“Next”按钮，系统将弹出选择元件封装样式对话框，这里选择小尺寸封装“SOP（Small Outline Package)”，选择默认的英制。单击“Next”按钮，在系统弹出的设置焊盘有关尺寸的对话框中填入焊盘宽 15mil，焊盘长 35mil。单击“Next”按钮，在该对话框中可以设置焊盘间距，同侧相邻焊盘间距为 25mil，异侧焊盘间距设置为 205mil。单击“Next”按钮，弹出画轮廓的线宽为多大的对话框，这里填 10mil。单击“Next”按钮，在该对话框中设置焊盘数量为 16 个。单击“Next”按钮，取名为“QSOP16”，此时再单击“Next”按钮，系统将会弹出完成对话框。单击“Finish”按钮，完成后的元件封装只是贴片的焊盘完整，需要补充元件轮廓。手工在 Top Over Lay 层上画出 245mil×150mil 的矩形轮廓，轮廓距焊盘距离 10mil，宽边高出两侧焊盘 35mil，然后画出元件引脚序号标志，最后完成的 MAX1705 元件封装如图 5-29 所示。

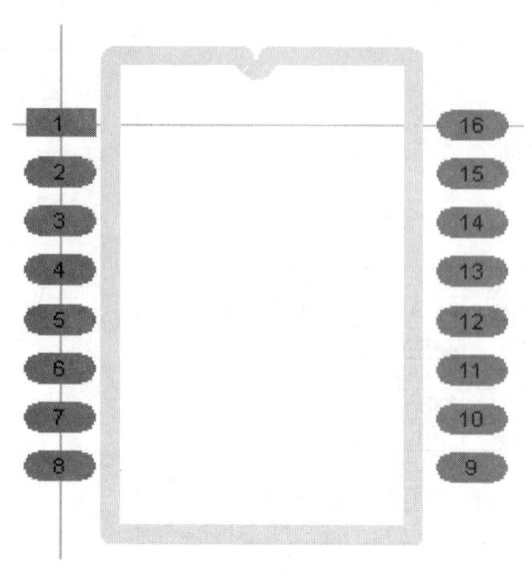

图 5-29 MAX1705 元件封装

★※温馨提示※★

对于本项目中的所有元件，也可以全部用贴片元件安装。贴片元件的封装通常用元件的长与宽组合在一起，表示贴片元件体积大小，单位用英寸（in）表示，常用贴片的规格有以下几种。

- 0402：表示该元件长 0.04in，宽 0.02in。
- 0603：表示该元件长 0.06in，宽 0.03in。
- 0805：表示该元件长 0.08in，宽 0.05in。
- 1005：表示该元件长 0.1in，宽 0.05in。
- 1206：表示该元件长 0.12in，宽 0.06in。
- 1210：表示该元件长 0.12in，宽 0.1in。

5．TPS60400DBVT 封装

TPS60400DBVT 芯片资料上尺寸信息如图 5-30 所示,注意长度单位是毫米。

从尺寸信息上可知，它和元件封装库中 SOT-25 封装类似，而且与 SOT-25 封装尺寸一样大，只是焊盘序号不一样。因此在 PCB 元件封装库文件“PowerPCBLIB.Lib”中新建一个元件封装，重命名为“SOT-25_1”。先在封装库里打开 SOT-25 封装并复制，如图 5-31 所示，旋转方向，在它基础上更改焊盘序号，从而成了 TPS60400DBVT 元件封装“SOT-25_1”，如图 5-32 所示。

子项目 2 网络表的加载与 PCB 的双面布局、布线

在“Power.ddb”设计数据库中的“Document”里面新建一个名为“Power.pcb”的 PCB 编辑文件，加载封装元件库“Headers.ddb”、“Advpcb.ddb”、“Miscellaneous.ddb”以及“Power2.ddb”(如果自制元件封装库 PowerPCBLIB.Lib 在 Power.ddb 里，则添加 Power.ddb)。

确定所有元件的封装都已经装入后，就可以装入网络表。先产生网络表，然后在 PCB 编

辑窗口中直接加载网络表。在 Protel 99 SE 中可以直接实现原理图和 PCB 之间的双向同步设计。也就是说，进行原理图设计后，可以直接更新 PCB 设计，而不必产生网络表。这样可以通过“更新”（Update）方式，利用“同步器”（Synchronization）实现原理图文件与印制板文件之间的信息交换。

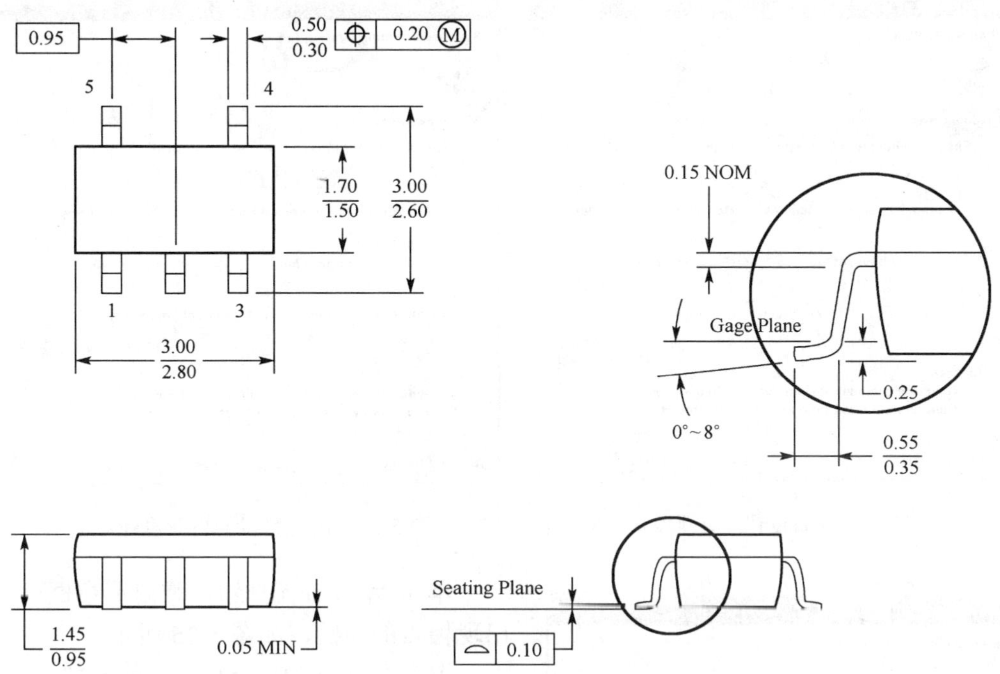

NOTES: A. All linear dimensions are in millimeters.

B. This drawing is subject to change without notice.

C.Body dimensions do not include mold flash or protrustion.

D. Falls within JEDEC MO-178

图 5-30　TPS60400DBVT 芯片尺寸信息

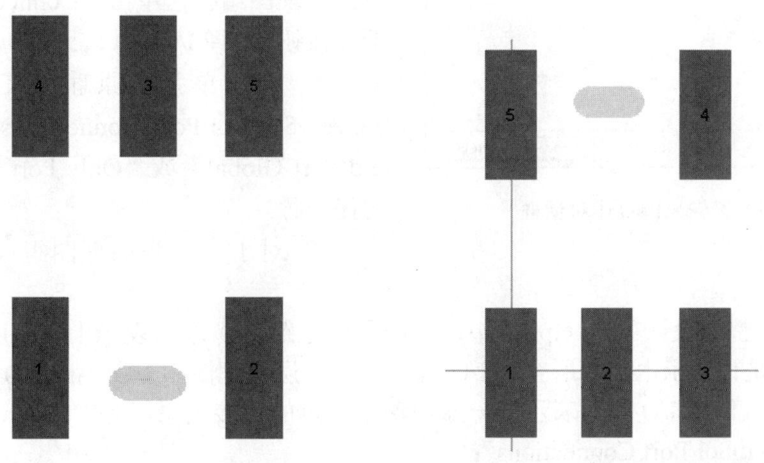

图 5-31　SOT-25 型封装　　图 5-32　TPS60400DBVT 封装

1．通过“更新”方式实现原理图文件与印制板文件之间的信息交换

打开“power.prj”文件，在原理图编辑状态下执行菜单命令“Design”→“Update PCB”（更新 PCB），弹出对话框如图 5-33 所示。如果原理图中某元件属性没有填完整，则在 Synchronization（同步器）页面右边出现 Warnings（警告），如图 5-34 所示。

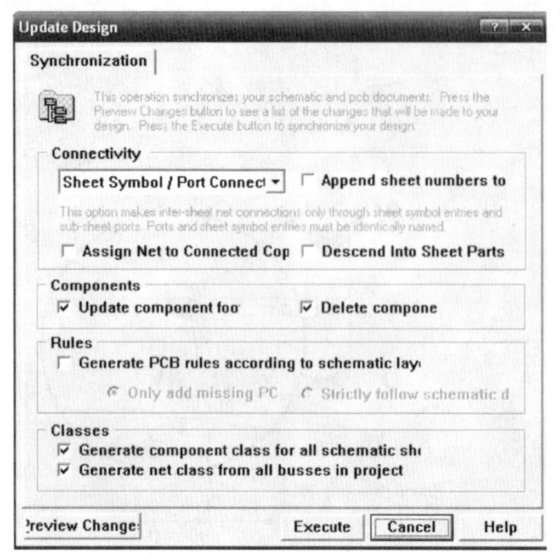

图 5-33 “Update Design”（更新设计）对话框

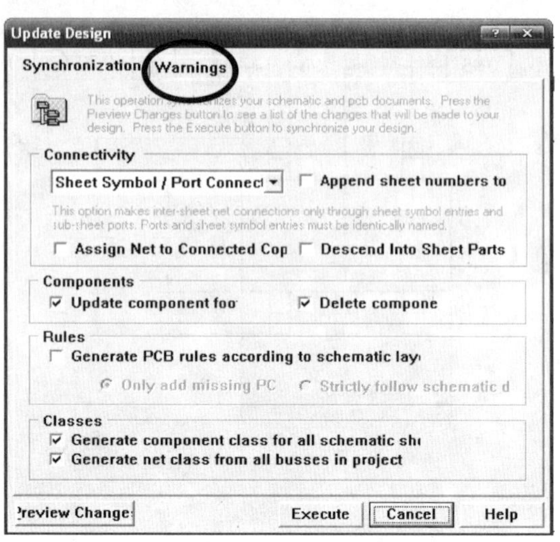

图 5-34 出现警告的更新设计对话框

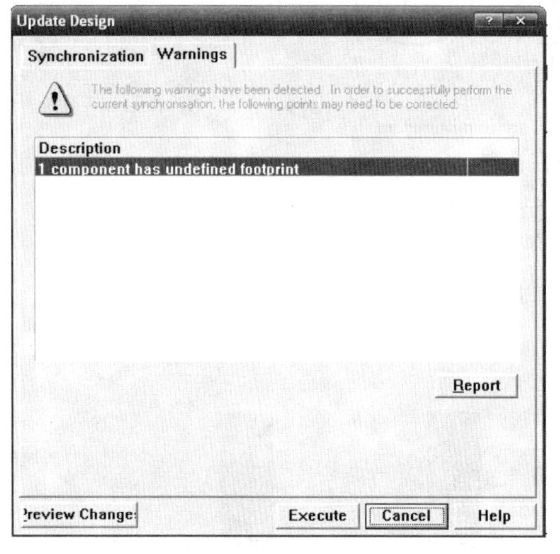

图 5-35 警告原因描述对话框

单击 Warnings 按钮，弹出观察框可以看到出现警告的原因，如图 5-35 所示。

取消更新 PCB，单击“Cancel”按钮，在原理图中找出没有填封装的元件进行补填，然后重新进行更新 PCB 操作，再次进入图 5-33 所示对话框。图 5-33 对话框中各选项设置依据如下。

（1）选择“I/O 端口、网络标号”连接范围

根据原理图结构，单击“Connectivity”（连接）下拉按钮，选择 I/O 端口、网络标号的作用范围。

① 对于单张电原理图来说，可以选择“Sheet Symbol/Port Connections”、“Net Labels and Port Global”或“Only Port Global”方式中的任一种。

② 对于由多张原理图组成的层次电路原理图来说：

a．如果在整个设计项目（.prj）中，只用方块电路 I/O 端口表示上、下层电路之间的连接关系，也就是说，子电路中所有的 I/O 端口与上一层原理图中方块电路 I/O 端口一一对应，此外就再也没有使用 I/O 端口表示同一原理图中节点的连接关系，则将“Connectivity”（连接）设为“Sheet Symbol/Port Connections”；

b．如果网络标号及 I/O 端口在整个设计项目内有效，即不同子电路中所有网络标号、I/O 端口相同的节点均认为电气上相连，则将“Connectivity”（连接）设为“Net Labels and Port

Global”；

c. 如果 I/O 端口在整个设计项目内有效，而网络标号只在子电路图内有效，则在原理图编辑过程中，应严格遵守同一设计项目内不同子电路图之间只通过 I/O 端口相连，不通过网络标号连接，即网络标号只表示同一电路图内节点之间的连接关系时，则将“Connectivity”（连接）设为“Only Port Global”。

由于本项目原理图是整个设计项目“power2.prj”，所以选择“Sheet Symbol/Port Connections”项。

（2）“Components”（元件）选择　当“Update component footprint”选项处于选中状态时，将更新 PCB 文件中的元件封装图，本项目选中此项；当“Delete components”选项处于选中状态时，将忽略原理图中没有连接的孤立元件，本项目选中此项。根据需要选中“Generate PCB rules according to schematic layer”选项及其下面的选项。

（3）预览更新情况　单击“Preview Change”（变化预览）按钮，观察更新后发生的改变，如果原理图正确，更新后如图 5-35 所示。

如果原理图不正确，则图 5-36 中的错误（Error）列表窗口内将列出错误原因，同时更新列表窗下提示错误总数，并在“Update Design”（更新设计）窗口内增加“Warnings”（警告）标签。若原理图中没有填 J3 元件封装，预览更新情况如图 5-37 所示。单击“Report”按钮，弹出一个后缀为“.SYN”的文件显示框，可以观察警告原因详细报告，如图 5-38 所示。

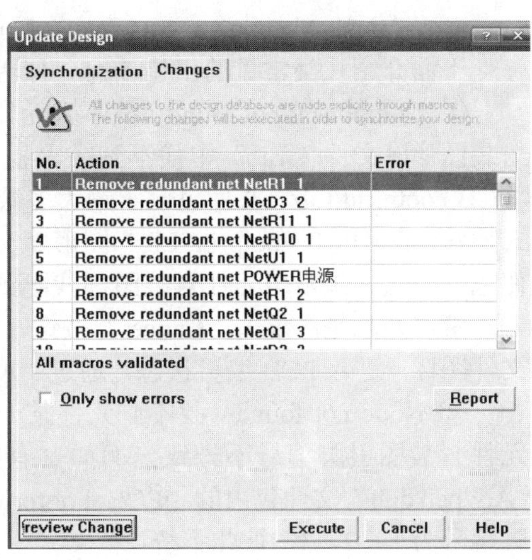

图 5-36　预览更新情况

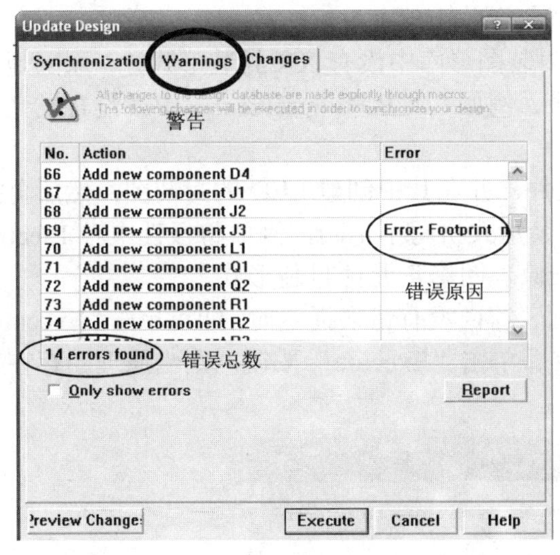

图 5-37　原理图不正确时的更新情况

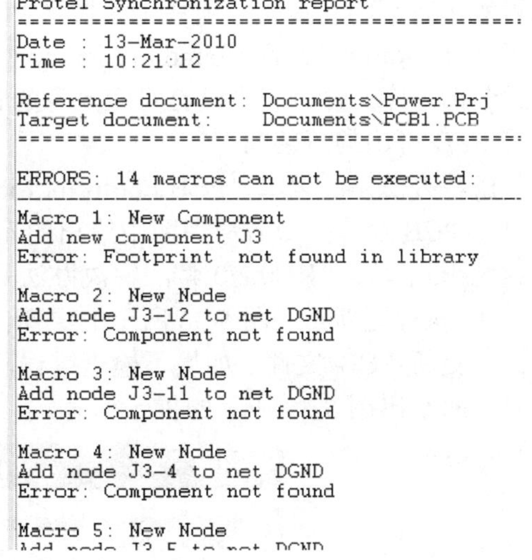

```
Protel Synchronization report
========================================
Date  : 13-Mar-2010
Time  : 10:21:12

Reference document: Documents\Power.Prj
Target document:    Documents\PCB1.PCB
========================================

ERRORS: 14 macros can not be executed:
----------------------------------------

Macro 1: New Component
Add new component J3
Error: Footprint  not found in library

Macro 2: New Node
Add node J3-12 to net DGND
Error: Component not found

Macro 3: New Node
Add node J3-11 to net DGND
Error: Component not found

Macro 4: New Node
Add node J3-4 to net DGND
Error: Component not found

Macro 5: New Node
```

图 5-38　警告原因详细报告

这时必须认真分析错误列表窗口内的提示信息或警告原因详细报告，找出出错原因，并按下“Cancel”按钮，放弃更新，返回原理图编辑状态，更正后再执行更新操作，直到更新信息列表窗内没有错误提示信息为止。

错误列表窗口内的提示信息存在七种提示。

- Component Already exists ：企图增加已存在的元件。
- Component not found：元件不存在，找不到元件封装图。
- Footprint XX not found in Library：元件封装图形库中没有 XX 封装形式。
- Net Already exists ：企图增加已存在的网络。
- Net not found：网络不存在。
- Node not found：找不到元件某一焊盘接点。
- Warning：Alternative footprint used instead XX：程序自动使用了可能是不合适的元件封装。

下面介绍三类常见的出错信息、原因以及处理方式。

① Component not found（找不到元件封装图） 原因是原理图中指定的元件封装形式在封装图形库文件（.Lib）中找不到或未装入相应的封装图库文件。“Advpcb.ddb”文件包内的“PCB Footprint.Lib”文件包含了绝大多数元件的封装图形，但如果原理图中某一元件封装形式特殊，在“PCB Footprint.Lib”图形库文件中找不到，就需要装入非常用元件封装图形库文件包。当然如果常用元件封装图都找不到，则肯定没有装入相应的元件封装图库文件。

解决办法是：单击“Cancel”按钮，取消更新操作，在设计文件管理器窗口内单击 PCB 文件图标，进入 PCB 编辑状态，通过“Add/Remove”命令装入相应元件封装图形库文件包。

② Node not found（找不到元件某一焊盘） 原因可能是元件电气图形符号引脚编号与元件封装图引脚编号不一致。例如，有些三极管电气图形符号引脚编号为 E、B、C，而“Advpcb.ddb”文件包内的“PCB Footprint.Lib”常用元件封装图形库文件中的 TO-92A 的引脚编号为 1、2、3，彼此不统一。

解决办法是：修改三极管电气图形符号的引脚编号，并更新原理图。例如，发光二极管 LED 元件符号中引脚号“Number”分别为“A”和“K”，发光二极管封装的焊盘号不能采用默认的 1、2，所以焊盘号“Designator”也分别为“A”和“K”，这时可能需要创建发光二极管专用封装图（参阅子项目 1 元器件 PCB 封装库的自制）。

③ Footprint XX not found in Library（元件封装图形库中没有 XX 封装形式） 原因是元件封装图形库文件列表中没有对应元件的封装图。例如“PCB Footprint.Lib”中就没有发光二极管 LED 可用的封装图。

解决办法是：编辑“PCB Foofprint.Lib”文件，并在其中创建 LED 的封装图，然后再执行更新 PCB 命令；或者原理图中给出的元件封装形式拼写不正确，例如将极性电容 Electrol 的封装形式写成“RB0.2/0.4”，解决办法是返回原理图修正元件封装形式。

④ 执行更新 当图 5-36 所示的更新信息列表窗内没有错误提示时，即可单击“Execute”按钮，更新 PCB 文件。如果不检查错误，就立即单击“Execute”按钮，则当原理图存在错误时，将给出图 5-39 所示的提示信息。

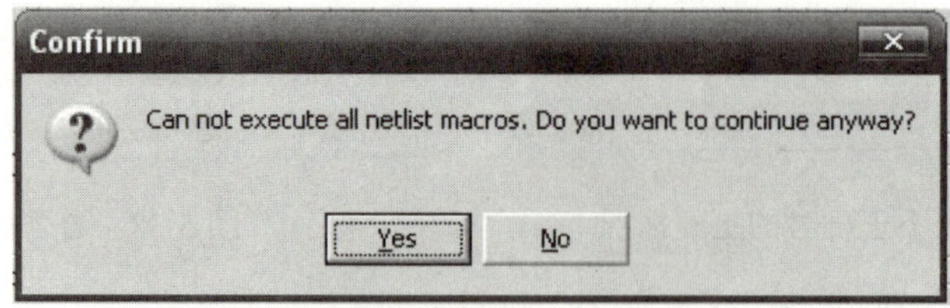

图 5-39 原理图存在缺陷不能更新时的提示

需要注意以下问题。

执行菜单命令“Design”→“Update PCB...”后，如果原理图文件所在的文件夹内没有 PCB 文件，将自动生成一个新的 PCB 文件（文件名与原理图文件相同）。

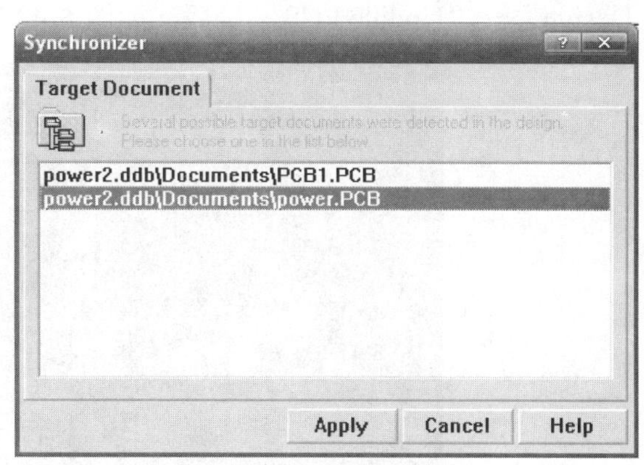

图 5-40　原理图存在缺陷不能更新时的提示

如果当前文件夹内已存在一个 PCB 文件，将更新该 PCB 文件，使原理图内元件电气连接关系、封装形式等与 PCB 文件保持一致（更新后不改变未修改部分的连线）；如果原理图文件所在文件夹内存在两个或两个以上的 PCB 文件，将给出图 5-40 的所示提示信息，要求操作者选择并确认更新哪一个 PCB 文件。因此，在 Protel 99 SE 中，可随时通过“更新”操作使原理图文件（.SCH）与印制板文件（.PCB）保持一致。

如果图 5-36 中没有错误，则更新后原理图文件中的元件封装图将呈现在 PCB 文件编辑区内，如图 5-41 所示图中具有定义的单元房间区域块，便于分功能区域布局。可见，在 Protel 99 SE 中并不一定需要网络表文件。

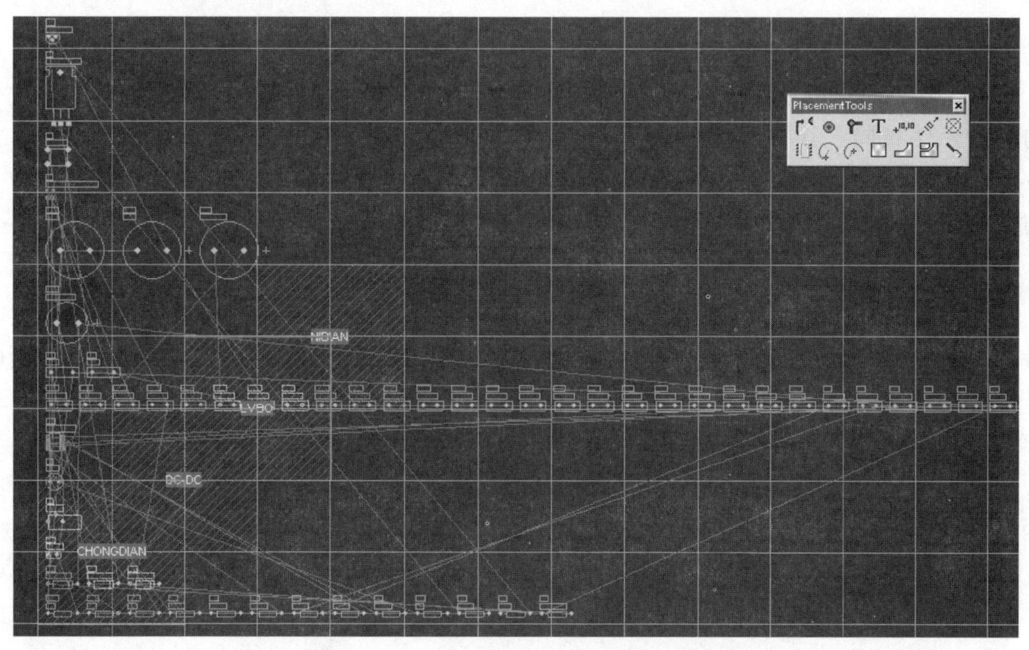

图 5-41　更新 PCB 生成的 PCB 文件

如果执行菜单命令“Design”→“Update PCB...”时，原理图文件（.SCH）所在文件夹下没有 PCB 文件（更新时将自动创建一个空白的 PCB 文件），或原来的 PCB 文件没有布线区边框，则执行菜单命令“Design”→“Update PCB...”（更新 PCB）时也能将原理图中元件封装及电气连接关系信息装入 PCB 文件内，如图 5-40 所示，只是 PCB 编辑区内没有出现布线区边框。如果不需要定义的单元房间区域功能块，可以完全删除，重新执行菜单命令

"Design"→"Update PCB…"后，如图 5-42 所示，就没有单元房间区域功能块。

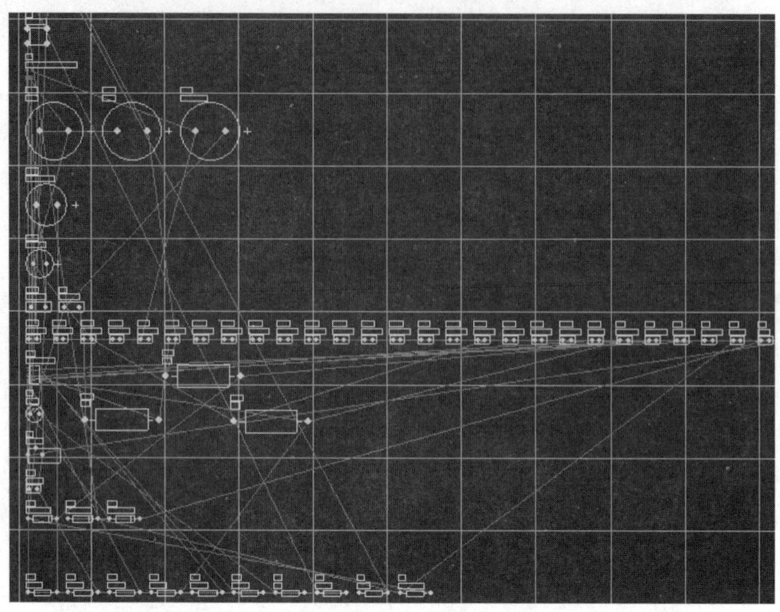

图 5-42 重新更新 PCB 生成的无定义房间区域的 PCB 文件

2．PCB 的双面布局、布线

（1）PCB 的双面布局 在 Keepout Layer 层绘制 4500mil×3200mil 的电气边界，在这个边界内进行元件布局。其布局操作的应遵守的基本原则如下。

① 遵照"先大后小，先难后易"的布置原则，即重要的单元电路、核心元器件应当优先布局。本项目主要按照四个单元电路分别布局。

② 布局中应参考原理框图，根据单板的主信号流向规律安排主要元器件。

③ 布局应尽量满足以下要求：总的连线尽可能短，关键信号线最短；高电压、大电流信号与小电流、低电压的弱信号完全分开；模拟信号与数字信号分开；高频信号与低频信号分开；高频元器件的间隔要充分。本电路没有高电压、大电流信号，只是注意模拟信号与数字信号分开。

④ 相同结构电路部分，尽可能采用"对称式"标准布局；按照均匀分布、重心平衡、版面美观的标准优化布局。

⑤ 器件布局栅格的设置，一般 IC 器件布局时，栅格应为 50～100 mil,小型表面安装器件，如表面贴装元件布局时，栅格设置应不少于 25mil。

⑥ 同类型插装元器件在 X 或 Y 方向上应朝一个方向放置。同一种类型的有极性分立元件也要力争在 X 或 Y 方向上保持一致，便于生产和检验。

⑦ 发热元件一般应均匀分布，以利于单板和整机的散热，除温度检测元件以外的温度敏感器件应远离发热量大的元器件。本项目中要注意 Q1 元件的布局。元器件的排列要便于调试和维修，亦即小元件周围不能放置大元件，需调试的元器件周围要有足够的空间。

⑧ IC 去偶电容的布局要尽量靠近 IC 的电源管脚，并使之与电源和地之间形成的回路最短。元件布局时,应适当考虑使用同一种电源的器件尽量放在一起, 以便于将来的电源分隔。

⑨ 用于阻抗匹配目的的阻容器件的布局，要根据其属性合理布置。串联匹配电阻的布局要靠近该信号的驱动端，距离一般不超过 500mil。匹配电阻、电容的布局一定要分清信号的源端与终端，对于多负载的终端匹配一定要在信号的最远端匹配。

⑩ BGA 与相邻元件的距离大于 5mm；其他贴片元件相互间的距离大于 0.7mm；贴装元件焊盘的外侧与相邻插装元件的外侧距离大于 2mm；有压接件的 PCB，压接的接插件周围 5mm 内不能有插装元器件，在焊接面其周围 5mm 内也不能有贴装元器件。焊接面的贴装元件采用波峰焊接生产工艺时，电阻、电容的轴向要与波峰焊传送方向垂直，阻排及 SOP（PIN 间距大于等于 1.27mm）元器件轴向与传送方向平行；PIN 间距小于 1.27mm（50mil）的 IC、SOJ、PLCC、QFP 等有源元件避免用波峰焊焊接。本项目中有两个元件用的贴片封装形式，属于插装和贴片的混装双面板，若用波峰焊焊接，要将贴片布局在底层。若手工焊接，可以将贴片布局在顶层。这里把将贴片布局在顶层。

（2）PCB 的双面布线　布局完成后打印出装配图供原理图设计者检查器件封装的正确性，并且确认单板、背板和接插件的信号对应关系，经确认无误后方可开始布线。

在自动布线之前，设置布线规则，这里设置双面布线，只把 AGND 地线都设置在底层。安全间距 10mil，信号线宽设置为 25mil，电源线宽 30mil，地线宽 35mil。如果自动布线后完成显示不是 100%，仍有几条线无法自动布线，尤其在两个贴片元件封装的地方容易出现，则光标选择 Top Layer 层，用手工布线，在要画过孔处，按小键盘上的“+”键，画一个过孔，然后根据飞线指示连线到相应焊盘处。

子项目 3　PCB 图中引出端的处理

本项目中插接连接件 J1 外接由项目 3 所作的直流电源信号，插接连接件 J2 外接充电电池组。但该开关电源的充放电由单片机控制，单片机信号接入没有插接连接件，况且该开关电源的输出电源信号也没有插接连接件，所以该 PCB 还需要做引出端的处理，既可以用焊盘引出，也可以增加插接件。其方法有以下几种。

1．在层次原理图中增加插接件

打开层次原理图“power.prj”，在元件库“Miscellaneous Devices.ddb”中找插接件 CON，由于该插接件需要 6 个信号的连接，所以选 CON6，其属性设置如图 5-43 所示。因为层次原理图中已有两个插接件 J1、J2，则该“Designator”栏填 J3，“Footprint”栏选“HDR1X6”。在 PCB 编辑环境中，添加插接件的所属元件封装库“Library\PCB\Connectors\Headers.ddb”（原来已经添加了就不必添加），可以看到插接件 CON6 的封装 HDR1X6。

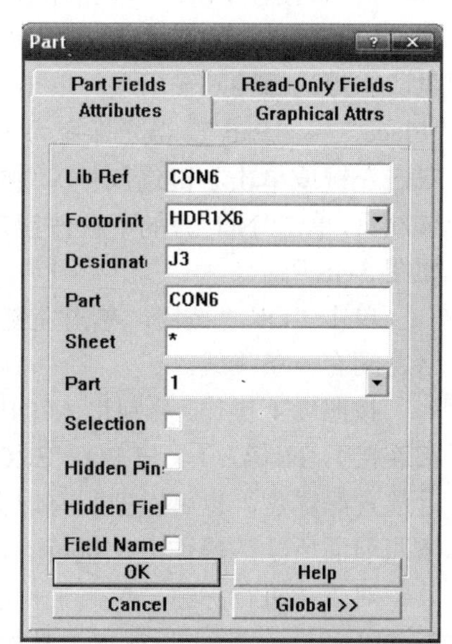

图 5-43　插接件属性设置图

在层次原理图中放置 J3，其和层次原理图中的连接完全用网络标号标出，如图 5-44 所示，放置在层次原理图最右边。也可以部分用网络标号标出，其余用导线与其层次原理图输入输出端口连接，如图 5-45 所示。

再由层次原理图更新 PCB，则插接件 J3 出现在 PCB 中，调整 J3 的位置，布局元件位置，然后按要求设置布线规则，自动布线与手工布线。

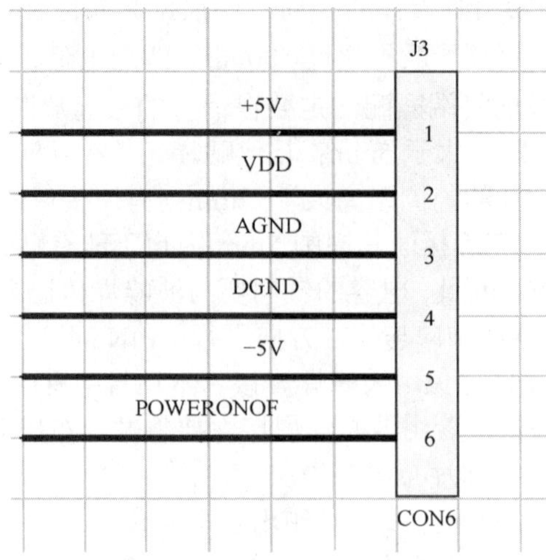

图 5-44 插接件 J3 及其连接

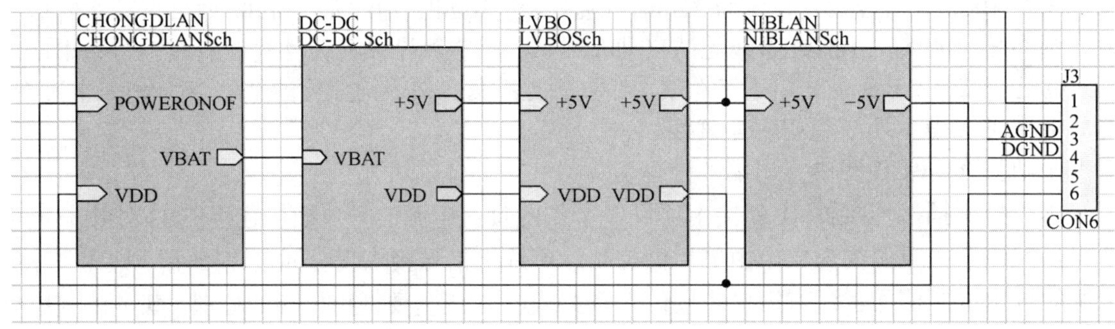

图 5-45 插接件 J3 与层次电路图的导线连接

2．直接在 PCB 中增加焊盘或插接件

（1）直接在 PCB 中增加焊盘　打开“Power.PCB”文件，在绘制好的 PCB 中直接添加焊盘，用焊盘做输入输出端。单击“Placement Tools”放置工具栏中 按钮，或执行菜单命令“Place”→“Pad”，当光标变为十字架带小圆盘时，按键盘上的 Tab 键（也可以放置焊盘后双击左键或单击右键选属性），弹出属性对话框，先设置焊盘大小，然后选择“Advanced”选项页，单击“Net”旁的下拉按钮，从中选择所需网络名称，这里先选 VDD，注意选中“Plated”，如图 5-46 所示。

单击“OK“按钮，单击左键放置焊盘在 PCB 图的一边沿空白处，此时焊盘与 VDD 网络之间有一条飞线。

按照以上操作，分别将 AGND、DGND 以及 NetR10_1（与+5V 相连接）、NetU1_1（与−5V 相连接）、NetR1_1（与 POWERONOF 相连接）用焊盘引出，引出后按照飞线的指示可以就近放置好焊盘，也可以把所有焊盘按照输入和输出分别放置在空白边沿处，如图 5-47 所示。按照前面所学的操作方法进行自动布线与手工布线。

对焊盘进行标注，单击工作层标签中的丝印层“Top Over Lay”，将其设置为当前层，单击“Placement Tools”放置工具栏中 T 按钮，或执行菜单命令“Place”→“String”，对各个焊盘进行标注，如图 5-47 所示。

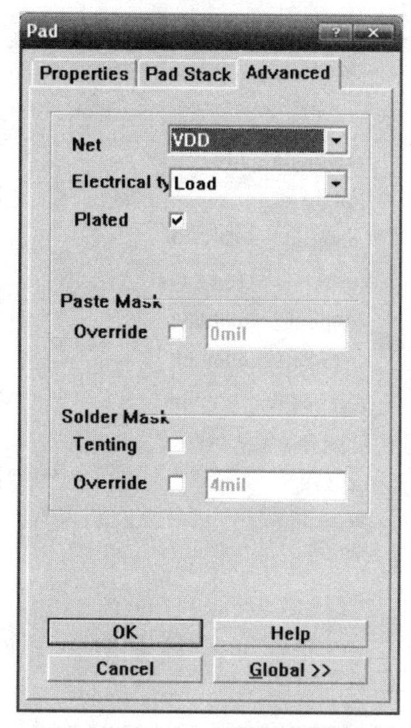

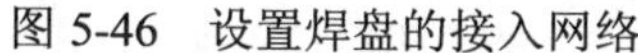
图 5-46　设置焊盘的接入网络

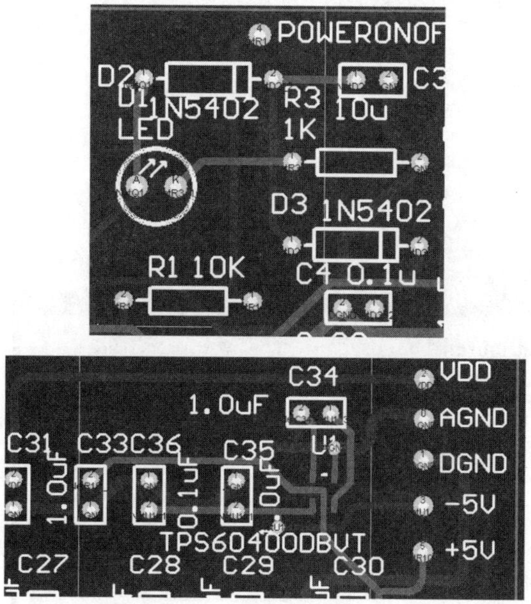

图 5-47　利用焊盘引出后的效果

（2）在 PCB 中增加插接件　打开“power.PCB”文件，在绘制好的 PCB 中直接添加插接件。执行菜单命令“Tools→Un-Route→All”，将所有布线拆除，然后按以下顺序进行操作。

① 放置元件封装 HDR1X6　如果没有加载封装元件库“Headers.ddb”，就按照前面方法加载“Library\PCB\Connectors\Headers.ddb”，执行菜单命令“Place”→“Component”，或单击“Placement Tools”放置工具栏中的按钮，弹出“Place Component”放置元件封装对话框，如图 5-48 所示。在 PCB 编辑窗口左边的“Browse”下的“Library”元件浏览框里的“Headers.lib”中找到“HDR1X6”，单击“Place”，放置过程中按 Tab 键，弹出属性设置框，如图 5-49 所示。

在图 5-48、图 5-49 中，“Footprint”表示元件封装，即元件封装号在元件封装库中的名字，这里是“HDR1X6”；“Designator”表示元件标号，这里由于 PCB 中已有 J1、J2，所以填 J3；“Comment”表示元件标注，对应于原理图元件符号中的“Part Type”，这里由于是直接添加的插接件，所以可以不填。按照图示输入后单击“OK”按钮，单击左键将其放置在电路板的适当位置。这里放在 PCB 的右边沿空白处。

② 将 J3 的焊盘连接入网络。

第一步，直接设置焊盘属性。双击 J3 中的焊盘，在焊盘的属性对话框中选择“Advanced”选项页，在“Net”旁的下拉列表中选择要连接的网络名称。焊盘 1 的“Net”选择“NetR10_1”，即连接+5V；焊盘 2 的“Net”选择“VDD”；焊盘 3 的“Net”选择“AGND”；焊盘 4 的“Net”选择“DGND”；焊盘 5 的“Net”选择“NetU1_1”，即连接–5V；焊盘 6 的“Net”选择“NetR1_1”，即连接 POWERONOF。

每设置一个焊盘完毕，单击 OK 按钮，每个焊盘都与相应网络之间有一条飞线。

第二步，进行自动布线和手工布线操作，并进行标注。未能 100%的布线，需要手工布线，最后达到 100%，并在丝印层上标注各焊盘接线名称，最后结果见图 5-52 所示。

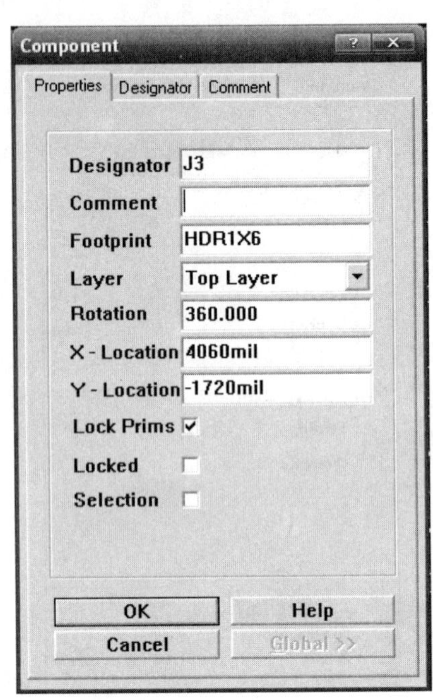

图 5-48 放置元件封装对话框

图 5-49 HDR1X6 属性设置框

★※温馨提示※★

如果加载网络表不是通过更新方式，而是先产生了网络表，则第二步通过网络表管理器进行操作，执行菜单命令 “Design” → “Netlist …”，系统弹出 “Netlist Manager” 网络表管理器对话框，如图 5-50 所示。对话框中的网络列表框列出了 PCB 图中包含的所有网络名称，焊盘列表框列出了被选取网络中包含的元件焊盘。

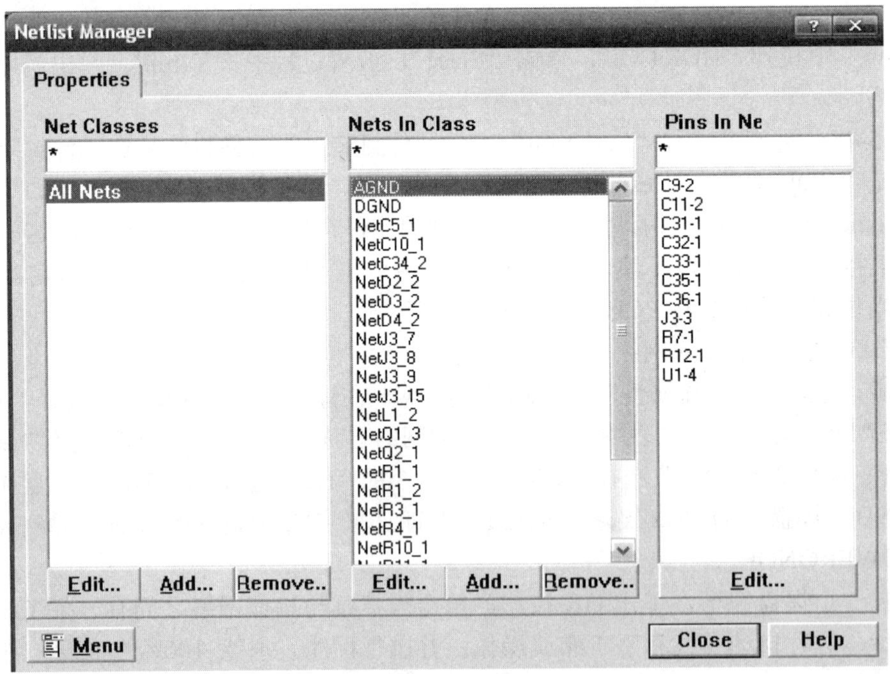

图 5-50 网络表管理器对话框

在网络列表框“Net in Class”中选中“AGND”，单击该区域中的“Edit”按钮，弹出如图 5-51 所示的对话框，在“Pins in other nets”列表框中选择 J3-3，单击“>”按钮将 J3-3 引脚发送到“Pins in net”列表框中，完成了将 J3-3 连入 AGND 网络的操作。

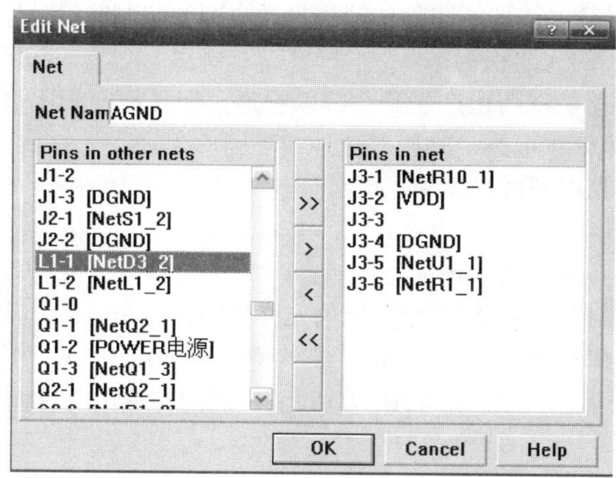

图 5-51　Edit Net 对话框

按照上述步骤将 J3 的所有焊盘连入网络后，再进行自动布线与手工布线的操作，布线结果如图 5-52 所示。最后对焊盘进行标注，单击“Top Over Lay”，将其设置为当前层，单击“Placement Tools”放置工具栏中 T 按钮，或执行菜单命令“Place”→“String”，对各个焊盘进行标注，如图 5-52 所示。

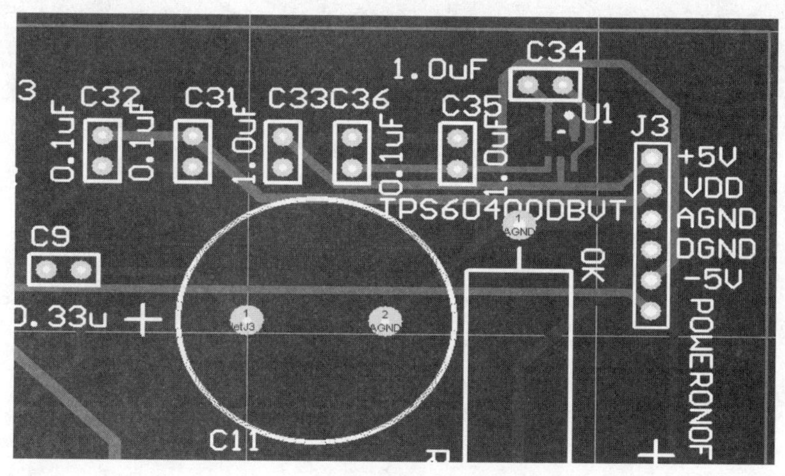

图 5-52　利用插接件引出的效果

子项目 4　PCB 中模拟地与数字地的处理

在布局与布线过程中，由于本项目 PCB 的单元电路中具有模拟地 AGND 和数字地 DGND，因此要特别注意模拟地与数字地的处理。

1．数字地和模拟地处理需要遵循的基本原则。

① 若为低频模拟电路，加粗和缩短地线；单点接地，可有效防止由于地线公共阻抗而

导致的部件之间的互相干扰。而高频电路和数字电路，地线的电感效应较严重，单点接地会导致实际地线加长，故应多点接地和单点接地相结合。

② 高频电路还应考虑如何抑制高频辐射噪声。方法如下：应尽量加粗地线，以降低噪声对地阻抗；大面积（满）接地，即除传输信号及电源的印制线以外，其余部分全覆铜作为地线，但不要留有无用的大面积铜箔。

③ 地线应构成环路，以防止产生高频辐射噪声，但环路面积不可过大，以免产生较大的感应电流。注意若为低频电路，则应避免地线环路。

④ 数字电源和模拟电源最好隔离，地线分开布置，如果有 A/D 转换电路，则只在尽量靠近该器件处单点接地。

2．本项目中的模拟地与数字地的处理

布局时把凡是与模拟地 AGND 相连接的元件分布在一个区域，尽量加粗地线和缩短地线，这里 AGND 线宽优先值设置为 60mil，最小线宽 50mil。用 0Ω 电阻把模拟地 AGND 和数字地 DGND 相连，同时，把模拟地 AGND 设置在底层布线。所有模拟地 AGND 布线如图 5-53 所示。

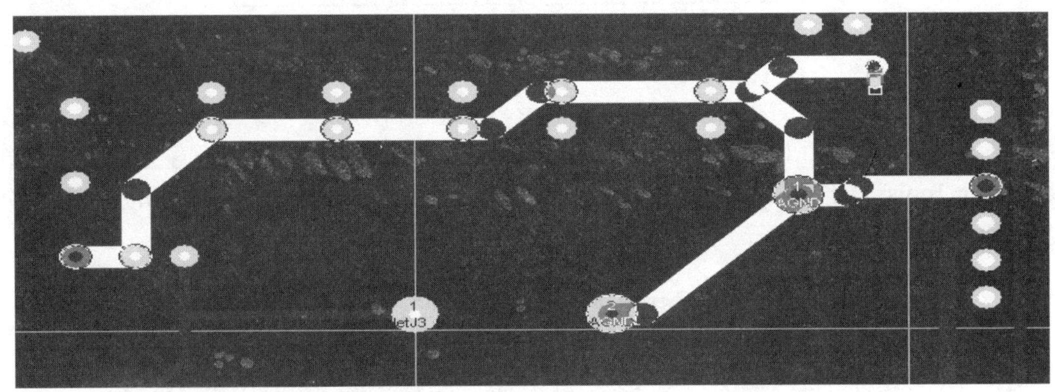

图 5-53 所有模拟地 AGND 布线图（浅色部分）

子项目 5 电路板的加工焊接与调试

绘好的电路板通过打过孔、孔化、再用机器雕刻；然后进行元件的焊接、组装；最后，进行调试。将纽扣电池以及直流稳压电源接入后，再在对应的单片机控制端接入控制信号，用示波器检测输出电压信号，观测电压大小以及纹波系数大小。

5.2.4 测验及评估

测验题目

1．电压反转电荷泵 XC6351A 内置 4 个开关 MOSFET，工作电压 1.2～5.0V ，输出电压 –5.0～–1.5V，振动频率 120kHz、35kHz，低功耗 310μA、100μA，高效率 90%，关断功耗< 2μA，SOT-26 封装，其封装尺寸如图 5-54 所示。请以设计者自己姓名新建一个元件封装文件，在其中画出 XC6351A 元件封装图。

2．综合题目

① 建立 HANGTIAN.sch 原理图文件，按照图 5-55 以及元件属性列表 5-9 绘制光隔离电路原理图，检查无误后保存。

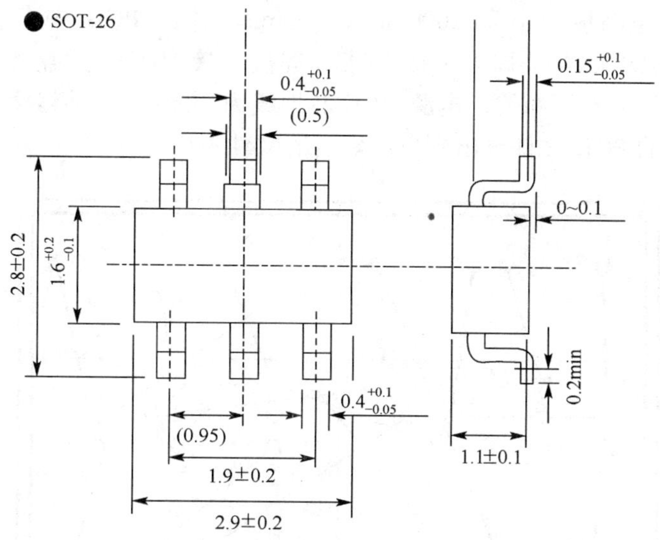

图 5-54　电压反转电荷泵 XC6351A 封装尺寸

表 5-9　光隔离电路元件属性列表

Lib Ref 元件名	Part Type 元件型号	Designator 元件标号	Footprint 元件封装	注释
OPTOISO2	4N25	U1	DIP6	光耦
NPN	2N2222	Q1	TO-92A	NPN 三极管
74LS14	74LS14	U2	DIP14	六施密特输入反相器
4093	4093	U3	DIP14	四-二施密特输入与非门
RES2	1k、2k、5k、3k	R1、R2、R3、R4	AXIAL0.3	电阻
CON2	CON2	J1	SIP2	连接器
CON3	CON3	J2	SIP3	连接器
4HEADER	4HEADER	JP1	HDR1X4	4 针连接器（最后添加）

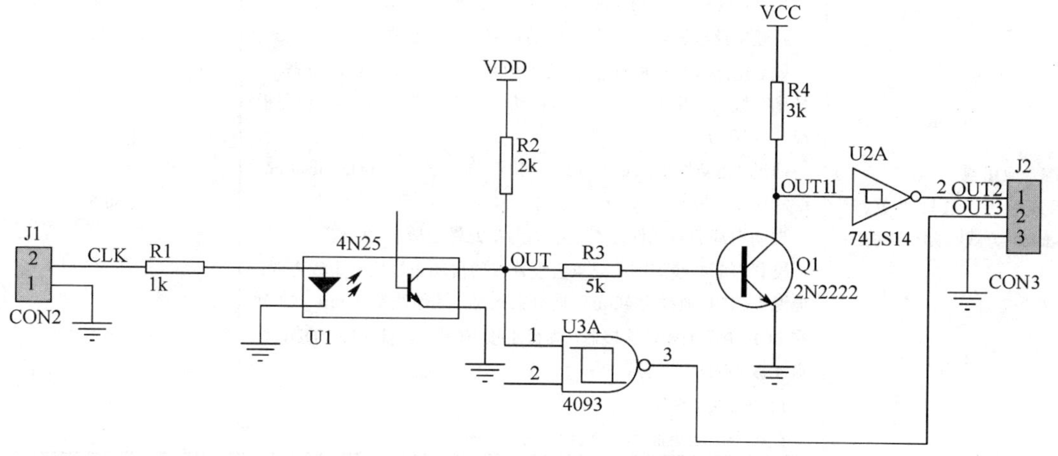

图 5-55　光隔离电路原理

② 新建一个 PCB 图文件，通过“更新”（Update）方式，利用“同步器”（Synchronization）

绘制印制电路板，电路板大小为 2000mil×1500mil，并在 PCB 中直接添加 4 针连接器 4HEADER（封装 HDR1X4），焊盘 1 接 VCC，焊盘 3 接 VDD，焊盘 4 接 GND，而且按图 5-56 中元件封装布局。双层布线，电源 VCC 和地线为 40mil，其他线宽 25mil，进行自动布线并保存。将完成的 PCB 文件导出到自己姓名的文件夹内。

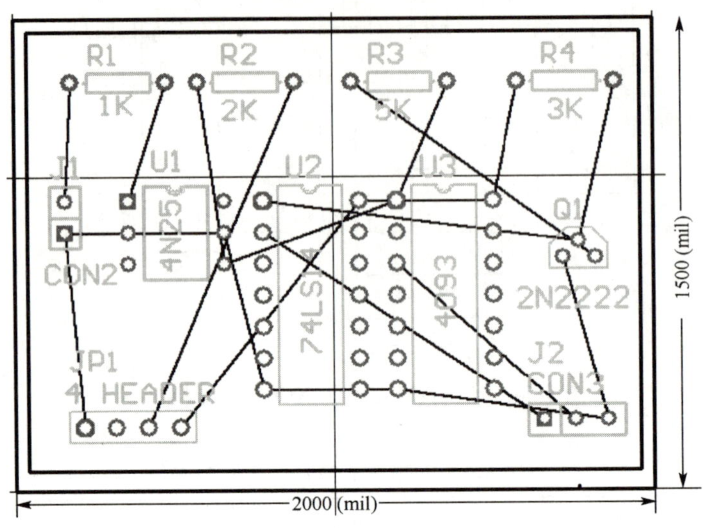

图 5-56　光隔离 PCB 图

评估标准

评估标准见表 5-10。

表 5-10　评估标准

内　　容	评 分 标 准	分　　值
1．画元件封装图	以自己名字新建元件封装文件　5 分 根据尺寸绘制出元件封装SOT-26　15 分	共 20 分
2．综合应用题 利用原理图，通过“更新”（Update）方式绘制电路板图	新建原理图，命名为 HANGTIAN.sch、画出电路图，按图示编辑元件，正确导出到桌面你的学号文件夹下　10 分 新建电路板图，命名为 HANGTIAN.pcb　5 分 规划电路板，在机械层 1 规划出物理边界（即裁板的依据），禁止布线层画出电气边界（即自动布线的范围），并标注电路板尺寸　10 分 通过“更新”（Update）方式，利用“同步器”（Synchronization）绘制印制电路板　10 分 自动布局调整元件位置、手动调整元件位置　10 分 设置自动布线规则：要求会设置双层自动布线层及走线方向，电源 VCC 和地线为 40mil，地线在底层，其他线宽 25mil　10 分 在 PCB 中添加 4 针连接器，焊盘 1 接 VCC，焊盘 3 接 VDD，焊盘 4 接 GND　15 分 自动布线　5 分 正确导出到桌面学号文件夹下　5 分	共 80 分

附　　录

附录 1　原理图常用元件名与所在的元件库

名　　称	元件符号	Lib Ref（元件名）	所在的元件库
与门	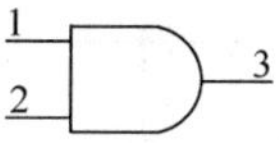	AND	Miscellaneous Devices. ddb
		4081	Protel DOS Schematic 4000 Cmos .Lib
		74LS09	Protes DOS Schematic TTL.Lib
天线		ANTENNA	Miscellaneous Devices. ddb
电池		BATTERY	Miscellaneous Devices. ddb
铃钟		BELL	Miscellaneous Devices. ddb
同轴电缆接插件	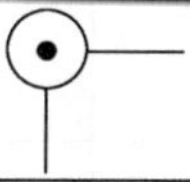	BNC	Miscellaneous Devices. ddb
整流桥（二极管）	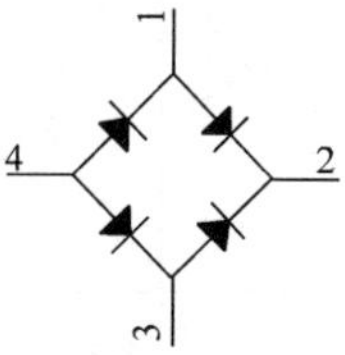	BRIDGE 1	Miscellaneous Devices. ddb
整流桥（集成块）	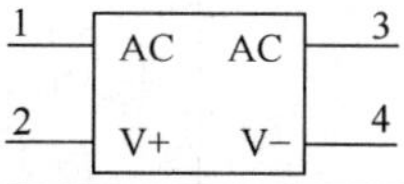 AC AC V+ V−	BRIDGE 2	Miscellaneous Devices. ddb
缓冲器	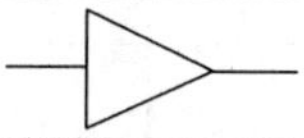	BUFFER	Miscellaneous Devices. ddb
	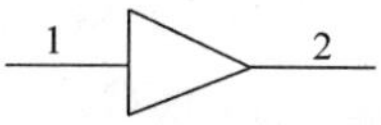	4050	Protel DOS Schematic Libraries.ddb（Protel DOS Schematic 4000 Cmos .Lib）
	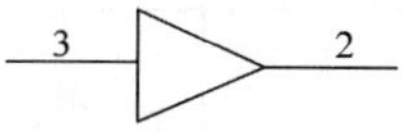	74ALS35	Protel DOS Schematic Libraries.ddb（Protes DOS Schematic TTL.Lib）
蜂鸣器	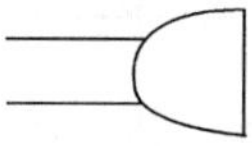	BUZZER	Miscellaneous Devices. ddb
电容		CAP	Miscellaneous Devices. ddb
电容		CAPACITOR	Miscellaneous Devices. ddb
有极性电容		CAPACITOR POL	Miscellaneous Devices. ddb

续表

名　称	元件符号	Lib Ref（元件名）	所在的元件库
可调电容		CAPVAR	Miscellaneous Devices. ddb
熔断丝		CIRCUIT BREAKER	Miscellaneous Devices. ddb
同轴电缆		COAX	Miscellaneous Devices. ddb
插口	1 2	CON2	Miscellaneous Devices. ddb
晶体整荡器		CRYSTAL	Miscellaneous Devices. ddb
9 针连接器（并行插口）	1 6 2 7 3 8 4 9 5	DB9	Miscellaneous Devices. ddb
二极管		DIODE	Miscellaneous Devices. ddb
稳压二极管		DIODE SCHOTTKY	Miscellaneous Devices. ddb
变容二极管		DIODE VARACTOR	Miscellaneous Devices. ddb
三段 LED	DPY 1 a 2 b 3 V- a b a	DPY_3-SEG	Miscellaneous Devices. ddb
七段 LED	1 a 2 b 3 c 4 d 5 e 6 f 7 g DPY a f g b e d c [LEDgn]	DPY_7-SEG	Miscellaneous Devices. ddb
七段 LED（带小数点）	1 a 2 b 3 c 4 d 5 e 6 f 7 g 8 dp DPY a f g b e d c dp	DPY_7-SEG_DP	Miscellaneous Devices. ddb
电解电容	+	ELECTRO1	Miscellaneous Devices. ddb
电解电容	+	ELECTRO2	Miscellaneous Devices. ddb
熔断器		FUSE	Miscellaneous Devices. ddb
电感		INDUCTOR	Miscellaneous Devices. ddb

续表

名　　称	元 件 符 号	Lib Ref（元件名）	所在的元件库
带铁芯电感	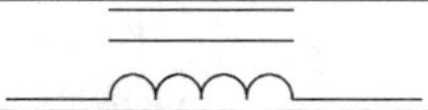	INDUCTOR IRON	Miscellaneous Devices. ddb
可调电感	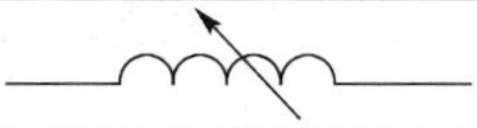	INDUCTOR3	Miscellaneous Devices. ddb
N 沟道场效应管	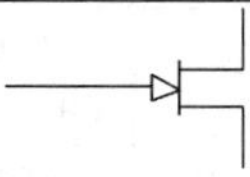	JFET N	Miscellaneous Devices. ddb
P 沟道场效应管	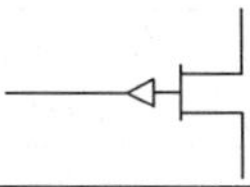	JFET P	Miscellaneous Devices. ddb
灯泡		LAMP	Miscellaneous Devices. ddb
启辉器	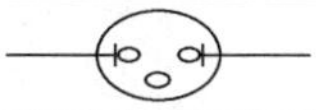	LAMP NEDN	Miscellaneous Devices. ddb
发光二极管	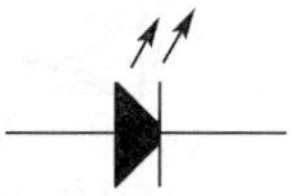	LED	Miscellaneous Devices. ddb
仪表	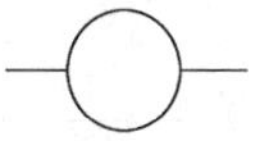	METER	Miscellaneous Devices. ddb
麦克风	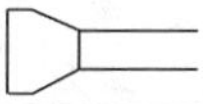	MICROPHONE1	Miscellaneous Devices. ddb
MOS 管	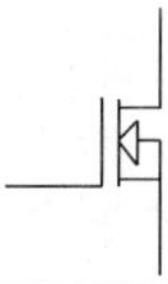	MOSFET N	Miscellaneous Devices. ddb
交流电机	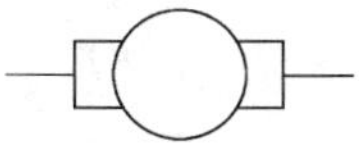	MOTOR AC	Miscellaneous Devices. ddb
伺服电机	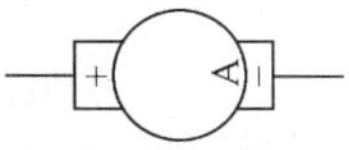	MOTOR SERVO	Miscellaneous Devices. ddb
与非门	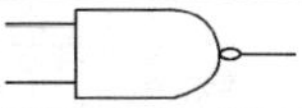	NAND	Miscellaneous Devices. ddb
	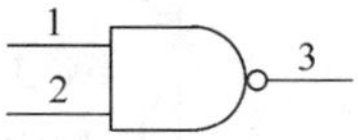	4011	Protel DOS Schematic Libraries.ddb （Protel DOS Schematic 4000 Cmos .Lib）
		74ALS00	Protel DOS Schematic Libraries.ddb （ Protes DOS Schematic TTL.Lib）
		74F00	Sim.ddb （74**.lib）
或非门	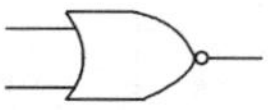	NOR	Miscellaneous Devices. ddb

续表

名　称	元 件 符 号	Lib Ref（元件名）	所在的元件库
或非门	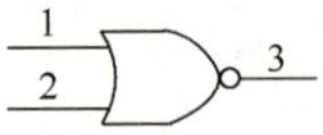	4001	Protel DOS Schematic Libraries.ddb（Protel DOS Schematic 4000 Cmos .Lib）
	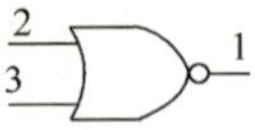	74ALS02	Protel DOS Schematic Libraries.ddb（Protes DOS Schematic TTL.Lib）
		74F02 或 74LS02	Sim.ddb（74**.lib）
非门	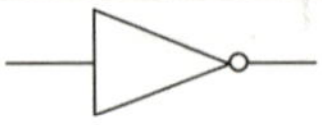	NOT	Miscellaneous Devices. ddb
	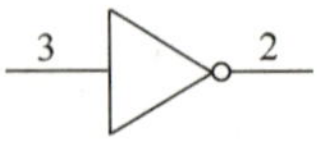	4049	Protel DOS Schematic Libraries.ddb（Protel DOS Schematic 4000 Cmos .Lib）
	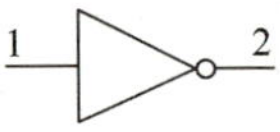	74ALS04	Protel DOS Schematic Libraries.ddb（Protes DOS Schematic TTL.Lib）
		74F04 或 74LS04	Sim.ddb（74**.lib）
NPN 三极管	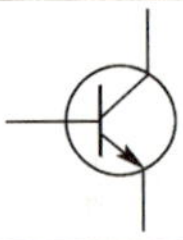	NPN	Miscellaneous Devices. ddb
	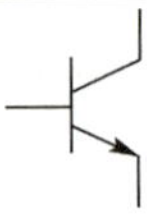	2N930A	Sim.ddb（UJT.lib）
感光三极管	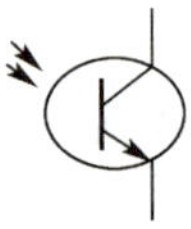	NPN-PHOTO	Miscellaneous Devices. ddb
运放	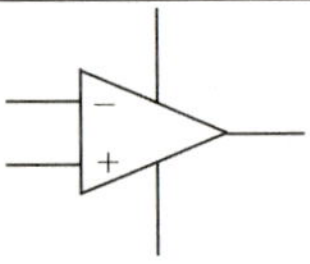	OPAMP	Miscellaneous Devices. ddb
	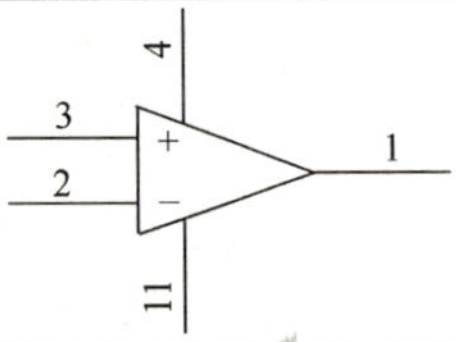	LM324	Protel DOS Schematic Libraries.ddb（Protel DOS Schematic Operationel Amplifers.lib）
	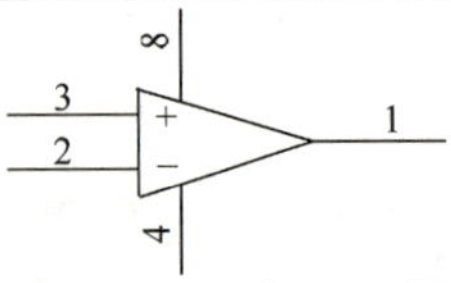	1458	
或门	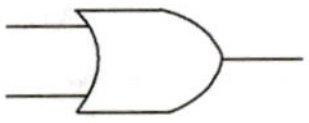	OR	Miscellaneous Devices. ddb

续表

名　称	元件符号	Lib Ref（元件名）	所在的元件库
或门	1 2 3	4071	Protel DOS Schematic Libraries.ddb（Protel DOS Schematic 4000 Cmos .Lib）
		74ALS32	Protel DOS Schematic Libraries.ddb（Protes DOS Schematic TTL.Lib）
		74F32 或 74LS32	Sim.ddb（UJT.lib）
耳机插座		PHONEJACK	Miscellaneous Devices. ddb
感光二极管		PHOTO	Miscellaneous Devices. ddb
三极管		PNP	Miscellaneous Devices. ddb
达林顿三极管		NPN DAR	Miscellaneous Devices. ddb
达林顿三极管		PNP DAR	Miscellaneous Devices. ddb
滑线变阻器		POT1	Miscellaneous Devices. ddb
滑动变阻器		POT2	Miscellaneous Devices. ddb
双刀双掷继电器	K?	RELAY_DPDT	Miscellaneous Devices. ddb
电阻		RES1	Miscellaneous Devices. ddb

续表

名　　称	元 件 符 号	Lib Ref（元件名）	所在的元件库
电阻	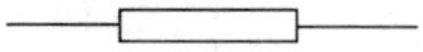	RES2	Miscellaneous Devices. ddb
可变电阻		RES3	Miscellaneous Devices. ddb
可变电阻		RES4	Miscellaneous Devices. ddb
桥式电阻	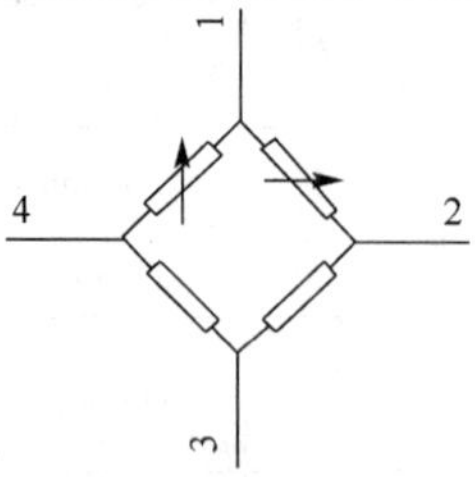 1 4 2 3	RESISTOR BRIDGE	Miscellaneous Devices. ddb
电阻	 1 16	RESPACK1	Miscellaneous Devices. ddb
晶闸管	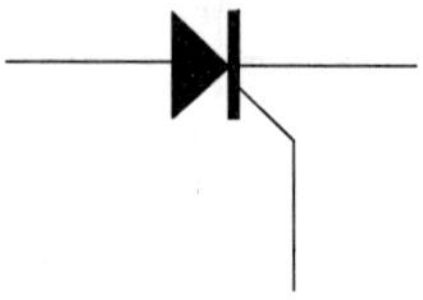	SCR	Miscellaneous Devices. ddb
插头	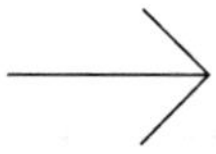	PLUG	Miscellaneous Devices. ddb
三相交流插头	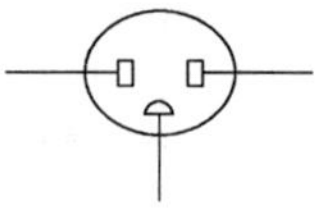	PLUG AC FEMALE	Miscellaneous Devices. ddb
插座	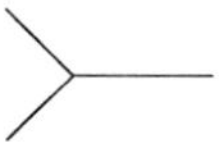	SOCKET	Miscellaneous Devices. ddb
电流源	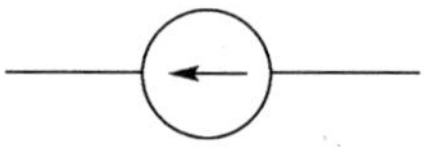	SOURCE CURRENT	Miscellaneous Devices. ddb
电压源	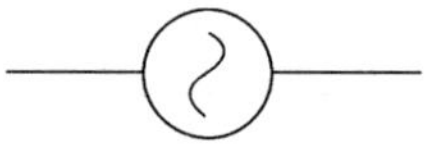	SOURCE VOLTAGE	Miscellaneous Devices. ddb
扬声器	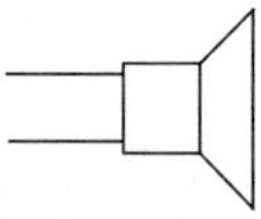	SPEAKER	Miscellaneous Devices. ddb
开关		SW—SPST	Miscellaneous Devices. ddb
双刀双掷开关	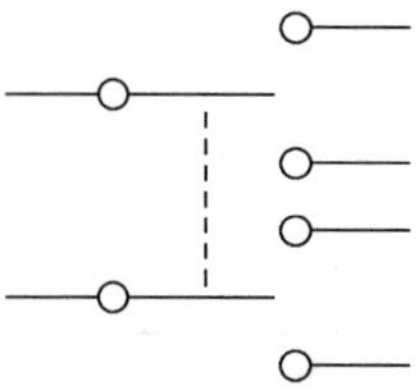	SW-DPDY	Miscellaneous Devices. ddb

续表

名　称	元件符号	Lib Ref（元件名）	所在的元件库
单刀单掷开关	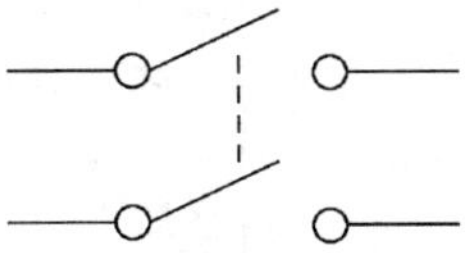	SW-SPST	Miscellaneous Devices. ddb
按钮		SW-PB	Miscellaneous Devices. ddb
电热调节器	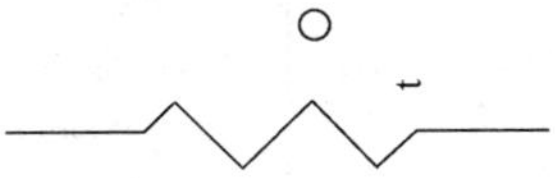	THERMISTOR	Miscellaneous Devices. ddb
变压器	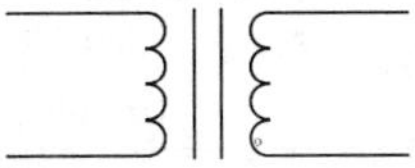	TRANS1	Miscellaneous Devices. ddb
可调变压器	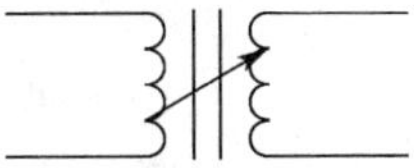	TRANS2	Miscellaneous Devices. ddb
三端双向可控硅	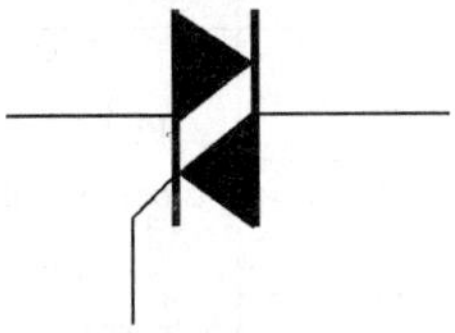	TRIAC	Miscellaneous Devices. ddb
变阻器	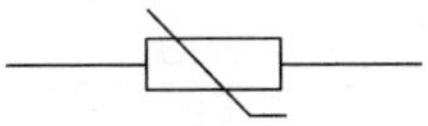	VARISTOR	Miscellaneous Devices. ddb
稳压二极管	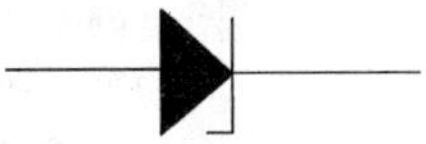	ZENER1	Miscellaneous Devices. ddb
异或门	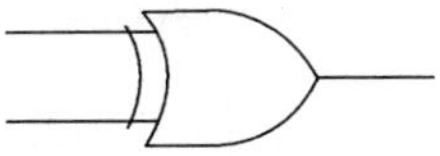	XOR	Miscellaneous Devices. ddb
	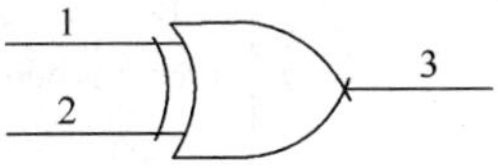 1 2 3	4030	Protel DOS Schematic Libraries.ddb （Protel DOS Schematic 4000 Cmos .Lib）
		74ALS86	Protel DOS Schematic Libraries.ddb （Protes DOS Schematic TTL.Lib）
		74F86 或 74LS86	Sim.ddb （UJT.lib）

续表

名　　称	元 件 符 号	Lib Ref（元件名）	所在的元件库
		XNOR	Miscellaneous Devices. ddb
同或门	1 2 3	4077	Protel DOS Schematic Libraries.ddb （Protel DOS Schematic 4000 Cmos .Lib）
		74LS266	Protel DOS Schematic Libraries.ddb （Protes DOS Schematic TTL.Lib）
		74F266 或 74LS266	Sim.ddb （UJT.lib）
三端稳压器	1 Vin Vout 3 GND 2	VOLTREG	Miscellaneous Devices. ddb
555	8 4 R VCC Q 3 2 TRIG DIS 7 5 CVolt GND THR 6 1	555	Protel DOS Schematic Libraries.ddb （Protel DOS Schematic Linear.lib）
		UA555	
		NE555	
JK 触发器	5 2 J SD Q 6 4 CLK 3 K CD $\overline{Q}$ 7 1	74ALS109	Protel DOS Schematic Libraries.ddb （Protel DOS Schematic TTL.Lib）
	5 2 J PR Q 6 4 CK 3 K CLR $\overline{Q}$ 7 1	74F109 或 74LS109	Sim.ddb （74**.lib）
D 触发器	4 2 D SD Q 5 3 CLK CD $\overline{Q}$ 6 1	74ALS74	Protel DOS Schematic Libraries.ddb （Protel DOS Schematic TTL.Lib）
	4 2 D PRE Q 5 3 CLK CLR $\overline{Q}$ 6 1	74F74 或 74LS74	Sim.ddb （74**.lib）

续表

名　称	元 件 符 号	Lib Ref（元件名）	所在的元件库
三八译码器	略	74LS138	Sim.ddb（74**.lib）
地址锁存器	略	74LS373	Sim.ddb（74**.lib）
单片机	略	8031 8051 8751	Protel DOS Schematic Libraries.ddb（Protel DOS Shcematic Intel.Lib）
RAM	略	6264	Protel DOS Schematic Libraries.ddb（Protel DOS Schemattic Memory Devices.Lib）
EPROM	略	2764	
可编程接口芯片	略	8155	Protel DOS Schematic Libraries.ddb（Protel DOS Shcematic Intel.Lib）
可编程键盘、显示器接口芯片	略	8279	
A/D	略	ADC0809	Protel DOS Schematic Libraries.ddb（Protel DOS Schematic Analog Digital.Lib）
D/A	略	DAC0832	

附录 2　常用元件封装名与所在的元件封装库

名　称	元 件 封 装	元件封装名（Footprint）	元件封装库
电阻		AXIAL0.4	Advpcb.ddb
无极性电容		RAD0.1	Advpcb.ddb
电解电容	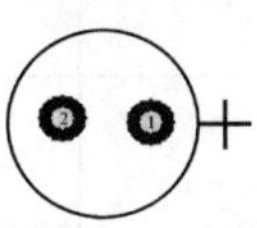	RB.2/.4	Advpcb.ddb
二极管		DIODE0.4	Advpcb.ddb
三极管		TO-92B	Advpcb.ddb
		TO92B	Transistors.ddb

续表

名　称	元件封装	元件封装名（Footprint）	元件封装库
三极管	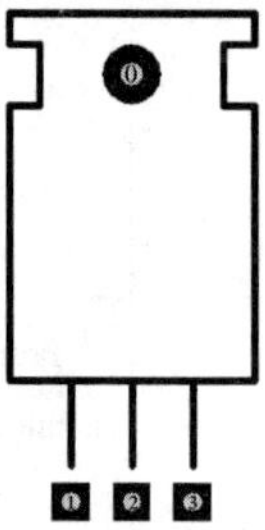	TO-220	Advpcb.ddb
	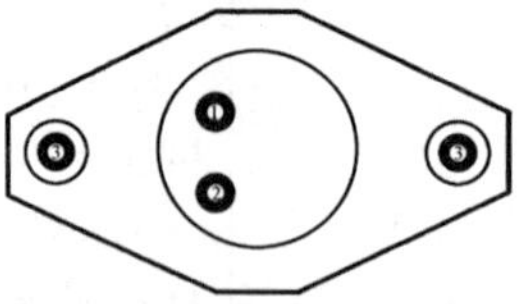	TO-66	Advpcb.ddb
可变电阻	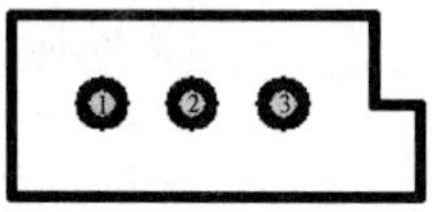	VR5	Advpcb.ddb
	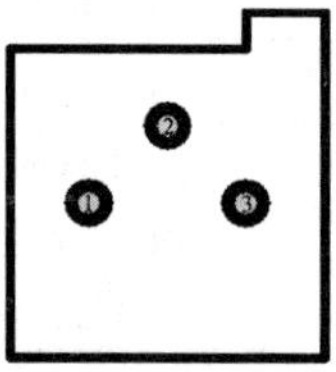	VR4	Advpcb.ddb
	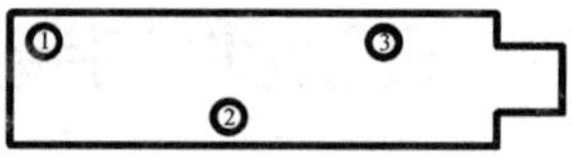	VR1	Advpcb.ddb
九针连接器	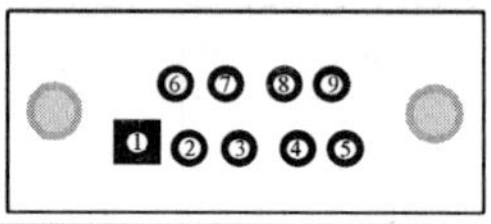	DB9/F	Advpcb.ddb
		DB9/M	
双列直插式	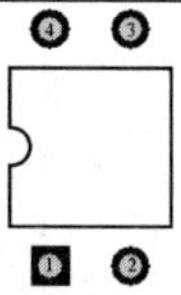	DIP4	Advpcb.ddb
单列直插式		SIP4	Advpcb.ddb
排针		HDR1X6	Headers.ddb
	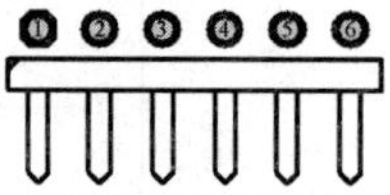	HDR1X6HA	Headers.ddb

续表

名　称	元件封装	元件封装名（Footprint）	元件封装库
整流桥	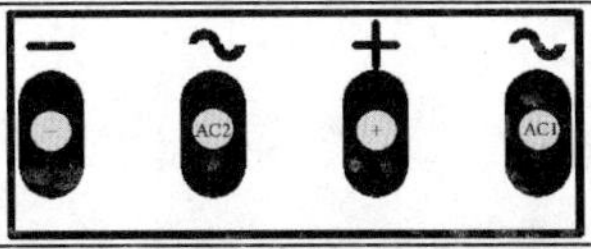	D-37	International Rectifiers.ddb
	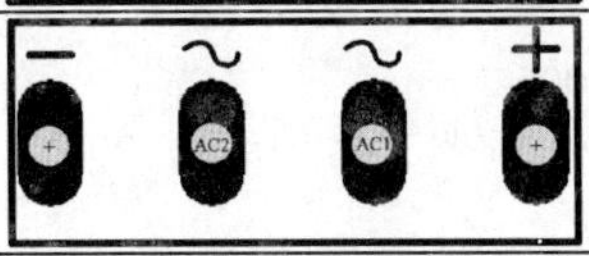	D-37R	
	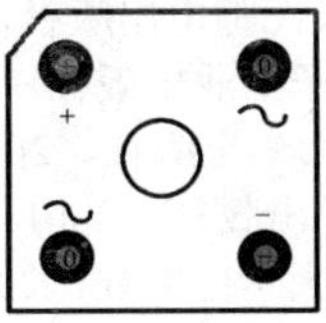	D-46	
	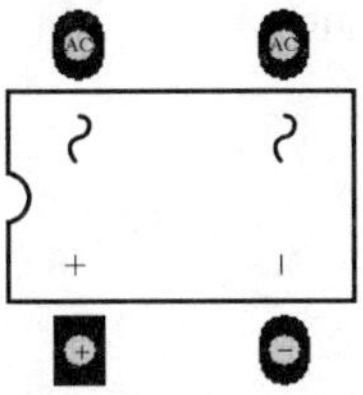	D-70	
表面贴	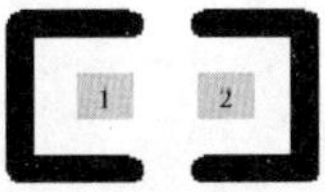	0402	Advpcb.ddb
		MO-00310	Advpcb.ddb
	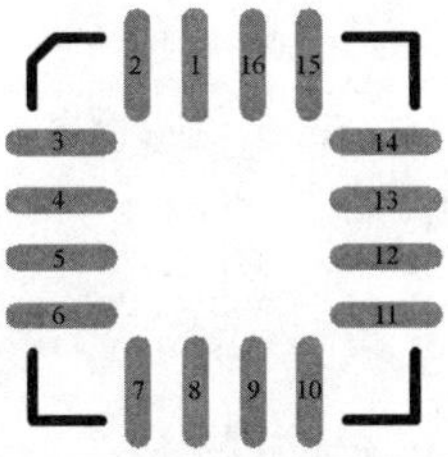	LCC16	Advpcb.ddb
水晶插头	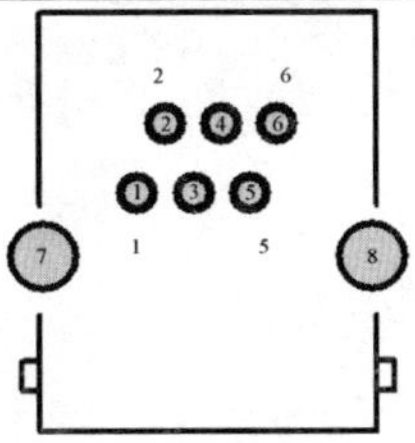	BU_TEL6H	Miscellaneous Connectors.ddb

参 考 文 献

[1] 钱金发.电子设计自动化技术. 北京：机械工业出版社，2005.
[2] 国家职业技能鉴定专家委员会. Protel 99SE 试题汇编.北京：兵器工业出版社，2004.
[3] 及力. 电子 CAD. 北京：北京邮电大学出版社，2008.
[4] 高鹏，安涛等. 电子设计与制板 Protel 99 入门与提高. 北京：人民邮电出版社，2000.
[5] 曾峰，巩海洪，曾波. 印刷电路板(PCB)设计与制作. 北京：电子工业出版社，2005.
[6] 陈晓平. Protel 99 SE——电子线路 CAD 应用教程. 南京：东南大学出版社，2005.
[7] 王栓柱. Protel 99 SE 印刷电路板设计技术. 西安：西北工业大学出版社，2001.
[8] 潘永雄，沙河. 电子线路 CAD 实用教程. 西安：西安电子科技大学出版社，2007.
[9] 陈桂兰. 电子线路板设计与制作. 北京：人民邮电出版社，2010.
[10] 缪晓中. 电子 CAD- Protel 99 SE. 北京：化学工业出版社，2009.